校企合作双元开发新形态信息化教材

高等职业教育农林牧渔、食品类专业高素质人才培养系

食品质量安全与控制技术

主　编　李　黎

副主编　朱安妮　包　琴　孙玉侠

吴虹玥　句荣辉　蒋成全

西南交通大学出版社

·成　都·

图书在版编目（CIP）数据

食品质量安全与控制技术 / 李黎主编. -- 成都：

西南交通大学出版社，2024. 9 -- ISBN 978-7-5774

-0084-6

Ⅰ. TS207.7

中国国家版本馆 CIP 数据核字第 2024LH0458 号

Shipin Zhiliang Anquan yu Kongzhi Jishu
食品质量安全与控制技术

主　编／李　黎

策划编辑／郭发仔　罗在伟
责任编辑／郭发仔
责任校对／左凌涛
封面设计／吴　兵

西南交通大学出版社出版发行

（四川省成都市金牛区二环路北一段 111 号西南交通大学创新大厦 21 楼　610031）

营销部电话：028-87600564　　028-87600533

网址：http://www.xnjdcbs.com

印刷：四川玖艺呈现印刷有限公司

成品尺寸　185 mm×260 mm

印张　14　字数　347 千

版次　2024 年 9 月第 1 版　　印次　2024 年 9 月第 1 次

书号　ISBN 978-7-5774-0084-6

定价　45.00 元

课件咨询电话：028-81435775

前 言

　　近年来，政府从制度、法制、人员配备等方面采取了多项食品安全保障措施，如 2021 年修订的《中华人民共和国食品安全法》规定："食品生产经营企业应当配备食品安全管理人员，加强对其培训和考核，经考核不具备食品安全管理能力的，不得上岗。"随着食品行业的发展进步和社会对安全食品的关注，食品安全管理员、品控员和内审员等岗位需求不断增加，但是对食品生产和经营者来说，如何保障食品质量与安全，这是一个需要解决的关键问题。当前，绝大多数食品类高职毕业生都在食品行业一线从事食品的生产、检验、质控和销售工作，因此培养高职食品类专业学生的"食品安全管理能力"对于提升产品质量至关重要。食品安全与质量控制类课程和教材，则是提高高职食品类学生食品安全管理能力的重要途径。

　　现有教材主要对食品安全与质量管理基础理论进行阐述，而实践指导较少。本教材以行业企业核心岗位的知识需求为导向，按照真实生产项目、典型工作任务与案例等为载体组织教学单元，通过模块项目—任务的模式开展工作手册式设计，全面提高学生对食品安全控制的理解和应用能力。通过移动互联网技术，以嵌入二维码的纸质教材为载体，导入视频、作业、试卷、拓展资源、主题讨论、实训任务书等数字资源，将教材、课堂、教学资源三者融合，实现线上线下相结合，以期更加适合现代食品安全控制职业能力的培养要求。

　　本教材主要以食品安全科学理论、管理法规和控制措施为指导思想，在食品安全风险分析基础上，围绕食品供应过程，详细阐述食品安全与质量控制有关的基本概念、各类食品质量安全因素的来源与控制措施，强调食品加工过程的质量安全管理和控制等过程控制对食品安全的重要性。具体内容包括植物源性食品的安全性、动物源性食品的安全性、加工食品的安全性、农产品和食品生产过程和加工过程的安全质量保证、食品流通和服务环节的安全质量控制、食品安全信息化管理、食品安全追溯管理等内容。

　　本书可作为高职农林牧渔、食品类相关专业的教材，也可供从事食品安全管理的研究人员和管理人员参考。

编 者

2024 年 7 月

目 录

项目一
食品中不安全因素及来源

 知识目标

1. 了解食品安全控制与管理发展现状；
2. 掌握食品链中生物危害及其防控措施；
3. 掌握食品链中化学危害及其防控措施；
4. 掌握食品链中物理危害及其防控措施；
5. 理解防控食品安全问题的来源与分类。

能力目标

1. 能够判断食品生物性危害的种类和污染途径，针对食品生物性危害采取危害控制措施。
2. 能够对食品中存在的有毒物质、农药残留、兽药残留、重金属、食品添加剂与食品包装材料等化学性危害物质的来源进行合理分析，并采取控制措施。
3. 能够指出某食品加工环节潜在的物理性危害的种类和引入途径，并采取风险控制措施。

素质目标

1. 增强国家安全观，培养爱国主义思想。
2. 树立食品安全意识，强化标准化理念。
3. 培养诚实守信的职业道德。
4. 培养科学严谨工作态度，恪守职业准则。

影响食品不安全的主要因素被称为食品安全危害。食品安全危害（Food Safety Hazards）是指潜在损坏或危及食品安全和质量的因子或因素，包括生物、化学以及物理性的危害，对人体健康和生命安全造成危险。简而言之，影响食品安全的主要因素即食品安全危害。食品一旦含有这些危害因素或者受到这些危害因素的污染，就会成为具有潜在危害的食品。食品安全危害可以发生在食品链的各个环节，其差异较大，大致可分为三类，即生物性危害、化学性危害、物理性危害。

任务一　生物性危害的来源及分析

　　近年来，米面类产品常出现微生物超标现象，手工操作比例较大的产品污染情况相对严重。2020 年 10 月，黑龙江发生了一起生物性危害导致食物中毒的惨剧：一家人聚餐，吃了自制的"酸汤子"，导致 9 人全部死亡。根据调查发现，事故发生的原因跟"酸汤子"食物中产生的毒素有关。"酸汤子"是用玉米水磨发酵做成的粗面条，是一种在常温下经过长时间发酵制作的玉米食品。这样的食材在发酵过程中，容易产生一种剧毒的毒素——米酵菌酸。

　　米酵菌酸是椰毒假单胞菌产生的毒素。在米面制品的发酵过程中，如果原料或者环境中存在椰毒假单胞菌，就可能增殖并产生米酵菌酸。米酵菌酸是一种剧毒的毒素，冷冻和烹饪加热都无法破坏。食用之后会很快发作，症状轻者腹部不适、恶心、呕吐、头晕、全身无力等，严重者肝肿大、呕血、血尿、惊厥、抽搐、休克甚至死亡。

　　思考题 1：米面类产品存在的常见安全问题有哪些？

　　思考题 2：通过上述案例，分析"自制食品"的安全性。

知识准备

　　食品中的有害物质除少量来源于天然动植物外，主要来源于外界环境。食品污染是指食品在生产、贮藏、加工、运输、烹调等环节中，由于环境或人为因素的作用，受到有毒有害物质的侵袭而造成污染。按照食品中污染物途径，污染可分为内源性污染和外源性污染两个方面。在养殖、种植阶段，环境中的有毒有害物质直接或通过食物链进入动植物体内，成为内源性毒素来源，这种污染途径称为内源性污染。在食品加工、储藏、运输、销售、消费等过程中，又可通过水源、空气、土壤、运输工具、加工器具、工作人员、包装材料等对食品造成污染，这称为外源性污染。

一、生物性污染

（一）生物性污染概述

1. 生物性污染的定义

　　生物性污染是指微生物、寄生虫、昆虫和鼠等有害生物对食品造成的污染。常见的生物性污染包括细菌、病毒、寄生虫、致病性真菌等。在食品加工、贮存、运输、销售过程中，每一环节都有可能受到生物性污染，危害人体健康。因此，生物性危害是影响食品安全最主要的因素，是食品生产和加工过程中的关键控制点。

2. 生物性污染的特点

　　（1）生物污染是活的生物或者其产生的代谢物。例如，沙门氏菌是常见致病菌，沙门氏菌的生长繁殖会导致细菌性食物中毒；对于大多数霉菌而言，霉菌自身不具备致病毒性，但其代谢活动过程中产生的毒素会影响食品安全。

（2）与食品的成分等有关。动植物以及海产品都富含蛋白质、脂肪、碳水化合物、维生素和矿物质等营养成分，还含有一定量的水分，具有酸性并含有分解各种成分的酶等，这些都是微生物在食品中生长繁殖并引起食品成分分解的先决条件。

3. 生物性污染现状

被致病菌及其毒素污染的食品，特别是动物性食品，如食用前未经必要的加热处理，会引起沙门氏菌或金黄色葡萄球菌毒素等细菌性食物中毒。食用被污染的食品还可引起炭疽、结核和布氏杆菌病（波状热）等传染病以及各种寄生虫疾病。霉菌广泛分布于自然界。受霉菌污染的农作物、空气、土壤和容器等都可使食品受到污染。部分霉菌菌株在适宜条件下，能产生有毒代谢产物，即霉菌毒素。如黄曲霉毒素和单端孢霉菌毒素，对人畜都有很强的毒性。一次大量摄入被霉菌及其毒素污染的食品，会造成食物中毒；长期摄入少量受污染食品也会引起慢性病或患癌症。有些霉菌毒素还能转入动物或人体的乳汁中，损害饮乳者的健康。微生物含有可分解各种有机物的酶类。这些微生物污染食品后，在适宜条件下大量生长繁殖，食品中的蛋白质、脂肪和糖类，可在各种酶的作用下分解，使食品感官性状恶化，营养价值降低，甚至腐败变质。粮食和各种食品的贮存条件不良，容易滋生各种害虫。例如，粮食中的甲虫类、蛾类和螨类等。枣、栗、饼干、点心等含糖较多的食品特别容易受到侵害。昆虫污染可使大量食品遭到破坏。

（二）生物性危害的主要类型

1. 细菌

细菌是自然界中最小的原核微生物，分为腐生菌和寄生菌。按细菌的致病性，细菌又可分为致病菌、条件病菌和非致病菌。细菌污染食品会造成以下几个方面的危害：① 影响食品的色、香、味、质地，降低营养价值；② 引起食品腐败变质而丧失食品价值。③ 食用被致病菌污染的食品，会造成严重的食品安全问题，有可能导致食物中毒。

2. 真菌

真菌是一种真核微生物，包括酵母、丝状真菌（霉菌）和草菌。真菌可以破坏食品的品质，有的真菌产生毒素，造成严重的食品安全问题。例如，黄曲霉素、杂色曲霉素、赭曲霉素、T-2 毒素可引起疾病，有些毒素还有致癌、致畸、致细胞突变的"三致"作用。

3. 病毒

病毒是一种专性活细胞内寄生的非细胞微生物，由一种核酸和蛋白质衣壳组成，易导致食源性疾病的病毒有轮状病毒、甲肝病毒丙肝病毒、戊肝病毒等。病毒对食品的污染不像细菌那么普遍，一旦发生污染，后果将非常严重。

4. 寄生虫

寄生虫是指以寄生生活的动物，其中通过食品感染人体的寄生虫称为食源性寄生虫。目前，我国食品中对人类健康危害较大的寄生虫主要有线虫、吸虫和绦虫。其中，比较常见的有吸虫中的华枝睾吸虫、线虫中的异尖线虫、广州管圆线虫等。

5. 昆虫、啮齿类动物等有害生物

有害生物的污染主要包括粮食中的甲虫、螨类、蛾类以及动物食品和发酵食品中的蝇、蛆等。昆虫、啮齿类动物是影响食品安全性的一个重要因素，对粮食、水果和蔬菜等食品的破坏性很大。虫害不仅仅是昆虫能吃多少粮食的问题，还能通过食品广泛传播病原微生物，引起和传播食源性疾病。昆虫侵蚀了食品之后所造成的损害为细菌、酵母和霉菌的侵害提供了可乘之机，从而造成进一步损失。

二、食品腐败变质

（一）食品腐败变质的定义

食品腐败变质是指食品受到各种内外因素的影响，造成其原有化学性质或物理性质发生变化，降低或失去其营养和商品价值的过程。导致腐败变质的因素主要是微生物作用和酶，食物腐败如鱼肉腐臭、油脂酸败、果蔬腐烂、粮食霉变。

（二）食品腐败变质的影响因素

1. 食品内环境的影响

（1）食品营养成分。食品中的营养成分是微生物生长繁殖所必需的，如蛋白质、脂肪、糖类等。这些营养成分越丰富，食品腐败变质的速度就越快。

（2）pH 值。pH 值对微生物的生长繁殖有重要影响。不同微生物对 pH 值的要求不同，pH 值适宜的食品有利于某些微生物的生长，不利于另一些微生物的生长。通常情况下，将 pH 大于 4.5 的食品叫非酸性食品，pH 小于 4.5 的食品叫酸性食品。在非酸性食品中，绝大多数细菌最适宜生长繁殖，大多数酵母菌和霉菌也能生长。在酸性食品中，细菌受抑制，大多数酵母菌和霉菌可正常生长。

（3）水分活度。水分活度是食品中的水分相对于饱和水分的相对湿度，是影响食品质量、安全性和保质期的关键因素。一般来说，食品的水分活度越低，其保质期就越长。不同的微生物对水分活度的要求不同，详见表 1-1。

表 1-1　不同食品及微生物生长需求水分活度

食品种类	Aw	微生物类群	生长需求 Aw
新果蔬	0.97 ~ 0.99	多数细菌	0.94 ~ 0.99
鲜肉	0.95 ~ 0.99	多数酵母	0.88 ~ 0.94
果子酱	0.75 ~ 0.85	多数霉菌	0.73 ~ 0.94
面粉	0.67 ~ 0.87	嗜盐性细菌	0.75
蜂蜜	0.54 ~ 0.75	干性霉菌	0.65
干面条	0.50	耐渗酵母	0.60
奶粉	0.20		
蛋	0.97		

食品的水分活度在 0.60 以下，微生物不能生长。一般认为，食品水分活度在 0.65 下，便

是食品安全贮藏的防霉含水量。

（4）渗透压。渗透压会影响微生物的生长和存活。在食品中，微生物会处于不同的渗透压环境中，这会直接影响它们的生长和存活。高渗透压的环境会使得微生物细胞内的水分大量外渗，导致质壁分离，出现生理性干燥。同时，随着盐浓度的增高，微生物可利用的游离水减少，高浓度的 Na^+ 和 Cl^+ 也可对微生物产生毒害作用。此外，高浓度的盐溶液对微生物的酶活性也有破坏作用，还会使氧难溶于盐水中，形成缺氧环境，从而抑制微生物生长或使之死亡。

其次，渗透压也会影响食品的保存期限。例如，在盐腌法和糖渍法中，高渗透压的环境可以防止食品腐败变质，从而延长食品的保存期限。但是，渗透压过高也可能会对消费者的健康产生影响。因此，在食品加工和保存过程中，控制渗透压环境，既可以保证食品的微生物安全性，也可以保证食品的口感和保质期。

（5）酶。食品中的酶在适宜的温度下可以促进食品的化学反应，如淀粉酶、蛋白酶等，这些反应可能会加速食品的腐败变质。

2. 食品外环境的影响

微生物在适宜的环境（如温度、湿度、阳光和水分等）条件下，会迅速生长繁殖，使农产品发生腐败变质。温度在 25～40 ℃、相对湿度超过 70%，是大多数嗜温微生物生长繁殖最适宜的条件。紫外线、氧的作用可促进油脂氧化和酸败。空气中的氧气可促进好氧性腐败菌的生长繁殖，从而加速腐败变质。

（三）食品腐败变质的危害

腐败变质的食品对人体的健康影响主要表现在以下四个方面。

（1）变质产生的厌恶感。由于微生物在生长繁殖过程中会促进食品中各种成分（分解）变化，改变食品原有的感官性状，使人对其产生厌恶感。

（2）营养价值的降低。食品中的蛋白质、脂肪、碳水化合物腐败变质后结构发生了变化，因而丧失了原有的营养价值。

（3）传播人畜共患疾病。当食品经营管理不当，特别是对其卫生检查不严格时，销售和食用了严重污染病原菌的畜禽肉类或由于生产、加工储藏、运输等卫生条件差，致使食品再次污染病原菌，可能会造成人畜共患疾病的大量流行，如炭疽病、布鲁杆菌病、结核病、口蹄疫等。

（4）变质引起的人体中毒或潜在危害。食品从生产加工到销售整个过程中，被污染的方式和程度很复杂，其腐败变质产生的有毒物质多种多样，因此，腐败变质的食品对人体健康造成的危害也表现不同。① 急性毒性。一般情况下，腐败变质农产品常引起急性中毒，轻者多以急性胃肠炎症状出现，如呕吐、恶心、腹痛、腹泻、发烧等，经过治疗可以恢复健康；重者可在呼吸、循环、神经等系统出现症状，抢救及时可转危为安，如贻误时机还会危及生命。② 慢性毒性或潜在危害。有些变质农产品中的有毒物质含量较少，或者由于本身的毒性作用，并不引起急性中毒，但长期食用往往会造成慢性中毒，甚至产生致癌、致畸、致突变作用。

农产品的腐败变质，不仅损坏农产品的可食性，而且会引起食物中毒，传播人畜共患疾病，产生安全问题。因此，防止农产品的腐败变质，对保证农产品安全和质量具有十分重要的意义。

（四）防止食品腐败变质的措施

1. 低温保藏

在适宜的低温条件下保存食品，可以抑制微生物的生长繁殖，降低酶的活性会使内部化学反应的速率下降，有利于保证食品质量，延长食品的保质期。

2. 高温杀菌

高温可杀菌，也可以杀灭微生物，破坏食品中的酶类，防止食品腐败变质。

3. 物理保藏

（1）通过用物理方法去除食品中的水分含量，使其降至一定限度以下，使微生物不能生长，酶的活性也受到限制，从而防止食品腐败变质，延长食品的保质期。

（2）微生物在高渗透压环境下细胞发生质壁分离，停止代谢。用增加渗透压的方法（盐腌或糖渍）能防止食品腐败。虽然高渗透压可以抑制微生物生长，但不可能完全杀死微生物。

4. 化学保藏

在食品中加入某些抑制微生物生长的化学物质可防止食品腐败变质。常见的有抗氧化剂、防腐剂等。例如，在面包中加入山梨酸来抑制霉菌生长；腌肉时加入亚硝酸盐，除了发色外，对某些厌氧细菌也有抑制作用。使用时必须注意：化学防腐剂的使用必须符合食品添加剂（GB 2760）标准要求。

5. 辐照保藏

辐照保藏是继冷冻、腌渍、脱水等传统保藏方法之后发展起来的新方法。主要是将放射线用于食品灭菌、杀虫、抑制发芽等，以延长产品的保藏期限。另外，也用于促进成熟和改进产品品质等方面。辐射源多用钴（^{60}Co）、铯（^{137}Cs）等放射性同位素放出的γ射线直接辐射食品。紫外线可用来减少一些食品的表面污染。肉类加工冷藏室常安装能减少表面污染的紫外灯，可使储藏物较长时间不腐败。

三、细菌对食品安全性影响

细菌污染食品可引起各种症状的食物中毒。细菌性食物中毒是指人们摄入含有细菌或细菌毒素的食品而引起的食物中毒。而动物性食品是引起细菌性食物中毒的主要食品，其中，肉类及熟肉制品居首位，其次为变质禽肉、病死畜肉以及鱼、乳等。植物性食品如剩饭、糯米、冰糕、豆制品、面类发酵食品也可引起细菌性食物中毒。

（一）沙门氏菌

沙门氏菌是一类革兰氏阴性肠道杆菌，是引起人类伤寒、副伤寒、感染性腹泻、食物中毒等疾病的重要肠道致病菌，是食源性疾病的重要致病菌之一。沙门氏菌广泛分布于家畜、鸟、鼠类肠腔中，在动物中广泛传播并感染人群。患沙门氏菌病的带菌者的排泄物或带菌者自身都可直接污染食品，常被污染的食物主要有各种肉类、鱼类、蛋类和乳类食品，其中以肉类居多。

沙门氏菌随同食物进入机体后在肠道内大量繁殖，破坏肠黏膜，并通过淋巴系统进入血液，出现菌血症，引起全身感染，潜伏期为 12～24 h，短者 6 h，长者 72 h，中毒初期表现为头痛、恶心、食欲不振，之后出现呕吐、腹泻、腹痛、发热，严重者可引起痉挛、脱水、休克等症状。

（二）致病性大肠埃希菌

大肠埃希菌是一类革兰阴性肠道杆菌，是人畜肠道中的常见致病性大肠杆菌，能引起人和动物感染和中毒，随粪便排出后广泛分布于自然界，可通过粪便污染食品、水和土壤，在一定条件下可引起肠道外感染，以食源性传播为主，水源性和接触性传播也是重要的传播途径。

致病性大肠杆菌和非致病性大肠杆菌在形态特征、培养特性和生化特性上是不能区别的，只能用血清学的方法根据抗原性质的不同来区分。其中肠产毒性大肠杆菌会引起婴幼儿腹泻，出现轻度水泻，也可呈严重的霍乱样症状。腹泻常为自限性，一般 2～3 天即愈，营养不良者可达数周，也可反复发作。肠致病性大肠杆菌是婴儿腹泻的主要病原菌，有高度传染性，严重者可致死。细菌侵入肠道后，主要在十二指肠、空肠和回肠上段大量繁殖。此外，肠出血性大肠杆菌会引起散发性或暴发出血性结肠炎，可产生志贺毒素样细胞毒素。

致病性大肠杆菌可以污染多种食物，在肉类、乳制品、生蔬菜、海产品中较为常见，如果没有经过充分清洗和加热，也可能会含有致病性大肠杆菌。为了避免感染致病性大肠杆菌，我们应该注意保持良好的个人卫生习惯，同时确保食物在食用前已经充分煮熟或加热。如果怀疑食物可能被致病性大肠杆菌污染，应该及时丢弃，以避免引起食物中毒等健康问题。

（三）葡萄球菌

葡萄球菌是一种革兰阳性球菌，广泛分布于自然界，如空气、水、土壤、饲料和其他物品上，多数为非致病菌，少数可导致疾病。食品中葡萄球菌的污染源一般为患有化脓性炎症的病人或带菌者。因饮食习惯不同，引起中毒的食品是多种多样的，主要是营养丰富的含水食品，如剩饭、糕点、凉糕、冰激凌、乳及乳制品，其次是熟肉类，偶见于鱼类及其制品、蛋制品等。近年，由熟鸡、鸭制品引起的中毒现象有增多的趋势。

在葡萄球菌中，金黄色葡萄球菌致病力最强，可产生肠毒素、杀白血球素、溶血素等，刺激呕吐中枢产生催吐作用。金黄色葡萄球菌污染食物后，在适宜的条件下大量繁殖产生肠毒素，若吃了这些不安全的食品，极易发生食物中毒。

（四）肉毒梭状芽孢杆菌

肉毒梭状芽孢杆菌，简称肉毒梭菌，属于厌氧性梭状芽孢杆菌属，是一种腐物寄生菌，广泛分布于土壤、水、海洋、腐败变质的有机物、霉干草、畜禽粪便中，带菌物可污染各类食品原料，特别是肉类和肉制品。一般认为，土壤是肉毒梭菌的主要来源。在我国肉毒梭菌中毒多发地区的土壤中，该菌的检出率为 22.2%，未开垦的荒地土壤带菌率更高。

肉毒梭菌能够产生菌体外毒素，经肠道吸收后进入血液，作用于脑神经核、神经接头处以及植物神经末梢，阻止乙酰胆碱的释放，妨碍神经冲动的传导而引起肌肉松弛性麻痹。

肉毒梭菌污染食品主要存在于密闭比较好的包装食品中，在厌氧条件下，产生肉毒毒素，其是目前已知化学毒物和生物毒素中最为强烈的一种，比氰化钾的毒力还大 10 000 倍。小鼠 LD_{50} 为 0.001 μg/kg，0.072 μg 即可致一成年人死亡。肉毒梭菌中毒症简称肉毒中毒，是由肉毒梭菌分泌的肉毒毒素引起的。

（五）副溶血性弧菌

副溶血性弧菌又称肠炎弧菌，是弧菌属的一种嗜盐菌。它是我国沿海地区夏秋季节最常见的一种食物中毒菌，常见的鱼、虾、蟹、贝类中副溶血性弧菌的检出率很高，在淡水鱼中也有该菌的存在。

副溶血性弧菌导致的食物中毒，大多为副溶血性弧菌侵入人体肠道后直接繁殖造成的感染及其所产生的毒素对肠道共同作用的结果。潜伏期一般为 6~10 h，最短者 1 h，长者可达 48 h。耐热性溶血毒素除有溶血作用外，还有细胞毒、心脏毒、肝脏毒等作用。

（六）空肠弯曲菌

空肠弯曲菌是一种重要的肠道致病菌。食品被空肠弯曲菌污染的重要来源是动物粪便，其次是健康的带菌者。此外，已被感染空肠弯曲菌的器具等未经彻底消毒杀菌便继续使用，也可导致交叉感染。

食用空肠弯曲菌污染的食品后，可发生中毒事故，主要危害部位是消化道，引起人类急性腹泻和肠炎等病症，突发腹痛、腹泻、恶心、呕吐等胃肠道症状，潜伏期一般为 3~5 天。该菌进入肠道后在含微量氧环境下迅速繁殖，主要侵犯空肠、回肠和结肠，侵袭肠黏膜，造成充血及出血性损伤。

（七）致病性链球菌

致病性链球菌是化脓性球菌的一类常见的细菌，广泛存在于水、空气、人及动物粪便和健康人鼻咽部，容易对食品产生污染。被污染的食品因烹调加热不彻底或在加热后又被本菌污染，在适宜温度下，存放时间较长，食后会引起中毒。

食用致病性链球菌污染的食品，常引起皮肤和皮下组织的化脓性炎症及呼吸道感染，还能引起猩红热、流行性咽炎、丹毒、脑膜炎等，严重者可危及生命。

（八）志贺氏菌属

志贺氏菌属是一类革兰阴性杆菌，是人类细菌性痢疾最为常见的病原菌，通称痢疾杆菌。痢疾病人和带菌者的大便会污染食物、瓜果、水源、玩具和周围环境。另外，夏秋季天气炎热，苍蝇孳生快，苍蝇的脚毛可黏附大量痢疾杆菌等，是重要的传播媒介。因此，夏秋季节痢疾的发病率明显高一些。

志贺氏菌属污染食品后大量繁殖，产生细胞毒素、肠毒素和神经毒素，食后可引起中毒，抑制细胞蛋白质合成，使肠道上皮细胞坏死、脱落，局部形成溃疡。由于上皮细胞溃疡脱落，形成血性、脓性的排泄物，这是志贺菌对人体产生的主要危害。志贺菌食物中毒后，潜伏期一般为 10~20 h。发病时以发热、腹痛、腹泻痢疾后重感以及黏液脓血便为特征。

（九）单核细胞增生李斯特氏菌

单核细胞增生李斯特氏菌是一种兼性厌氧革兰氏阳性菌，它在形态上多变，有的直或稍弯，有的呈 V 字形排列，有的呈丝状，偶尔可见双球状。它对环境的适应性极强，在 4～45 ℃的环境中均能生长，最适生长温度为 30～37 ℃。即使在冷藏条件下，它也能继续生长繁殖，因此是冷藏食品威胁人类健康的主要病原菌之一。

单核增生李斯特菌主要通过食物链进入人体，尤其是在生或加工肉类、生牛奶产品、生或熏鱼、预制沙拉和长期真空储存的包装食物中。人感染后，主要表现为败血症、脑膜炎和单核细胞增多等症状，甚至可能导致孕妇流产，对新生儿、老人以及免疫功能低下者的威胁尤为严重。

（十）椰毒假单胞菌属

椰毒假单胞菌属是一种常见的细菌属，属于变形菌门、普罗维登斯菌纲、假单胞菌目、假单胞菌科，是一种能产生毒素的细菌，其中的酵米面亚种可以产生一种名为"米酵菌酸"的毒素。这种毒素耐热性强，100 ℃和高压蒸煮（120 ℃）条件下均不能被破坏，食用后即可引起食物中毒。椰毒假单胞菌属广泛存在于土壤、水体和动植物体内，最适宜的生长温度为37 ℃，最适宜的产毒温度为 26 ℃。

在自然界中，椰毒假单胞菌属易在食品表面生长，尤其是在淀粉类食品表面，如米粉、糍粑、发酵玉米面、酸汤子等。在夏秋季节，由于天气炎热、空气潮湿，这些食品容易受到椰毒假单胞菌属的污染，并在其生长过程中产生毒素。另外，在一些霉变的食品中也可能存在大量的椰毒假单胞菌属，并产生毒素。

椰毒假单胞菌属的食物中毒发病急，潜伏期一般为 2～12 h，主要症状为恶心、呕吐、腹痛、腹泻等，严重者可能会出现肝肾损害、休克等症状。目前对于该毒素引起的食物中毒还没有特效解毒药物，一旦出现中毒症状，应立即就医治疗。

为了保障食品安全，我们需要注意食品的保存和烹饪方法，尤其是夏秋季节的淀粉类食品，应尽可能避免长时间存放，并在烹饪后及时食用。如果出现食物中毒症状，应及时就医治疗，同时保留好食物样本以供检测和调查。

四、真菌对食品安全性影响

真菌在自然界分布极广，特别是阴暗、潮湿和温度较高环境更有利于它们生长，极易引起食品的腐败变质，粮食、食品、饲料等常被其污染。有些真菌可以产生有毒代谢产物即真菌毒素，真菌毒素具有毒性作用，摄入后可引起人或家畜的急性或慢性真菌中毒症。

真菌毒素是真菌产生的有毒次生代谢产物，是多种真菌所产生的各种毒素的总称。其结构均较简单，分子质量很小，故对热稳定，一般烹调和食品加工如炒、烘、熏等对食品中真菌毒素往往不能破坏或破坏甚小。高压消毒也仅能破坏一半左右。近三十多年来，真菌毒素的研究进展很快，迄今已发现百余种真菌毒素，大多为曲霉属青霉属及镰刀菌属中约 30 种真菌的产毒菌株所产生。

（一）曲霉菌属及相关毒素

曲霉属是霉菌中的一群，包括黄曲霉、杂色曲霉、赭曲霉等。一般是从匍匐于基质上的菌丝向空中伸出球形或椭圆形顶囊的分生孢子梗，在其顶端的小梗或进一步分枝的次级小梗上生出链状的分生孢子。此属在自然界分布极广，是引起多种物质霉腐的主要微生物之一（如面包腐败、皮革变质等），其中的黄曲霉毒素具有很强毒性。

1. 黄曲霉毒素

黄曲霉毒素是曲霉菌属的黄曲霉、寄生曲霉产生的代谢物，剧毒，同时还有致癌、致畸、致突变作用，主要引起肝癌，还可以诱发骨癌、肾癌、直肠癌、乳腺癌、卵巢癌等。

黄曲霉广泛存在于土壤中，菌丝生长时产生毒素，孢子可扩散至空气中传播，在合适的条件下侵染合适的寄生体，产生黄曲霉毒素。黄曲霉毒素是目前发现的化学致癌物中毒性最强的物质之一。

（1）黄曲霉毒素结构与性质。黄曲霉毒素是一类结构相似的化学物质，都有一个糠酸呋喃结构和一个氧杂萘邻酮（香豆素）结构；前者与毒性和致癌性有关，后者加强了前者的毒性和致癌性。目前已分离到的黄曲霉毒素及其衍生物有 20 多种，其中 10 余种的化学结构已明确，常见的类型有黄曲霉毒素 B_1、B_2、G_1、G_2、M_1、M_2。结构如图 1-1 所示，以 B_1 的致癌性最强。黄曲霉毒素能被强碱（pH9.0～10.0）和氧化剂分解，对热稳定，裂解温度为 280 ℃以上。

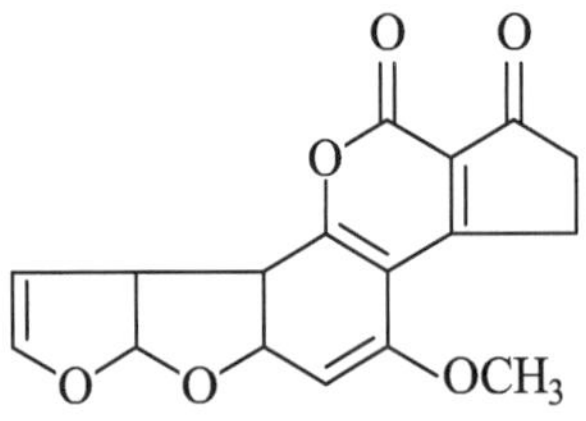

黄曲霉毒素 B_1 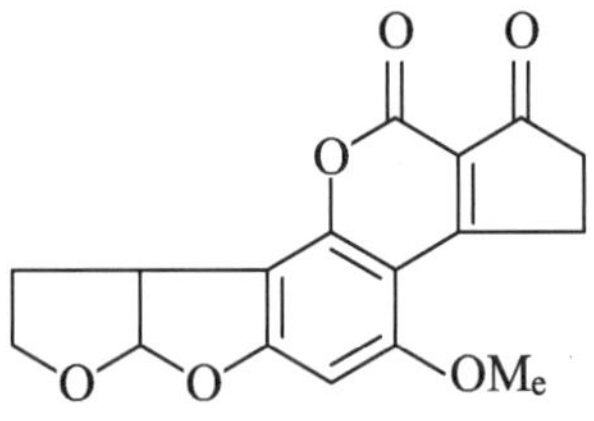 　　　　　　　黄曲霉毒素 B_2（二氢黄曲霉毒素 B_1）

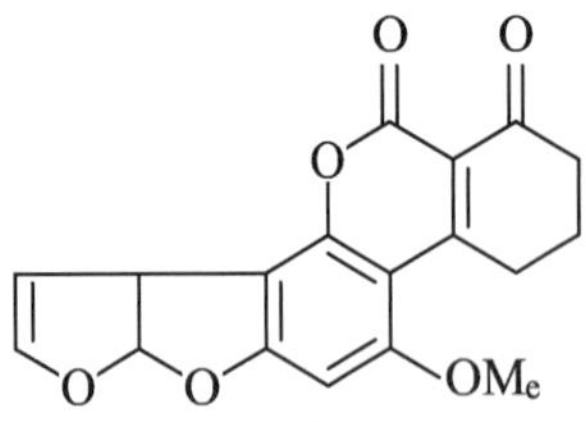

黄曲霉毒素 G_1 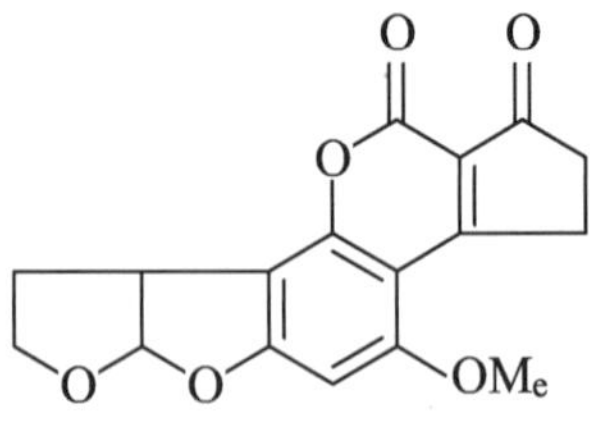 　　　　　　　黄曲霉毒素 G_2（二氢黄曲霉毒素 G_1）

图 1-1　霉毒素的结构

（2）食品中来源。黄曲霉毒素主要存在于被黄曲霉污染过的粮食、油及其制品中。例如，黄曲霉污染花生、花生油、玉米、大米、棉籽最为常见，在干果类食品如胡桃、杏仁、榛子、干辣椒中以及在动物性食品如肝、咸鱼以及在乳和乳制品中也曾发现过黄曲霉毒素。

花生是最容易感染黄曲霉的农作物之一，黄曲霉毒素对花生具有极高的亲和性。黄曲霉的侵染和黄曲霉毒素的产生不仅会发生在花生的种植过程（包括开花、盛花、饱果、成熟收获）中，还在加工过程（包括原料收购、干燥、加工、仓储、运输过程）中产生。

2. 杂色曲霉毒素

杂色曲霉毒素（Sterigma Tocystin，ST）是一类结构类似的化合物，曲霉属许多霉菌都能产生杂色曲霉毒素，如杂色曲霉、构巢曲霉、焦曲霉、爪曲霉、毛曲霉以及黄曲霉、寄生曲霉等，但它主要是由杂色曲霉和构巢曲霉产生的最终代谢产物，同时又是黄曲霉和寄生曲霉合成黄曲霉毒素过程后期的中间产物，是一种很强的影响肝与肾脏的毒素。

（1）毒素结构与性质。杂色曲霉毒素的纯品为淡黄色针状结晶，是由霉菌产生的一组化学结构近似的有毒化合物，目前已确定结构的有 10 多种。最常见的一种结构式如图 1-2 所示。1962 年，Bulloc 首次提出杂色曲霉毒素的化学结构属于氧杂蒽酮类化合物，其分子由氧杂蒽酮连接并列的二氢呋喃组成。该毒素熔点为 247～248 ℃，耐高温，246 ℃时才发生裂解，呈淡黄色结晶。不溶于水与强碱性溶液，微溶于多数有机溶剂，易溶于氯仿、乙腈、吡啶和二甲基亚砜等有机溶剂。杂色曲霉毒素的紫外吸收光谱为（乙醇）205 nm、233 nm、246 nm 和 325 nm，在紫外光下呈橙黄色荧光。

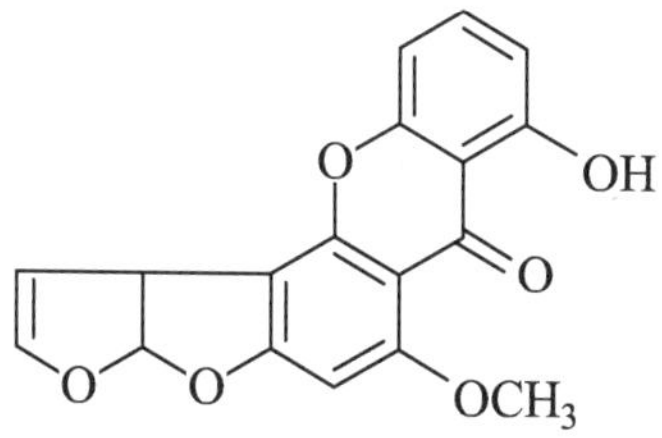

图 1-2　杂色曲霉毒素的结构

（2）食品中来源。杂色曲霉广泛分布于自然界，主要污染玉米、花生、大米和小麦等谷物，甚至空气、土壤、腐败的植物体都曾分离出杂色曲霉。在同一地区，原粮中杂色曲霉毒素的污染水平远高于成品粮，不同粮食品种之间杂色曲霉毒素的水平由高到低的顺序为：杂粮和饲料麦>稻谷>玉米>面粉>大米。

3. 赭曲霉毒素

赭曲霉毒素是曲霉属和青霉属霉菌所产生的一组次级代谢产物，包含 7 种结构类似的化合物，其中以赭曲霉毒素 A 的毒性最强，主要污染谷类，而且在葡萄汁和红酒、咖啡、可可豆、坚果、香料和干果中的污染非常严重。另外，还能进入猪肉和猪血产品以及啤酒中。赭曲霉毒素 A 是一种有毒并可能致癌的霉菌毒素，不少食品都含有这种毒素。

（1）毒素结构与性质。赭曲霉毒素 A，最先于 1965 年在实验室内从赭曲霉产毒菌株中分离得到，属聚酮类化合物，其化学结构见图 1-3。赭曲霉毒素 A 纯品为无色品体，熔点为 90～96 ℃，能溶解于极性有机溶剂，微溶于水和稀碳酸氢盐中，在紫外线下呈蓝色荧光。这种毒素具有耐热性，用普通加热法处理不能将其破坏。赭曲霉毒素分为赭曲霉毒素 A、B、C 三种，其中以赭曲霉毒素 A 的毒性最强。

（2）食品中来源。赭曲霉毒素 A 是由多种生长在粮食如小麦、玉米、大麦、燕麦、黑麦、大米、黍类、花生、蔬菜、豆类等农作物上的曲霉和青霉产生的，特别是生长于贮藏期间的高粱、玉米与小麦麸皮上。这种毒素也可能出现在猪和母鸡等动物的肉中。动物摄入了霉变的饲料后，在其各种组织中（肾、肝、肌肉、脂肪）均可检测出残留毒素。在花生、咖啡、火腿、鱼制品、胡椒、香烟等中都能分离出产赭曲霉毒素的菌株。赭曲霉毒素 A 是在适度气候下由青霉属、青霉属变种和温带、热带地区的曲霉产生的。

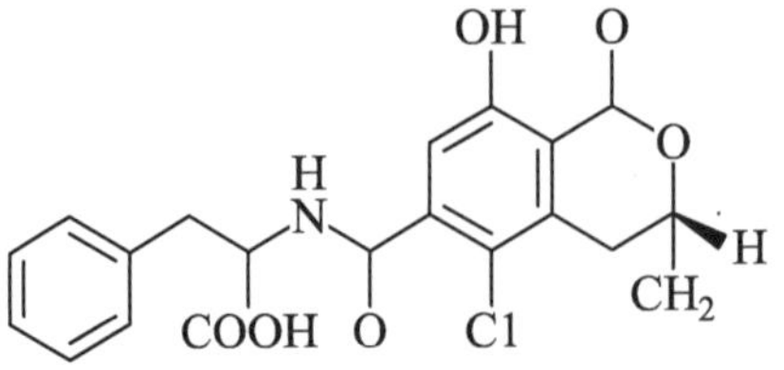

图 1-3　赭曲霉毒素的结构

（二）青霉菌属及相关毒素

青霉的菌丝与曲霉相似，为有分隔但无足的细胞。其分生孢子梗的顶端不膨大，无顶囊。分生孢子梗经过多次分枝，产生几轮对称或不对称的小梗，形如扫帚。小梗顶端产生成串的分生孢子，分生孢子一般为蓝绿色或灰绿色。

1. 黄绿青霉素

黄绿青霉素是黄绿青霉的次级毒性代谢物，具有心脏血管毒性、神经毒性、遗传毒性，真菌毒素能在较低的温度和较高的湿度下产生，在自然界中广泛存在，在适宜的温度、酸碱度和湿度条件下，受黄绿青霉污染的粮食可产生大量的黄绿青霉素，极易进入食物链，导致人畜中毒。

黄绿青霉素容易污染新收获的农作物，呈黄绿色霉变，食用后可发生急性中毒，是一种常见的真菌毒素。中毒的典型症状为后肢跛瘸、运动失常、痉挛和呼吸困难等。

（1）毒素结构与性质。黄绿青霉素是一种黄色有机化合物，结构式如图 1-4 所示，熔点为 107～111 ℃，易溶于乙醇、乙醚、苯、氯仿和丙酮，不溶于己烷和水。其紫外线的最大吸收为 388 nm。此毒素在紫外线照射下，可发出金黄色荧光。270 ℃加热时，黄绿青霉素可失去动物毒性，经紫外线照射 2 h 也会被破坏。

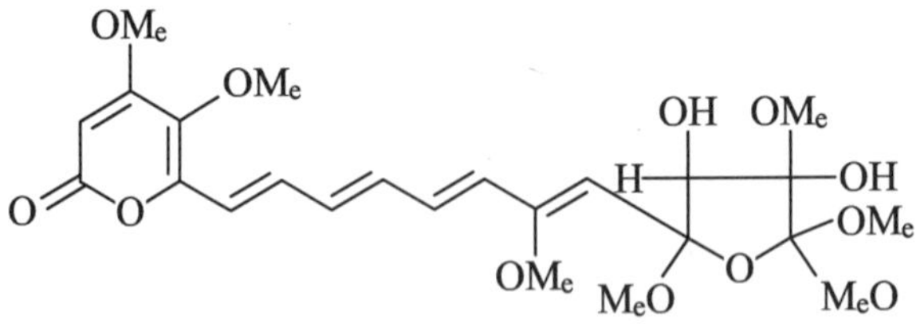

图 1-4　黄绿青霉素的结构

（2）食品中来源。大米水分含量在 14.6% 以上易感染黄绿青霉，在 12～13 ℃便可形成黄变米，米粒上有淡黄色病斑，同时产生黄绿青霉素。

2. 橘青霉素

橘青霉菌可产生橘青霉素，它是一种次生代谢产物。此菌分布普遍，在霉腐材料和贮存粮食上常发现生长，会引起病变，并具有毒性。

（1）毒素结构与性质。1931 年由 Hetherington 和 Raistrick 首次从橘青霉菌的次生代谢产物中分离出橘青霉素,结构见图 1-5。纯品为柠檬色针状结晶,熔点为 172 ℃。能溶于乙醚、氯仿和无水乙醇等有机溶剂;也可在稀氢氧化钠、碳酸钠和醋酸钠溶液中溶解,但极难溶于水。在紫外光照射下可见黄色荧光。在酸性和碱性溶液中均可溶解。

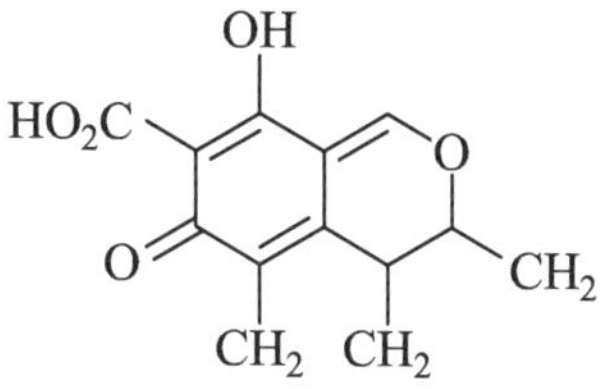

图 1-5 橘青霉素的结构

(2)食品中来源。橘青霉毒素常与赭曲霉毒素 A 同时存在,自然界含量一般为 0.07~80 mg/kg。当稻谷的水分含量大于 14%时,就可能滋生橘青霉,其黄色的代谢产物渗入大米胚乳中,引起黄色病变,称为"泰国黄变米"。中国目前尚未见橘青霉污染饲料或粮食和橘青霉素中毒的报道,但黄变米现象在海关检验中时有发生。

(三)镰刀菌属及相关毒素

镰刀菌属是一类危害田间麦类、玉米和库储谷物的致病真菌,病菌可产生毒素,引起人、畜镰刀菌毒素中毒。由镰刀菌引起的小麦赤霉病、玉米穗粒腐病,是小麦、玉米生产上的重要病害,近年来随着全球气候变暖,还有逐步扩大蔓延之势。镰刀菌的侵染主要在作物开花期,而病害发生在种子灌浆阶段,因此镰刀菌的危害除造成产量损失外,更重要的是产生的真菌毒素直接存留、累积在禾谷类籽粒中,严重威胁人畜健康。

单端孢霉烯族类化合物是一类由镰刀菌产生的毒性物质的统称,其基本结构如图 1-6 所示。根据取代基的不同,可以分为 A、B、C、D 四种类型,天然污染的单端孢霉烯族类化合物属于 A、B 两型。单端孢霉烯族类化合物较为耐热,需超过 200 ℃才能被破坏,对酸和碱也较稳定,因此经过通常烹调加工难以破坏其活性。

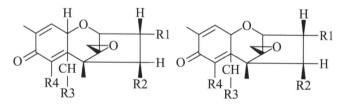

图 1-6 单端孢霉烯族类化合物的结构

1. 串珠镰刀菌素

串珠镰刀菌素是串珠镰刀菌产生的代谢产物。串珠镰刀菌素的毒性很强,小鸡经口 LD_{50} 为 4.0 mg/kg。急性中毒的大鼠可出现进行性肌肉衰弱、呼吸困难、发绀、昏迷和死亡。有人认为动物的某些疾病与摄食霉玉米有关。该毒素的毒理作用是选择性抑制 α-氧化戊二酸盐脱氢酶和丙酮酸盐脱氢酶系统。

(1)毒素结构与性质。串珠镰刀菌素的化学名称为 3-羟基-环丁-3-烯-1,2-二酮(3-hydroxycyclobutene-1,2-di-one),自然界中以钠盐或钾盐的方式存在。串珠镰刀菌素最初是从感染有枯萎病的玉米上分离到的串珠镰刀菌培养物中提取出的一种水溶性毒素,因此而得名。它是淡黄色针状结晶，具有水溶性，其水溶液在波长 229 nm 处有最大吸收。串珠镰刀菌素易溶于甲醇，不溶于二氯甲烷和三氯甲烷。串珠镰刀菌素水溶液一般对热较为稳定。

（2）食品中来源。主要侵害的谷物有玉米、小麦、大米、燕麦、大麦等，病原菌主要以菌丝体和分生孢子的形式随病残体越冬，也可以在土壤中越冬，成为翌年初侵染菌源，种子也能带菌传病。病原菌主要从机械伤口、虫伤口侵入根部和茎部。高粱在开花期至成熟期，若先后遭遇高温干旱与低温阴雨，则发病严重。在病田连作、土壤带菌量高以及养分失衡、高氮低钾时发病趋重，早播比晚播发病重。高粱品种间病情有一定差异，有耐病品种和中度抗病品种，但缺乏高抗品种。

2. 玉米赤霉烯酮

玉米赤霉烯酮（Zearalenone，ZEA）是由在潮湿环境下生长的镰刀菌群，如粉红镰刀、黄色镰刀菌及禾谷镰刀菌产生一种具有雌性激素性质的真菌毒素，该毒素对动物的作用类似于雌激素，会造成雌激素过多症。猪是所有家畜中对该毒素最敏感的动物，且雌性比雄性的敏感度更高。

（1）毒素结构与性质。玉米赤霉烯酮又被称为 F2 毒素，其结构如图 1-7 所示。ZEA 是一种白色晶体，又名 F2 雌性发情毒素，熔点 164～165 ℃，紫外线光谱最大吸收为 236 nm、274 nm 和 316 nm，不溶于水，溶于碱性溶液、乙醚、苯、甲醇、乙醇等，其甲醇溶液在紫外光下呈明亮的绿-蓝色荧光。当以甲醇为溶剂时，最大吸收峰的波长为 274 nm。ZEA 属于二羟基苯甲酸内酯类化合物，虽然没有甾体结构，却有潜在的雌激素活性。前者的雌激素活性为 ZEA 的 3 倍，后者的雌激素活性小于或等于 ZEA。

（2）食品中来源。赤霉菌引起小麦的穗腐，不仅使小麦籽粒产量降低、品质变劣，而且病麦粒中存留有病菌产生的真菌毒素，食用病麦及其制成品后会引起中毒，还有致癌、致畸和诱变作用。

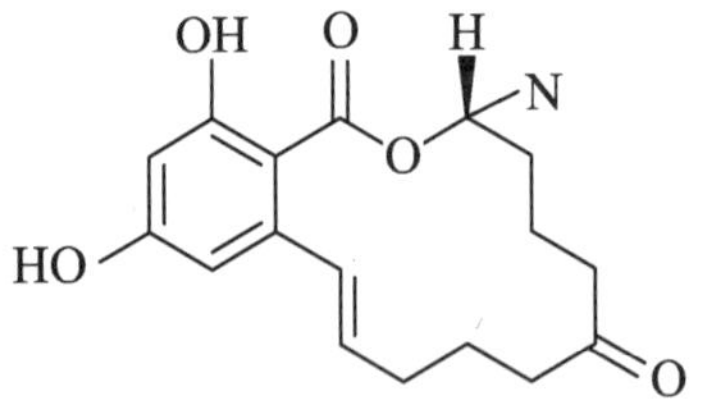

图 1-7　玉米赤霉烯酮毒素的结构

五、病　毒

病毒是专性寄生微生物，只能在寄生的活细胞中复制，不能在人工培养基上繁殖。因此，食品安全只须考虑对人类有致病作用的病毒。容易污染食品的病毒有口蹄疫病毒甲型肝炎病毒、诺如病毒等。这些病毒主要来自病人、病畜或带毒者的肠道，污染水体或与手接触后污染食品。与真菌相比，目前对食品中病毒的了解不太多。食源性病毒的特点如下：① 大部分食品都可以作为病毒的运载工具；② 病毒性肠炎出现的频率仅次于普通感冒；③ 病毒粒子存在于自然界中，如土壤，水、空气物体表面；④ 海洋生物对病毒有吸收和浓缩作用。

（一）口蹄疫病毒

口蹄疫是由口蹄疫病毒感染引起的偶蹄动物共患的急性、热性、接触性传染病，最易感染的动物是黄牛、水牛、猪、骆驼、羊、鹿等，黄羊、麝、野猪、野牛等野生动物也易感染此病，本病以牛最易感，羊的感染率低。口蹄疫病毒对外界环境的抵抗力很强，在冰冻情况下血液及粪便中的病毒可存活 120 ~ 170 天。50 ~ 60 ℃存活 30 ~ 40 min，沸水瞬间可杀死。pH 7.4 ~ 7.6 最稳定，对酸性比对碱性敏感。

人一旦受到口蹄疫病毒感染，经过 2 ~ 18 d 的潜伏期后突然发病，表现为发热，口腔干热，唇、齿龈、舌边、颊部、咽部潮红，出现水泡（手指尖、手掌、脚趾），同时伴有头痛、恶心、呕吐或腹泻。患者在数天后痊愈，但有时可并发心肌炎。患者对人基本无传染性，但可把病毒传染给牲畜动物，再度引起牲畜间口蹄疫流行。所以，发现病情应及时上报，并进行诊断和鉴定，对疫区进行隔离和封锁，扑杀所有易感偶蹄动物，并彻底消毒，对受威胁区实行强制性免疫。对病畜与同群牲畜以不放血方式扑杀，销毁尸体并进行现场消毒。

（二）肝炎病毒

病毒性肝炎又称为传染性肝炎，以甲型和乙型肝炎最为常见。肝炎病毒主要污染水生贝壳类，如牡蛎、贻贝、蛤贝等。

甲型肝炎是由甲型肝炎病毒（HAV）经肠道引起的最常见急性传染病，是一种球形颗粒病毒，在病患发病前两周和发病后一周从粪便中排出的 HAV 最多。甲型肝炎潜伏期 15 ~ 45 天，平均 30 天，早期症状包括发热、乏力、恶心、呕吐、食欲不振，部分病人有腹胀或腹泻。病人多有肝脏肿大与压痛。主要通过消化道传播，传播途径包括受污染水源、食品以及日常接触，摄入 10 ~ 100 个病毒即可染病。常见的污染食品为冷菜、水果、果汁、乳制品、蔬菜、贝类和冷饮。甲型肝炎病毒可在贝类肝脏内浓缩积聚，比水中病毒浓度高出数百倍。虽然甲型肝炎病毒在自然环境中和其他生物体内不能生长繁殖，但是可以较长时间存活，具有很强的传染性。

病毒性肝炎的预防主要是加强传染源的管理，对食品生产、加工人员要进行定期健康体检，做到早发现、早隔离。要加强饮用水的管理，防止污染，加强餐饮行业卫生管理，切断传播途径。同时，要通过注射疫苗提高人群的免疫力。

（三）禽流感病毒

鸟禽类流行性感冒，俗称禽流感（AIV），是一种鸟类病毒性传染病。绝大多数禽流感病毒不会感染人类，但是甲型 H5N1 和甲型 H7N9 等某些病毒却可以造成严重的人类感染。人类感染的首要危险因素可能是直接或间接暴露于被感染的活禽或病死禽类，或者暴露于被污染的环境中，如活禽市场。高危行为包括宰杀、拔毛和加工被感染禽类。

甲型流感病毒能在鸡胚中生长，大多不致死，能凝集多种动物的红细胞。病毒对紫外线敏感，55 ℃加热 1 小时、60 ℃加热 10 分钟可被灭活，对大多数防腐、消毒药敏感。

病毒在干燥尘埃中可存活 2 周，在 4 ℃可保存数周，在冷冻的禽肉和骨髓中可存活 10 个月之久。传染源主要是病禽和表面健康携带流感病毒的禽类。传播途径为空气飞沫、粪、水、口以及垂直传播等。禽流感为 A 类烈性传染病，我国列为一类传染病。一旦发生疫情需及时上报，疫点及周围一定范围内的所有禽类全部扑杀，尸体销毁或化制。疫点、疫区实行严格隔离、封锁，全面彻底消毒，建立免疫带。做好直接接触人人员的防护工作，防止对人的感染。

（四）疯牛病（BSE）病毒

疯牛病（BSE）病毒由传染因子引起的牛的一种进行性神经系统的传染性疾病，是一种传染性海绵状脑病。该病的主要特征是牛脑发生海绵状病变，并伴随大脑功能退化，临床表现为神经错乱、运动失调、痴呆和死亡。这种疾病据信是由于朊病毒引起的，并且可以通过喂食含有疾病的动物骨粉传播。人类中的朊病毒疾病之一——变种克雅尔氏病（vCJD）被认为可以通过食用带有疯牛病的牛脑或其结缔组织传播。

疯牛病传播途径主要是人通过摄入患病的牛肉及其制品感染。如果化妆品原料的成分可能含有病毒，可通过化妆品传播；而食用被污染了的牛肉、牛脑髓的人，有可能感染上此病。对于疯牛病的预防措施：① 该病目前尚无有效治疗手段，潜伏期长，早期难以检测，一旦感染，病死亡率就达 100%，应建立全国性的检测系统，做好从业人员保护。② 尽量避免接触源自疫区的牛肉、牛排等。我国禁止从疯牛病疫区进口牛肉，应避免选择来路不明的牛肉。③ 规范动物饲料加工厂的建立和运行。

（五）非洲猪瘟病毒（ASFV）

非洲猪瘟病毒是一种大型双链 DNA 病毒，具有极高的稳定性和生存能力，是引起猪的一种急性、热性、高度接触性的传染病。非洲猪瘟病毒具有耐酸不耐碱、耐冷不耐热的特点。它可以在空气中保持活性数日，在血液、粪便和组织中长期存活，甚至在未熟肉品、腌肉、泔水中也能长时间存活。这种病毒的顽强生命力使得其传播变得极为容易，一旦暴发，往往就难以控制。

非洲猪瘟病毒的临床症状与猪瘟相似，以高热、皮肤发绀及淋巴结和内脏器官严重出血为特征。死亡率可达 100%被世界动物卫生组织列为 A 类动物传染病。非洲猪瘟对生猪生产危害重大，一旦疫情暴发，就将给养殖业带来巨大经济损失。我国是生猪养殖和产品消费大国，猪肉是居民主要肉品蛋白质来源。因此，非洲猪瘟病毒的防控对于保障我国食品安全和畜牧业健康发展具有重要意义。针对非洲猪瘟病毒的防控，应采取综合性措施。首先，加强畜禽交易的监管和管理，严格禁止非法运输和销售疫区猪肉产品，加强交易场所和运输工具的检疫检查。其次，加强养殖环境的消毒和清理，定期对养殖场进行消毒清理，清除可能存在的病媒和传染源。此外，还应强化生物安全措施，如严格隔离疑似病例的动物，排查疫情严重地区的猪群以发现携带者。

（六）轮状病毒

轮状病毒属于呼肠病毒科，有七个血清型（A～G），儿童感染多为 A 型所致，而 B 和 C 型则主要感染成年人，在室温中可存活 7 个月，在粪便中可存活数日或数星期，耐酸，耐碱，55 ℃加热 30 min 或甲醛可使其灭活。

轮状病毒进入体内后通过两条途径引起腹泻：一是轮状病毒直接损害小肠绒毛上皮细胞，引发病理改变；二是轮状病毒在复制过程中的代谢产物作用于小肠内皮细胞，破坏肠内细胞的正常生理功能，引起腹泻。轮状病毒主要感染猪、牛、羊、鸡等动物性食品。

预防轮状病毒感染应从以下几方面入手：养成良好的卫生习惯，注意乳品的保存和奶具、食具、便器、玩具等的定期消毒。气候变化时，要避免过热或受凉，居室要通风。轮状病毒肠炎的传染性强，集体、机构如有流行，应积极治疗患者，做好消毒隔离工作，防止交叉感染。

（七）诺如病毒

诺如病毒是人类杯状病毒科中诺如病毒（NV）属的一种病毒，是一组能够引起人和儿童传染性、非细菌性、急性胃肠炎的杯状病毒属病毒的统称，1972 年美国诺瓦克地区一所学校暴发胃肠炎疫情，美国科学家从病人的粪便中首次发现该病毒，并命名为诺如病毒。

诺如病毒感染部位主要是小肠近端黏膜。由于病毒的感染，上皮细胞酶活性发生改变，引起糖类及脂类吸收障碍，导致肠腔内渗透压增高，体液进入肠道，因此出现腹泻和呕吐症状。

诺如病毒感染性腹泻在全世界范围内均有流行，全年均可发生感染，感染对象主要是成人和学龄儿童，寒冷季节高发。

六、寄生虫对食品安全性影响

寄生虫是指不能或不能完全独立生存，需寄生于其他生物体内的虫类，被寄生的生物体称为宿主。寄生虫感染主要发生在喜欢生食或半生食的水产品特定人群中。目前，我国食品中对人类健康危害较大的寄生虫主要有线虫、吸虫和绦虫。其中，比较常见的有吸虫中的华支睾吸虫和卫氏并吸虫，线虫中的异尖线虫、广州管圆线虫等。

食源性寄生虫病是因为吃了生鲜或者没有彻底加热的含有寄生虫虫卵或幼虫，以及被其污染的食物而污染的一类疾病的总称。常见的食源性寄生虫病有鱼源性（华支睾吸虫病）、肉源性（囊虫病）、淡水甲壳动物源性（卫氏并殖吸虫病）、螺源性（广州管圆线虫病）、植物源性（布氏姜片虫病）。

寄生虫病是由原虫和蠕虫感染所引起的疾病，寄生虫病对人体的危害主要包括以下几个方面：

（1）营养不良。寄生虫寄生在人体后，会夺取宿主的营养，影响胃肠道的蠕动和消化吸收功能，长期下来可能导致营养不良，影响患者的身体健康。

（2）过敏反应。寄生虫会破坏人体内的免疫系统，引发过敏反应。这种过敏反应可能是由寄生虫或其分泌物、排泄物引发的超敏反应，表现为皮疹、呼吸困难等症状。

（3）器官衰竭。如果寄生虫长时间寄生在人体内，可能对肝脏、心脏等重要器官造成损害，甚至使这些器官出现衰竭的情况。

（4）其他健康问题。寄生虫的分泌物、排泄物和死亡后的分解物对人体有一定的毒性，可能影响人体的造血功能或引发其他全身性的变态反应。某些寄生虫如疟原虫还可能引发肾小球肾炎、过敏性休克等严重症状。许多寄生虫呈世界性分布，在公共卫生中占有重要地位，其中通过食物传播的食源性寄生虫严重地影响了人类健康。

（一）畜肉中常见的寄生虫病

1. 猪囊尾蚴病

猪囊尾蚴病是由人的有钩绦虫的幼虫寄生于猪体横纹肌而引起的一种绦虫幼虫病。幼虫主要感染猪，此外，野猪、犬、猫以及人也可感染。成虫寄生在人的小肠内。人是猪肉绦虫唯一的终宿主，同时也可作为其中间宿主；猪和野猪是主要的中间宿主。人体寄生的猪囊尾蚴通常只寄生1条，偶有寄生2~4条；寄生部位很广，好发部位主要是皮下组织、肌肉、脑和眼，其次是心、舌、口腔以及肝、肺、腹膜、上唇、乳房、子宫、神经鞘、骨等。

有钩绦虫寄生在人的小肠内，以头节上的吸盘和顶突上的小钩吸附在肠壁黏膜上，体节游离在小肠腔内，孕卵节片从虫体脱落，随人的粪便排出，节片破裂后散布虫卵，虫卵被猪或人吃了而感染。六钩蚴从卵内出来，钻入肠壁血管，随血液到猪体各部，在咬肌、心肌、舌肌及肋间肌等全身肌肉内形成囊状幼虫。严重感染时，各部肌肉甚至脑部、眼内都有寄生，经2~4个月发育成囊尾蚴。人吃了未煮熟的带有囊尾蚴的猪肉而感染，幼虫经5~12周发育为成熟的绦虫。

猪体感染虫体较少时无明显症状，只有在猪体抵抗力较弱、感染大量虫体的情况下，才出现消瘦、贫血甚至衰竭、前肢僵硬、声音嘶哑、咳嗽、呼吸困难及发育不良等症状。预防猪囊尾蚴病的主要措施：加强屠宰检疫工作，凡检出的病尸，按《动物防疫法》和有关规定进行无害化处理。加强卫生工作，做到"人有厕所猪有圈"，防止猪吃人粪。人不要吃生的或未煮熟的猪肉。发现病人，应及时进行药物驱虫，清除感染来源。

2. 旋毛虫病

旋毛虫的成虫和幼虫均寄生于同一宿主，如人、猪、狗、猫、鼠等几十种哺乳动物。成虫主要寄生在宿主的十二指肠和空肠上段，幼虫则寄生在同一宿主的横纹肌细胞内，在肌肉内形成具有感染性的幼虫囊包。无外界自生生活阶段，但完成其生活史必须更换宿主。宿主主要是通过食入含有活幼虫囊包的肉类及其制品而被感染。

旋毛虫的主要致病虫期是幼虫。其致病程度与食入幼虫囊包的数量、活力和侵入部位以及人体对旋毛虫的免疫力等诸多因素有关。轻度感染者无明显症状，重度感染者，其临床表现则复杂多样，若不及时治疗，可在发病后数周内死亡。该病死亡率较高，国外为6%~30%，国内约为3%。

人感染旋毛虫主要是因为生食或半生食含幼虫囊包的肉类。幼虫囊包的抵抗力较强，耐低温，在-15℃下可存活20天，在腐肉中可存活2~3个月，一般熏、烤、腌制和暴晒等方式不能杀死幼虫。预防该病的关键在于大力进行卫生宣教，改变饮食习惯，不生食或半生食猪肉或其他动物肉类；认真贯彻肉类食品卫生检查制度，禁止未经宰后检查的肉类上市；提倡肉猪圈养；加强卫生和饲料管理。

3. 肝片吸虫病

肝片吸虫成虫寄生在终宿主的肝胆管内，中间宿主为椎实螺类。肝片吸虫引起的损害主要表现在两个方面：① 幼虫移行期对各脏器特别是肝组织的破坏，引起肝的炎症反应及肝脓肿，出现急性症状如高热、腹痛、荨麻疹、肝大及血中嗜酸性粒细胞增多等；② 成虫对胆管的机械性刺激和代谢物的化学性刺激而引起胆管炎症、胆管上皮增生及胆管周围的纤维化。胆管上皮增生与虫体产生大量脯氨酸有关。胆管纤维化可引起阻塞性黄疸，肝损伤可引起血浆蛋白的改变（低蛋白血症及高球蛋白血症），胆管增生扩大可压迫肝实质组织引起萎缩、坏死以至肝硬化，还可累及胆囊引起相应的病变。

肝片吸虫寄生的宿主甚为广泛，除牛、羊外，还可寄生于猪、马、犬、猫、驴、兔、猴、骆驼、象、熊、鹿等动物。人体感染多因生食水生植物，如水田芹等茎叶。在低洼潮湿的沼泽地，牛、羊的粪便污染环境，又有椎实螺类的存在，牛、羊吃草时便较易造成感染。预防人体感染主要是注意饮食卫生，勿生食水生植物。

4. 弓形体病

弓形体病又称弓浆虫病或弓形虫病，其病原是原生动物门、孢子虫纲的刚第弓形虫，简称弓形虫。弓形虫的生活史分为五个阶段，即滋养体、包囊、裂殖体、配子体和卵囊，其中滋养体和包囊是在中间宿主体内形成的，裂殖体、配子体和卵囊是在终宿主体内形成的。猫属动物是弓形虫的终宿主。弓形虫对中间宿主的选择不严，许多动物可以作为中间宿主，已知动物就有 200 多种，包括鱼类、爬行类、鸟类、哺乳类（包括人）。

弓形虫在猫的肠上皮细胞内进行裂殖生殖，重复几次裂殖生殖后，形成大量的裂殖子，末代裂殖子重新进入上皮细胞，经过配子生殖，最后形成卵囊。卵囊随粪便排出体外，在外界适宜的温度、湿度和氧气条件下，经过孢子化发育为感染性卵囊。动物吃了猫粪中的感染性卵囊或吞食了含有弓形虫速殖子或包囊的中间宿主的肉、内脏、渗出物和乳汁就会被感染。速殖子还可通过皮肤和鼻、眼、呼吸道黏膜感染，也可通过胎盘感染胎儿，各种昆虫也可传播此病。本病以高热、呼吸及神经系统症状、动物死亡和怀孕动物流产、死胎、胎儿畸形为主要特征。

弓形体病是一种世界性分布的人畜共患的寄生性原虫病，在家畜和野生动物中广泛存在。

预防措施：控制传染源，控制病猫。切断传染途径，勿与猫、狗等密切接触，防止猫粪污染食物、饮用水和饲料。不吃生的或不熟的肉类和生乳、生蛋等。加强卫生宣教，搞好环境卫生和个人卫生。家庭养猫要定期进行检查、驱虫，给猫食添加肉时，应预先煮熟，严禁喂生肉、生鱼、生虾。防止猪捕食啮齿类动物，防止猫粪污染猪食和饮水。加强饲养管理，保持猪舍卫生。消灭鼠类，控制猪、猫同养，防止猪与野生动物接触。

（二）水产品中常见的寄生虫病

1. 华支睾吸虫病

华支睾吸虫又称肝吸虫。华支睾吸虫生活史为典型的复殖吸虫生活史，要经过成虫、虫卵、毛蚴、胞蚴、雷蚴、尾蚴、囊蚴及后尾蚴等阶段。终宿主为人与肉食哺乳动物（狗、猫等），第一中间宿主为淡水螺类，如豆螺、沼螺、涵螺等，第二中间宿主为淡水鱼、虾。成虫寄生于人和肉食类哺乳动物的肝胆管内，虫多时移居至大的胆管、胆总管或胆囊内，也偶见于胰腺管内。

华支睾吸虫病的传播依赖于粪便中有机会下水的虫卵，且水中存在第一、第二中间宿主或者当地人群有生吃、半生吃淡水鱼虾的习惯。

人群普遍易感华支睾吸虫，流行的关键因素是当地人群是否有生吃或半生吃鱼肉的习惯。实验证明，在厚度约 1 mm 的鱼肉片内的囊蚴，在 90 ℃ 的热水中，1 s 即能死亡，75 ℃ 时 3 s 内死亡，70 ℃ 及 60 ℃ 时分别在 6 s 及 15 s 内全部死亡。囊蚴在醋（含醋酸浓度 3.36%）中可存活 2 h，在酱油中（含 Nacl 19.3%）可存活 5 h。在烧、烤、烫或蒸全鱼时，可因温度不够、时间不足或鱼肉过厚等，不能杀死全部囊蚴。成人感染方式以食生鱼为多见，儿童感染则与他们在野外进食未烧烤熟透的鱼虾有关。此外，抓鱼后不洗手或用口叼鱼、使用切过生鱼的刀及砧板切熟食、用盛过生鱼的器皿盛熟食等，也有使人感染的可能。

轻度感染时不出现临床症状或无明显临床症状。重度感染时，在急性期主要表现为过敏反应和消化道不适，包括发热、胃痛、腹胀、食欲不振、四肢无力、肝区痛、血液检查嗜酸性粒细胞明显增多等，但大部分患者急性期症状不很明显。临床上见到的病例多为慢性期，患者的症状往往经过几年才逐渐出现，一般以消化系统的症状为主，疲乏、上腹不适、食欲不振、厌油腻、消化不良、腹痛、腹泻、肝区隐痛、头晕等较为常见。常见的体征有肝大，多在左叶、质软，有轻度压痛，脾肿大较少见。严重感染者伴有头晕、消瘦、浮肿和贫血等，在晚期可造成肝硬化、腹水，甚至死亡。儿童和青少年感染华支睾吸虫后，临床表现往往较重，死亡率较高。除消化道症状外，常有营养不良、贫血、低蛋白血症、浮肿、肝肿大和发育障碍，以致肝硬化，极少数患者甚至可致侏儒症。

华支睾吸虫病是由于生食或半生食含有囊蚴的淡水鱼、虾所致，预防华支睾吸虫病应抓住经口传染这一环节，防止食入活囊蚴是防治本病的关键。做好宣传教育，使群众了解本病的危害性及其传播途径，自觉不吃生鱼及未煮熟的鱼肉或虾，改进烹调方法和饮食习惯，注意生、熟吃的厨具要分开使用。家养的猫、狗如粪便检查阳性者应给予治疗，不要用未经煮熟的鱼、虾喂猫、狗等动物，以免引起感染。加强粪便管理，不让未经无害化处理的粪便下鱼塘。结合农业生产清理塘泥或用药杀灭螺蛳，对控制本病也有一定的作用。

2. 卫氏并殖吸虫病

卫氏并殖吸虫是人体并殖吸虫病的主要病原，也是最早被发现的并殖吸虫，以在肺部形成囊肿为主要病变，主要症状有烂桃样血痰和咯血。

卫氏并殖吸虫终宿主包括人和多种肉食类哺乳动物。第一中间宿主为生活于淡水中的川卷螺类，第二中间宿主为甲壳纲的淡水蟹或蝲蛄。生活史过程包括卵、毛蚴、胞蚴、母雷蚴、子雷蚴、尾蚴、囊蚴、后尾蚴、童虫和成虫阶段。能排出虫卵的人和肉食类哺乳动物是本病传染源。其宿主种类多，如虎、豹、狼、狐、豹猫、大灵猫、果子狸等多种野生动物以及猫、犬等家养动物均可感染。在某些地区，犬是主要传染源。感染的野生动物则是自然疫源地的主要传染源。

流行区居民常有生吃或半生吃溪蟹、蝲蛄的习惯。溪蟹或蝲蛄中的囊蚴未被杀死，是感染的主要原因。中间宿主死后，囊蚴脱落水中，若生饮含囊蚴的水，也可导致感染。

卫氏并殖吸虫病主要由童虫在组织器官中移行、窜扰和成虫定居引起。本病潜伏期长短不一，短者2~15天，长者1~3个月。病变过程一般可分为急性期和慢性期。急性期表现轻重不一，轻者仅表现为食欲不振、乏力、腹痛、腹泻、低烧等一般症状。重者可有全身过敏反应、高热、腹痛、胸痛、咳嗽、气促、肝大并伴有荨麻疹。白细胞数增多，嗜酸性粒细胞升高明显，一般为20%~40%，高者超过80%。慢性期由于多个器官受损，且受损程度又轻重不一，故临床表现较复杂，临床上按器官损害主要可分为胸肺型、囊肿期、纤维疤痕期。最常见的症状有咳嗽、胸痛、咳出果酱样或铁锈色血痰等。血痰中可查见虫卵。当虫体在胸腔窜扰时，可侵犯胸膜导致渗出性胸膜炎、胸腔积液、胸膜粘连、心包炎、心包积液等。

预防本病最有效的方法是不生食或半生食溪蟹、蝲蛄及其制品，不饮生水。健康教育是控制本病流行的重要措施。

3. 曼氏裂头蚴病

曼氏迭宫绦虫的生活史中需要3~4个宿主。终宿主主要是猫和犬，此外还有虎、豹、狐和豹猫等食肉动物。第一中间宿主是剑水蚤，第二中间宿主主要是蛙。蛇、鸟类和猪等多种脊椎动物可作为其转续宿主。人可成为它的第二中间宿主、转续宿主甚至终宿主。

人体感染裂头蚴（幼虫）的途径有二，即裂头蚴或原尾蚴经皮肤或黏膜侵入，误食裂头蚴或原尾蚴。具体方式可归纳为以下三种：① 局部敷贴生蛙肉为主要感染方式，若蛙肉中有裂头蚴即可经伤口或正常皮肤、黏膜侵入人体；② 吞食生的或未煮熟的蛙、蛇、鸡或猪肉；③ 误食感染的剑水蚤。

裂头蚴寄生人体引起曼氏裂头蚴病，危害远较成虫大，其严重程度因裂头蚴移行和寄居部位不同而异。常见寄生于人体的部位依次是眼部、四肢躯体皮下、口腔颌面部和内脏。在这些部位可形成嗜酸性肉芽肿囊包，使局部肿胀，甚至发生脓肿。

预防应加强宣传教育，改变不良习惯，不用蛙肉、蛇肉、蛇皮敷贴皮肤、伤口，不生食或半生食蛙、蛇、禽、猪等动物的肉类，不生吞蛇胆，不饮用生水。

（三）农产品中常见的寄生虫病

1. 姜片吸虫病

布氏姜片吸虫是寄生于人体小肠中的大型吸虫，可致姜片吸虫病。

姜片吸虫病是人、猪共患的寄生虫病。生食菱角、茭白等水生植物，尤其在收摘菱角时，边采边食易感染。猪感染姜片吸虫较普遍，是最重要的保虫宿主，用含有活囊蚴的青饲料（如水浮莲、水萍莲、蕹菜、菱叶、浮萍等）喂猪是使其感染的原因。将猪舍或厕所建在种植水生植物的塘边、河旁，或用粪便施肥，都可增加粪内虫卵入水的机会。这种水体含有机物多，有利于扁卷螺类的滋生繁殖。人、猪感染姜片吸虫有季节性，因虫卵在水中的发育及幼虫期在扁卷螺体内的发育繁殖均与温度有密切关系，一般夏、秋季是感染的主要季节。

预防措施：① 加强粪便管理，防止人、猪粪便通过各种途径污染水体。② 勿生食未经刷洗及沸水烫过的菱角等水生果品，不喝池塘的生水，勿用被囊蚴污染的青饲料喂猪。③ 在流行区开展人和猪的姜片虫病普查、普治工作。

2. 钩虫病

感染性钩虫的幼虫生活在泥土中，通过皮肤接触感染；成虫寄生于小肠上段，以吸血为生，可致贫血等症状，甚至危及生命。

钩虫病的传染源是钩虫病患者和感染者，在我国分布极广。虫卵随粪便排出体外，在适当温、湿度的土壤中孵化。约1周经杆状蚴发育成具有感染力的丝状蚴，丝状蚴接触人体即钻入皮肤，随血液流经右心至肺，穿透肺泡毛细血管后循支气管、气管而达咽喉部，然后被吞入胃，构成钩蚴移行症。钩蚴主要在空肠，少数在十二指肠与回肠中上段内发育为成虫。自丝状蚴侵入皮肤至成虫在肠内产卵约需50天，成虫的寿命可达5~7年，但大部分于1~2年被排出体外。

本病主要是经皮肤接触感染。钩虫幼虫和成虫分别引起不同的病变。幼虫可致钩蚴性皮炎与过敏性肺炎，成虫可致贫血。感染性幼虫侵入皮肤后1 h左右，足趾或手指间皮肤较薄处可出现红色小丘疹，奇痒，俗称"着土痒""粪毒"，若抓破感染，可形成脓疱，这就是钩虫性皮炎。大量幼虫通过肺时，穿破微血管，引起出血及炎症细胞浸润，表现出全身不适、发热、咳嗽等症状，有的痰中带血，但无明显体征。钩虫病还可有上腹部不适或隐痛、恶心、呕吐等消化道症状。有的患者还可出现"异嗜癖"，如爱吃炕土、碎布等，尤其是泥土（食土癖），这可能与铁质缺乏有关。患儿则会出现生长发育受阻。

预防措施：加强粪便管理，提倡高温堆肥（粪尿混合储存），建立沼气池，以杀死钩虫卵；治疗病人和无症状带虫者，以消灭传染源；加强个体防护，提倡穿鞋下地，在劳动前涂擦防护药物。

3. 蛔虫病

蛔虫属土源性线虫，完成生活史不需要中间宿主。成虫寄生于人体空肠中，以宿主半消化食物为营养。

人因误食被感染期蛔虫卵污染的食物或水而感染。感染期虫卵在人小肠内孵出幼虫，然后侵入肠黏膜和黏膜下层，钻入静脉或淋巴管，经肝、右心，到达肺，穿破肺泡毛细血管，进入肺泡，经第二和第三次蜕皮后，沿支气管、气管逆行至咽部，随人的吞咽动作而入消化道，在小肠内经第四次蜕皮后，经数周发育为成虫。自人体感染到雌虫开始产卵需用时 60~75 天。蛔虫在人体内的寿命一般为 1 年左右。

幼虫和成虫均可对宿主造成损害，表现为机械性损伤、超敏反应、营养不良以及导致宿主肠道功能障碍。

防治蛔虫感染应采取综合措施，包括查治病人及带虫者、管理粪便和通过健康教育来预防感染。管理粪便的有效方法是建立无害化粪池，通过厌氧发酵和粪水中游离氨的作用，可杀灭虫卵；开展健康教育的重点在儿童，讲究饮食卫生和个人卫生，做到饭前洗手，不生食未洗净的红薯、萝卜、甘蔗和生菜，不饮生水。消灭苍蝇和蟑螂也是防止蛔虫卵污染食物和水源的重要措施。

任务书

食品链中的生物危害及其防控：调查本市乳制品、肉制品、饮料等生产企业或餐饮饭店的生物性污染状况，并进行常见生物性食源性疾病危害分析，制定预防措施。

学习活动一 接受任务

对班级学生进行分组，每组控制在 6 人以内，各小组接收任务书，自选研究对象。

学习活动二 制订计划

各小组查找相应的生物性危害导致的食物中毒资料，学习讨论，制订工作任务和计划。

（1）资料准备（食品链中的生物安全危害及其防控）。

（2）资料学习（自学、小组讨论）。

（3）明确概念和内容。

（4）查找食品安全相关案例、食品生物性安全控制与管理发展现状。

（5）找寻防控食品安全问题的措施、办法。

学习活动三 实施方案

学生小组内分工，明确职责及实施方案。针对各自承担的任务内容，查找资料，研究讨论，形成报告。教师组织发动全班同学讨论、评价各小组的学习情况，达到全班同学共享学习资源，巩固所学知识和内容。

学习活动四 学习验收

（1）自我评价：线上题库自评。

（2）小组互评：各小组互相评价。

（3）教师评价：对学习过程和学习效果的总体评价。

（4）学生评教：教学项目实施完后，让学生对整个教学过程进行评价。评价内容包括：项目内容是否适量，重点是否突出；是否掌握生物污染相关知识；是否运用多种教学方法和手段；是否渗透新知识。根据学生反馈上来的信息，对教学项目进行修改。

学习活动五 总结拓展

相关的标准或文件或学习网站推荐。

思考题

1. 食品链中有哪些生物危害？这些危害的预防措施是什么？

2. 引起细菌性食源性疾病的细菌有哪些？

3. 引起细菌性食源性疾病的原因有哪些？

4. 常见真菌毒素有哪些？简述引起真菌食源性疾病的主要产毒真菌。

5. 试述比较重要的真菌毒素。

6. 食源性寄生虫有什么特点？

7. 试述食品腐败变质的定义及影响因素。

实训任务

实训 1-1 猪旋毛虫的检验　　　　实训 1-2 腐败肉细菌学检验

任务二　化学性危害的来源及分析

案例导入

2010 年 1 月 25 日至 2 月 5 日，武汉市农业农村局在抽检中发现来自海南省两个地方的 5 个豇豆样品水胺硫磷农药残留超标。于是，全国各地加大对海南豇豆的检测力度，随后又有多个城市检测出海南豇豆残留高毒禁用农药。一时间，全国广大消费者纷纷远离海南豇豆，甚至连海南产的其他蔬菜和水果也被殃及，无人销售，无人购买。

思考题1：蔬菜存在的主要化学性安全问题有哪些？

思考题2：所有农药都不可以在蔬菜水果中使用吗？

思考题3：为什么豇豆中检出水胺硫磷农药残留超标，消费者会不再购买该种蔬菜？

知识准备

食品化学性危害是指有害的化学物质污染食物从而引起的危害。化学性危害是近年来引起食品安全问题的主要因素之一，化学性危害物存在于从农田到餐桌的整个食品供应链，大致有四种来源：环境污染，如重金属污染、有机物污染等；食品原料带入，如农药残留、兽药残留等；食品加工形成或加入，如食品添加剂、多环芳烃化合物等；来自容器、加工设备和包装材料的污染等。

一、生物毒素

生物毒素又称天然毒素或生物毒，是指生物来源并不可以复制的有毒化学物质，包括动物、植物、微生物产生的对其他生物物种有毒害作用的各种化学物质。

（一）植物毒素

植物毒素是指一类天然产生的（如由植物、微生物或是通过自然发生的化学反应而产生的）物质或者因贮存方法不当产生的某种有毒成分。植物毒素通常对植物生长有抑制作用或对植物有毒，对人体、动物健康亦有害，主要包括非蛋白质氨基酸、肽类、蛋白质、生物碱及苷类等。含天然毒素的常见蔬果，如大豆、四季豆等豆科植物的皂素，青豆、红腰豆、白腰豆中的植物凝血素，北杏、竹笋、木薯和亚麻籽所含的氰苷，马铃薯、番茄、茄子、龙葵等茄科植物中的茄碱（又名龙葵毒素），黄花菜中含有秋水仙碱，十字花科类蔬菜（油菜、芥菜、萝卜等）大多含有芥子油苷及野生菇类中的毒蕈等。食用天然毒素会引致食物中毒症状，如生物碱中毒会出现肠胃不适、腹泻、呕吐、严重腹痛、昏睡、反应冷淡、思维混乱、疲乏和视力模糊，继而失去意识，有些甚至死亡。植物凝血素中毒会出现胃痛、呕吐、腹泻、红细胞凝集。氰化物中毒会出现呼吸急速、血压下降、脉搏急速、晕眩、头痛、胃痛、呕吐、腹泻、精神错乱、神情呆滞、发绀，伴有颤搐和间歇性抽搐，长期昏迷。另外，银杏的果实（白果）含多种植物毒素，大量食用后也会有呕吐、烦躁、持续或阵挛性抽搐等典型症状。

（二）动物毒素

动物毒素主要是指动物分泌或排出的某些对其他动物有害的化学物质，多数动物毒素是由特殊的细胞或腺体合成和分泌的，如魟鱼、蟾蜍、蛇等，也有的是从食入的有毒植物中有选择性地贮存下来的，如织纹螺。有关资料表明，织纹螺本身无毒，其致命的毒性是在生长环境中获得的，是由于织纹螺摄食有毒藻类，富集和蓄积藻类毒素而被毒化，在其生长过程中富集了一些神经麻醉毒素。动物的某些器官含有对其他动物有害的物质也叫动物毒素，如河豚的内脏有毒，特别是河豚的肝脏和卵巢有剧毒，500 g肝脏或卵巢的毒素可使10余人中毒死亡，但河豚肉无毒。动物毒素有各种各样的化学结构，有萜类、苷类、生物胺、生物碱、杂环化合物、多肽和蛋白质等。

二、重金属和类金属

重金属是指密度在 4.5 g/cm³ 以上的金属。环境污染方面所说的重金属主要是指汞、镉、铅、铜、铬以及类金属砷等生物毒性显著的金属元素。重金属不能被生物降解，反而能在食物链的生物放大作用下，成千百倍地富集，最后进入人体。重金属在人体内能和蛋白质及酶等发生强烈的相互作用，使它们失去活性，也可能在人体的某些器官中累积，造成慢性中毒。在食品加工时存在的有毒元素及其盐类，在一定条件下可能污染食品。

食品中的重金属和金属主要来源于三个途径：环境污染，如受污染的大气、土壤、水源等；农业投入品，如化肥、农药等；食品加工，如生产中机械、管道、容器、包装材料或食品添加剂的污染等。

我国 2022 年 6 月 30 日起实施由国家卫生健康委员会与国家市场监督管理总局联合发布的《食品安全国家标准 食品中污染物限量》(GB 2762—2022)，该标准规定了食品中铅、镉、汞、砷、锡、镍、铬的限量指标。2015 年 5 月 24 日起实施由国家卫生和计划生育委员会发布的《食品安全国家标准 食品添加剂使用标准》(GB 2760—2014)，该标准规定了食品添加剂的使用原则、允许使用的食品添加剂品种、使用范围及最大使用量或者残留量，对铝的限量指标。《食品安全国家标准 食品添加剂使用标准》(GB 2760—2014)和 2025 年 2 月 8 日实施的、由国家卫生和计划生育委员会和国家市场监督管理总局发布的《食品安全国家标准 食品添加剂使用标准》(GB 2760—2024)，都规定了铝的限量指标。

（一）铅（Pb）

铅及其化合物是重要的化工原料，目前对环境的污染主要为废弃的含铅蓄电池和汽油防爆剂对土壤、水源和大气的污染。食品原料如农产品中重金属铅的污染主要是农作物通过根茎吸收土壤的重金属铅和铅的化合物造成农作物体内铅含量富集，从而造成农产品污染。直接用工业废水进行农田灌溉、开采铅矿、使用铅杀虫剂以及含铅的化肥都会导致铅在土壤中蓄积。铅在环境中可长期积累，通过消化道和呼吸道进入人体。铅主要损害神经系统、造血器官和肾脏。各个年龄的人群都可能遭受铅中毒，儿童中毒的可能性更大，儿童对铅的吸收率一般高于成年人。

（二）镉（Cd）

大气沉降、农药化肥农膜污染、污水灌溉、污泥施用、重金属废弃物堆积流失和金属矿山酸性废水排放等是造成土壤镉等重金属污染的主要原因。当环境受到镉污染后，镉可在生物体内富集，通过对水源的直接污染和食物链的生物富集作用对人体健康造成危害。镉被人体吸收后，在体内形成镉硫蛋白，选择性地蓄积在肝、肾中。其中，肾脏可吸收进入体内近 1/3 的镉，是镉中毒的靶器官。其他脏器如脾、胰、甲状腺和毛发等也有一定量的蓄积。镉在人体内积蓄潜伏期相当长，可能为几十年，除了引起肾脏等脏器病变外，还可能影响下一代健康。镉中毒的临床表现为背和腿疼痛、腹胀和消化不良，严重患者发生多发性病理性骨折。

（三）铬（Cr）

铬是人体必需的微量元素。三价铬是对人体有益的元素，而六价铬是有毒的。铬在天然食品中的含量较低，均以三价的形式存在。高价铬有致癌作用。铬主要用于金属加工、电镀、制革等行业。排放未经处理的工业废水、废气、废渣，会造成土壤重金属污染。农作物通过根系从土壤中吸收并富集重金属，在食品加工储存过程中使用的机械、管道等与食品摩擦接触，包装用的金属容器，都会造成微量的金属元素掺入食品中，引起铬污染。铬的毒性与其存在的价态有关，六价铬比三价铬毒性高 100 倍，并易被人体吸收且在体内蓄积，三价铬和六价铬可以相互转化。六价铬对人主要是慢性毒害，可以通过消化道、呼吸道、皮肤和黏膜侵入人体，在体内主要积聚在肝、肾和内分泌腺中，通过呼吸道进入的则易积存在肺部。

（四）砷（As）

砷俗称砒，是一种非金属元素，砷和砷化物是常见的环境污染物，砷主要用于农药制作，少量用于有色玻璃、半导体和金属合金的制造。工业生产及含砷农药的使用、煤的燃烧、含砷废水和烟尘都会污染土壤，在土壤中累积并进入农作物组织中，最终经食物链进入人体，危害人体健康。砷主要从消化道、呼吸道和皮肤进入人体。单质砷无毒性，砷化合物均有毒性。三价砷比五价砷毒性大，约为其 60 倍；无机砷的毒性远远大于有机砷。人口服三氧化二砷中毒剂量为 5～50 mg，致死量为 70～180 mg。人吸入三氧化二砷致死浓度为 0.16 mg/m³（吸入 4 小时），长期少量吸入或口服可产生慢性中毒。在含砷化氢为 1 mg/L 的空气中，呼吸 5～10 分钟，可发生致命性中毒。

（五）汞（Hg）

汞是在常温下唯一呈液态的金属元素，在自然界里大部分汞与硫结合成硫化汞（HgS），亦称"辰砂"或"朱砂"。化学工业废水中的汞是导致环境污染的重要因素。各种汞化合物的毒性差别很大。无机汞中的升汞（氯化汞）是剧毒物质；有机汞中的苯基汞分解较快，毒性不大；甲基汞进入人体很容易被吸收，不易降解，排泄很慢，特别是容易在脑中积累，毒性最大。环境中的汞主要来自氯碱、造纸、塑料、电子工业以及大量使用含汞农药。汞极易由环境中的污染物通过各种途径对食品造成污染，直接影响人们的饮食安全，危害人体的健康。有机汞特别是甲基汞（CH_3-HgCl），也多在水产品中富集，进入人体的汞主要来自被污染的鱼类，在鱼体中甲基汞的浓度比周围水体的浓度高出好多倍。汞经被动吸收作用渗透入浮游生物，鱼类通过摄食浮游生物和鳃摄入汞，因此被污染的鱼贝类是食品中汞的主要来源。在农业上使用大量甲基汞化合物，会导致植物和动物吸收此类化合物，结果使食品受到污染，被汞污染的食品虽经加工，也不能将汞除净。甲基汞进入血液后，与血清蛋白及血红蛋白结合，蓄积在肾、肝、心和脑中。

（六）铜（Cu）

铜是一种过渡元素，是人体必需的微量矿物质，成年人每天需要铜 0.05～2 mg，孕、产妇和青少年的需要量还要多些。但铜摄入过量会有危害，铜离子会使蛋白质变性。如硫酸铜对胃肠道有刺激作用，误服引起恶心、呕吐，口内有铜腥味，胃有烧灼感。严重者有腹绞痛、呕血、黑便。可造成严重肾损害和溶血，出现黄疸、贫血、肝大、血红蛋白尿、急性肾功能衰竭和尿毒症。对眼和皮肤有刺激性，长期接触可发生接触性皮炎和鼻、眼黏膜刺激并出现胃肠道症状。

（七）铝（Al）

铝为银白色轻金属，具有导电性和导热性，具有很好的延展性。在空气中，其表面会形成一层极薄且十分致密的氧化铝膜，保护金属铝不发生进一步氧化，但不能抵御酸、碱的侵蚀。铝为两性金属，既溶于大多数酸，也溶于强碱。铝属于低毒金属元素，一般不会引起急性中毒。除职业性铝暴露和临床治疗用药，正常人摄入铝的来源主要包括饮用水中的铝，天然水中的铝含量很低，但由于工业排放、环境污染、酸雨使土壤中的铝溶出等，水体会被铝污染。铝普遍存在于食物中，但一般食物中含铝量都较小。面制食品加工过程使用含铝添加剂，造成铝含量较高，铝制炊具、容器中存在铝迁移。铝在机体内作用的主要器官之一是神经系统，有研究认为，老年痴呆症可能与过量的铝蓄积有关。铝不仅阻止骨骼的钙化，还抑制骨的形成，产生铝致骨软化。铝对免疫功能也有明显的抑制作用。水溶性铝化合物具有生殖毒性，水溶性铝有一定的胚胎发育毒性和致畸性。铝与肾病、肿瘤等疾病有一定的关系。铝对造血功能也有毒性作用。

三、农药残留

农药残留是指农药使用一个时期内没有被分解而残留于生物体、收获物、土壤、水体、大气中的微量农药原体、有毒代谢物、降解物和杂质的总称。施用于作物上的农药，其中一部分附着于作物上，一部分散落在土壤、大气和水等环境中，环境残存农药的一部分又会被植物吸收，残留农药通过环境、食物链最终传递给人畜。农药污染主要集中在高毒农药等对农产品质量安全的长期影响以及农药残留超标引起的短期影响。

农药残留主要分为有机磷、有机氯、拟除虫菊酯和氨基甲酸酯四大类。

我国 2021 年 9 月 3 日起实施由国家卫生健康委员会、农业农村部与国家市场监督管理总局联合发布的《食品安全国家标准　食品中农药最大残留限量》（GB 2763—2021）。该标准规定了食品 2,4-滴丁酸等 564 种农药 10092 项最大残留限量。2023 年 5 月 11 日起实施由国家卫生健康委员会、农业农村部与国家市场监督管理总局联合发布的《食品安全国家标准　食品中 2,4-滴丁酸钠盐等 112 种农药最大残留限量》（GB 2763.1—2022），该标准规定了食品中 2,4-滴丁酸钠盐等 112 种农药 290 项最大残留限量。当与 GB 2763—2021 规定的同一农药和食品的限量值不同时，以 GB 2763.1—2022 为准，两个标准配套使用。

（一）有机磷

有机磷农药，是用于防治植物病虫害的含有有机磷元素的一类有机化合物。有机磷农药种类很多，根据其毒性强弱分为高毒、中毒、低毒三类。常见有甲拌磷、对硫磷、敌百虫、乐果、马拉硫磷、甲基对硫磷、敌敌畏、内吸磷、氧乐果、久效磷等。有机磷农药绝大多数为杀虫剂，应用广泛。有机磷农药容易污染植物性食品，尤其是含有芳香物质的植物中残留最高、残留时间长。农作物中的有机磷农药主要来自喷洒直接污染，也可从土壤中吸收。

有机磷农药可经消化道、呼吸道及完整的皮肤和黏膜进入人体。吸收的有机磷农药在体内分布于各器官，其中以肝脏含量最大，脑内含量则取决于农药穿透血脑屏障的能力。口服毒物多在 10 min 至 2 h 内发病。经皮肤吸收发生的中毒，一般在接触有机磷农药后数小时至 6 天内发病。有机磷中毒有"反跳"现象，中毒后经过急救临床症状好转，但在数日至一周突然急剧恶化，如乐果、马拉硫磷口服中毒。人们吃了施用过量有机磷农药的果蔬或茶叶、薯类、谷物等，可能发生肌肉震颤、痉挛、血压升高、心跳加快等症状，甚至昏迷死亡。农业部第 322 号公告自 2007 年 1 月 1 日起全面禁止甲胺磷、对硫磷、甲基对硫磷、久效磷、磷胺等高毒有机磷农药在农业上的使用；农业部等五部委第 1586 号公告自 2013 年 10 月 31 日起停止销售和使用苯线磷、地虫硫磷、甲基硫环磷、硫线磷、蝇毒磷、治螟磷、特丁硫磷。

（二）有机氯

有机氯农药是用于防治植物病虫害的含有有机氯元素的一类有机化合物。《关于持久性有机污染物的斯德哥尔摩公约》中首批列入受控名单的 12 种持久性有机污染物，有 9 种是有机氯农药，分别是艾氏剂、狄氏剂、异狄氏剂、滴滴涕、氯丹、毒杀芬、六氯代苯、灭蚁灵、七氯。有机氯用作杀虫剂的有氯丹、七氯、艾氏剂等，用作杀螨剂的有三氯杀螨砜、三氯杀螨醇等，用作杀菌剂的有五氯硝基苯、百菌清等。农业部第 199 号公告明令禁止六六六、滴滴涕、艾氏剂、狄氏剂、毒杀芬在所有农产品上使用。禁止三氯杀螨醇在茶树上使用。果蔬及粮谷薯茶烟草都可残留有机氯，禽鱼蛋奶等动物性食物污染率高于植物性食物，而且不会因贮藏、加工、烹饪而减少，很容易进入人体积蓄。有机氯农药化学性质相当稳定，不溶或微溶于水，易溶于多种有机溶剂和脂肪，在环境中残留时间长，不易分解，并不断地迁移和循环，是一类重要的环境污染物。有机氯农药具有高度选择性，多蓄积于动植物的脂肪或含脂肪多的组织，并通过食物链传递时发生富集作用。有机氯农药中毒是指接触过量有机氯农药引起损害中枢神经系统和肝、肾为主的疾病。急性中毒有头痛、头晕、视力模糊、恶心呕吐、流涎、腹痛、四肢无力、肌肉颤动等症状。慢性中毒常表现为神经衰弱综合征，部分患者出现多发性神经病及中毒性肝病。皮肤损害以接触性皮肤炎为多见。

（三）氨基甲酸酯类

氨基甲酸酯类农药是应用很广的新型杀虫剂、除草剂、杀菌剂。常见的有涕灭威、甲萘威、克百威（呋喃丹）等，除少数品种如克百威等毒性较高外，大多数属中、低毒性。使用量较大的有速灭威、甲萘威（西维因）、涕灭威、克百威、异丙威（叶蝉散）和抗蚜威等。农业部第 199 号、1586 号公告规定禁止灭多威在柑橘树、苹果树、茶树、十字花科蔬菜上使用，禁止克百威、涕灭威在蔬菜、果树、茶树、中草药材上使用。氨基甲酸酯类农药在水中溶解度较高，一般无特殊气味，在酸性环境下稳定，遇碱性环境分解，并不是剧毒化合物，但具有致癌性。联合国粮食及农业组织及世界卫生组织与联合食品添加剂专家委员会（专家委员会）曾在 2005 年进行有关氨基甲酸酯类农药评估，认为经食物（不包括酒精饮品）摄入的氨基甲酸酯类农药分量，对健康的影响并不大，但经食物和酒精饮品摄入的氨基甲酸酯类总量，则可能对健康构成潜在的风险。专家委员会建议采取措施，减少一些农作物氨基甲酸酯类的含量。其中，克百威按中国农业毒性分级标准为高毒农药，不能用在蔬菜和果树上，对环境生物的毒性也很高。在各种环境生物中，克百威对鸟类的危害性最大，一只小鸟只要觅食低剂量克百威就足以致命。因克百威中毒致死的小鸟或其他昆虫，被猛禽类、小型兽类或爬行类动物觅食后，可引起二次中毒而致死。

（四）拟除中菊酯

天然除虫菊酯是古老的植物性杀虫剂，是除虫菊花的有效成分。常见的拟除虫菊酯毒性一般为中毒或低毒，可经皮肤、呼吸道吸收，且在哺乳动物体内代谢转化很快。拟除虫菊酯是一类能防治多种害虫的广谱杀虫剂，拟除虫菊酯类杀虫药对昆虫的毒性比对哺乳类动物高，有触杀和胃杀作用，主要用于杀灭棉花、蔬菜、果树、茶叶等农作物上的害虫，其杀虫能力比老一代杀虫剂如有机氯、有机磷、氨基甲酸酯类提高 10～100 倍。农业部第 199 号公告规定氰戊菊酯禁止在茶树上使用。拟除虫菊酯因用量小，使用浓度低，故对人畜较安全，对环境的污染很小，其作用机理是扰乱昆虫神经的正常生理，使之由兴奋、痉挛到麻痹而死，缺点是对鱼毒性较高，对某些益虫也有伤害，长期重复使用也会导致害虫产生抗药性。

四、兽药残留

兽药残留是"兽药在动物源食品中的残留"的简称。根据联合国粮农组织和世界卫生组织（FAO/WHO）食品中兽药残留联合立法委员会的定义，兽药残留是指动物产品的任何可食部分所含兽药的母体化合物及（或）其代谢物，以及与兽药有关的杂质。所以，兽药残留既包括原药，也包括药物在动物体内的代谢产物和兽药生产中所伴生的杂质。如按照毒理学对兽药分类，具体包括驱肠虫药类、抗生素类、生长剂类、抗原虫药物类、灭锥虫药物类、镇静剂类及肾上腺素能受体阻断剂这几类。

目前造成动物性产品兽药残留的主要原因在于抗生素类、激素类、抗寄生虫类等药物，据世界卫生组织食品添加剂联合专家委员会（Join FAO/WHO Expert Committee on Food Additives, JECFA）报告，食品中的兽药残留达 120 种，抗生素是最主要的兽药添加剂和兽药残留药物，约占药物添加剂的 60%，原因在于其具有促进畜禽机体生长、提高饲料的转化率和改善产品品质等功效。为此，人们将其广泛应用到动物疾病治疗和作为饲料添加剂用于非治疗性防病和促生长等方面，这些将会给生产者带来直接和巨大的经济效益，也会提高动物生产成绩和性能，进而许多生产者为了最大化追求经济利益，而在生产中广泛加大使用剂量，甚至已经超过了其治疗剂量（个别者造成过量性中毒）。另外，有些生产者甚至使用违禁药物、不合药理用药和使用假劣药物等。

我国 2020 年 4 月 1 日起实施由农业农村部、国家卫生健康委员会和国家市场监督管理总局联合发布的《食品安全国家标准　食品中兽药最大残留限量》（GB 31650—2019）。该标准规定了动物性食品中国阿苯达唑等 104 种（类）兽药的最大残留限量；规定了醋酸等 154 种允许用于食品动物，但不需要制定残留限量的兽药；规定了氯丙嗪等 9 种允许作治疗用，但不得在动物性食品中检出的兽药。2023 年 2 月 1 日起实施由农业农村部、国家卫生健康委员会和国家市场监督管理总局联合发布的《食品安全国家标准 食品中 41 种兽药最大残留限量》（GB 31650.1—2022）。该标准规定了动物性食品中的曲恩特等 41 种兽药的最大残留限量，是 GB 31650—2019 的增补版，两个标准配套使用。我国兽药最大残留限量还在逐步完善的过程中，除了 GB 31650—2019、GB 31650.1—2022 这两个标准外，在实际使用过程中，还应与农业农村部的公告配套使用。

长期食用兽药残留超标的食品后，体内蓄积的药物浓度达到一定量，人体就会产生急慢性中毒。此外，人体对抗生素氯霉素反应比动物更敏感，特别是婴幼儿的药物代谢功能尚不完善，氯霉素的超标可引起致命的"灰婴综合征"反应，严重时还会造成人的再生障碍性贫血。四环素类抗生素药物能够与骨骼中的钙结合，抑制骨骼和牙齿的发育。红霉素等大环内酯类可致急性肝中毒。氨基糖苷类的庆大霉素和卡那霉素能损害前庭和耳蜗神经，导致眩晕和听力减退。磺胺类药物能够破坏人体造血机能等。丁苯咪唑、丙硫咪唑和苯硫苯氨酯具有致畸作用；雌激素、克球酚、砷制剂、恶喹啉类、硝基呋喃类等已被证明具有致癌作用；喹诺酮类药物的个别品种已在真核细胞内发现有致突变作用；磺胺二甲嘧啶等磺胺类药物在连续给药中能够诱发啮齿类动物甲状腺增生，并且具有致肿瘤倾向；链霉素具有潜在的致畸作用。这些药物的残留量超标无疑会对人类产生潜在的危害。许多抗菌药物如青霉素、四环素类、磺胺类和氨基糖苷类等能使部分人群发生过敏反应甚至休克，并在短时间内出现血压下降、皮疹、喉头水肿、呼吸困难等严重症状。青霉素类药物具有很强的致敏作用，轻者表现为接触性皮炎和皮肤反应，重者表现为致死的过敏性休克。四环素药物可引起过敏和荨麻疹。磺胺类则表现为皮炎、白细胞减少、溶血性贫血和药热。喹诺酮类药物也可引起变态反应和光敏反应。近年来国外许多研究表明，有抗菌药物残留的动物源食品可对人类胃肠的正常菌群产生不良的影响，使一些非致病菌被抑制或死亡，造成人体内菌群的平衡失调，从而导致长期腹泻或引起维生素缺乏等。菌群失调还容易造成病原菌的交替感染，使得具有选择性作用的抗生素及其他化学药物失去疗效。动物机体长期反复接触某些抗菌药物后，其体内敏感菌株受到选择性的抑制，从而使耐药菌株大量繁殖。此外，抗药性 R 质粒在菌株间横向转移，使很多细菌由单重耐药发展到多重耐药。耐药性细菌的产生使得一些常用药物的疗效下降甚至失去疗效，如青霉素、氯霉素、庆大霉素、磺胺类等药物在畜禽中已大量产生抗药性，临床效果越来越差。

动物用药后，一些性质稳定的药物随粪便、尿被排泄到环境中后仍能稳定存在，从而造成环境中的药物残留。喹乙醇对甲壳细水蚤的急性毒性最强，对水环境有潜在的不良作用。阿维菌素、伊维菌素和美倍霉素在动物粪便中能保持 8 周左右的活性，对草原中的多种昆虫都有强大的抑制或灭杀作用。另外，己烯雌酚、氯羟吡啶在环境中降解很慢，能在食物链中高度富集而造成残留超标。

五、食品添加剂

联合国粮农组织（FAO）、世界卫生组织（WHO）和食品法典委员会（CAC）1983 年规定："食品添加剂是指本身不作为食品消费，也不是食品特有成分的任何物质，而不管其有无营养价值；它们在食品的生产、加工、调制、处理、充填、包装、运输、贮存等过程中，由于技术（包括感官）的目的，有意加入食品中或者预期这些物质或其副产物会成为（直接或间接）食品的一部分；或者改善食品的性质。它不包括污染物或者为保持、提高食品营养价值而加入食品中的物质。"按照《中华人民共和国食品卫生法》第 54 条和《食品添加剂卫生管理办法》第 28 条，以及《食品营养强化剂卫生管理办法》第 2 条和《中华人民共和国食品安全法》第九十九条，中国对食品添加剂定义为：为改善食品品质和色、香和味以及为防腐和加工工艺的需要而加入食品中的人工合成或者天然物质。《食品安全国家标准　食品添加剂使用标准》（GB 2760—2014）对食品添加剂的定义为："为改善食品品质和色、香、味，以及为防腐、保鲜和加工工艺的需要而加入食品中的人工合成或者天然物质。食品用香料、胶基糖果中基础剂物质、食品工业用加工助剂、营养强化剂也包括在内。"

《食品安全国家标准 食品添加剂使用标准》（GB 2760—2024）规定了食品添加剂的使用原则、允许使用的食品添加剂品种、使用范围及最大使用量或者残留量。食品添加剂有 22 个功能类别，包括酸度调节剂、抗结剂、消泡剂、抗氧化剂、漂白剂、膨松剂、胶基糖果中基础剂物质、着色剂、护色剂、乳化剂、酶制剂、增味剂、面粉处理剂、被膜剂、水分保持剂、防腐剂、稳定剂和凝固剂、甜味剂、增稠剂、食品用香料、食品工业用加工助剂、其他等。

（一）防腐剂

防腐剂是为了防止食品腐败变质、延长食品储存期的物质，是用于防止食品在贮存、流通过程中主要由微生物繁殖引起的变质，提高保存性，延长食品保藏期而在食品中使用的添加剂。从抗微生物的概念出发，可更确切地将此类物质称为抗微生物剂或抗菌剂。

食品防腐剂不但抑制细菌、霉菌及酵母的新陈代谢，而且抑制其生长。从原则上说，防腐剂对人体细胞也有同样的抑制作用。但决定的因素是防腐剂的使用浓度，在微生物细胞中所需要的抑制浓度远比人体细胞中要小。就大多数防腐剂而言，防腐剂在人体器官中很快被分解或从体内排泄出去，因此在一定的使用浓度范围内不会对人体造成显著的伤害。

食品防腐剂按来源可分为合成类防腐剂和天然防腐剂，目前占主导地位的还是化学合成物。合成食品防腐剂主要分为有机防腐剂及无机防腐剂两大类。无机防腐剂主要有硝酸盐及亚硝酸盐类、二氧化硫、亚硫酸以及盐类等。有机防腐剂主要有苯甲酸及其盐类、山梨酸及其盐类、对羟基苯甲酸酯类、丙酸及其盐类，以及乳酸、醋酸等。还有一些其他类型的有机化合物，如联苯、邻苯基苯酚及其钠盐、苯并咪等化合物。化学合成防腐剂有一定的毒性，这是困扰人们的重大问题。天然防腐剂在安全上比较有保证，能更好地接近消费者的需求。目前，天然防腐剂受到抑菌效果、价格等方面的限制，其应用尚不能完全取代化学防腐剂。高效、广谱、无毒、天然食品防腐剂的寻找和筛选，对于促进食品工业的发展有着重要的科学意义和应用价值。

（二）抗氧化剂

抗氧化剂是能防止或延缓油脂或食品成分氧化分解、变质，提高食品稳定性的物质。食品变质除微生物引起腐败外，氧化也是一个重要的因素，特别是油脂和含油食品。油脂和含油脂的食品在贮藏、加工及运输过程中均会自然地氧化，产生哈喇味，造成食品品质下降，营养价值降低。此外，肉类食品的变色、果蔬的褐变、啤酒的异臭味及变色，也与氧化有关。因此防止氧化已成为食品企业的一个重要问题。防止食品氧化，除了采用密封、排气、避光及降温等措施外，适当地使用一些安全性高、效果显著的抗氧化剂，是一种简单、经济而又理想的方法。

食品抗氧化剂按溶解性可分为油溶性、水溶性两类。油溶性抗氧化剂常用于油脂类的抗氧化作用，如丁香羟基茴香醚、二丁基羟基甲苯、没食子酸丙酯、维生素 E 等；水溶性抗氧化剂多用于食品色泽的保持及果蔬的抗氧化，如抗坏血酸及其盐类、异抗坏血酸及其盐类及植酸等。

随着科学的发展，人们认为合成抗氧化剂存在着安全性方面的忧虑。如二丁基羟基甲苯（BHT）有抑制人体呼吸酶活性的嫌疑，叔丁基对苯二酚（TBHQ）对人的皮肤有过敏反应。以天然抗氧化剂逐步取代合成抗氧化剂是今后的发展趋势。天然抗氧化剂由于安全、无毒等优点受到欢迎，如维生素 E、茶多酚、植酸、迷迭香提取物等。

（三）酸度调节剂、甜味剂和增味剂

酸度调节剂是用以维持或改变食品酸碱度的物质。甜味剂是赋予食品甜味的物质。增味剂是补充或增强食品原有风味的物质。

大多数食品的 pH 在 5～6.5，虽为酸性，但并无酸味感觉。若 pH 在 3.0 以下，则酸味感强，难以适口。酸度调节剂广泛用于食品加工和生产中，可使防腐剂、发色剂、抗氧化剂增效，也是食品酸性缓冲剂，主要有柠檬酸、乳酸、醋酸、磷酸、盐酸等。

甜味剂按来源可分为两大类：一类是天然甜味剂，如蔗糖、果糖、葡萄糖、麦芽糖、甜菊糖苷、山梨糖醇、木糖醇等；另一类是人工合成甜味剂，如糖精钠、环己基氨基磺酸钠、天门冬酰苯丙氨酸甲酯（阿斯巴甜）、阿力甜等。合成甜味剂无营养价值，易适合作糖尿病、肥胖症等病人用甜味剂及用于低热量食品生产。摄入过量的环己基氨基磺酸钠对人体的肝脏和神经系统可能造成危害；内服过量山梨糖醇能引起腹泻、消化紊乱。2023 年 7 月 14 日，世卫组织发布了关于天门冬酰苯丙氨酸甲酯（阿斯巴甜）危害评估和风险评估的结果，一是接受国际癌症研究机构把阿斯巴甜列为 2B 类致癌因素的建议；二是仍然接受世界卫生组织食品添加剂专家联合委员会对阿斯巴甜的评估，即阿斯巴甜每日可接受摄入量是 0～40 mg/kg。

增味剂亦称鲜味剂，或风味增强剂。食品增味剂的应用已有很长的历史，普遍受到人们的喜爱和欢迎。增味剂根据其化学成分可分为氨基酸类增味剂、核苷酸类增味剂、有机酸类增味剂和复合增味剂等。增味剂根据其来源又可分为动物性增味剂、植物性增味剂。氨基酸类增味剂有谷氨酸钠、L-丙氨酸、氨基乙酸等。核苷酸类增味剂包括肌苷酸、核糖苷酸、鸟苷酸等及它们的钠、钾、钙等盐类。

（四）着色剂

着色剂是使食品赋予色泽和改善食品色泽的物质。食品着色剂又称食用色素，是一类重要的食品添加剂。着色剂按来源分为天然色素和人工合成色素两大类。天然色素常用的如 β-胡萝卜素、甜菜红、花青素、玫瑰茄红、辣椒红素、红曲色素、姜黄、酱色等。人工合成色素种类繁多，我国允许使用的包括胭脂红、柠檬黄、日落黄、苋菜红、赤藓红、靛蓝和亮蓝等。

着色剂的发展经历了一个曲折的过程。19 世纪中叶以前，主要应用的是从生物原料中提取的天然着色剂。1856 年英国人 Perkins 采用有机方法首次合成人工染料（苯胺紫），开创了染料合成工业的新纪元。由于合成染料坚牢度高、染着力强、色泽艳丽、易于调色且成本低廉，故很快取代天然着色剂用于食品的着色并达到滥用的程度。到 20 世纪研究结果发现大多数合成染料具有致畸、致癌、致突变或导致其他肝、肾、肠胃等疾病的毒性或毒性嫌疑，于是各国纷纷相继禁用许多合成着色剂。但是，由于合成着色剂优良的性能和食品工业发展的需求，不同国家对合成着色剂采取不同的使用政策。通过制定食品法规，在限制其用量和应用范围的安全性管理条例下，允许部分合成着色剂仍可使用。

天然着色剂大部分取自植物（如各种花青素、类胡萝卜素），部分取自动物（如胭脂虫红）和矿物（如二氧化钛）。国际上已开发的天然着色剂已达 100 种以上。对于天然着色剂的安全性人们也给予过考虑。除个别色素如藤黄有毒外，天然着色剂本身基本上是无毒的。其安全性主要是受霉变、溶剂残存和其他污染影响。大部分天然着色剂稳定性差、染着力不强、生

产成本高、不易调色、应用面小，因此在使用中效果比不上合成着色剂。

（五）食品护色剂和漂白剂

护色剂是指能与肉及肉制品中呈色物质作用，使之在食品加工、保藏等过程中不致分解、破坏，呈现良好色泽的物质。护色剂主要有硝酸钠、硝酸钾、亚硝酸钠、亚硝酸钾、异抗坏血酸及其钠盐。亚硝酸钠、亚硝酸钾（统称为亚硝酸盐）用于肉类腌制，护色效果良好。亚硝酸盐对提高腌肉的风味也有一定的作用。在肉制品中，亚硝酸盐对抑制微生物的增殖也有一定的作用，亚硝酸盐对肉毒梭状芽孢杆菌有特殊抑制作用，这也是使用亚硝酸盐的主要理由。硝酸钠、硝酸钾（统称为硝酸盐）的毒性主要是它在食物中、水中或肠胃道内被还原成亚硝酸盐所致。异抗坏血酸及其钠盐的功能除作为抗氧化剂外，还有护色剂作用。异抗坏血酸及其钠盐可以把氧化型的褐色高铁肌红蛋白还原为红色的还原型肌红蛋白。异抗坏血酸与亚硝酸盐有高度的亲和力，在机体内能防止亚硝基化作用，从而能抑制亚硝基化合物的生成。所以在肉类腌制时添加适量的异抗坏血酸，有可能防止生成致癌物质。许多亚硝胺对实验动物有致癌性，亚硝胺的致癌性问题已引起多方面的高度重视。亚硝酸盐与仲胺能在人胃中合成亚硝胺。仲胺是蛋白质代谢的中间产物。虽然尚无直接的论据证实由于食品中存在硝酸盐、亚硝酸盐及仲胺而致癌，但是从食品安全的角度出发，应予以高度重视。

漂白剂是指能够破坏、抑制食品的发色因素，使其褪色或使食品免于褐变的物质。从作用上看，漂白剂可分为还原漂白剂及氧化漂白剂两大类。常用的还原漂白剂有硫磺、二氧化硫、亚硫酸钠、低亚硫酸钠、焦亚硫酸钠等。用亚硫酸漂白的物质，由于二氧化硫消失后容易复色，所以通常多在食品中残留一定量的二氧化硫。食品的种类不同，使用量和残留量也不一样。残留量高的制品会造成食品有二氧化硫的臭气，对后添加的香料、色素和其他添加剂也有影响，对人体健康也会有影响。某些化学试剂虽然漂白效果很好，但对人体有严重伤害，如用吊白粉（甲醛合次硫酸氢钠）脱色，会使食品中残留有害的甲醛，所以在食品中是禁止使用的。

六、食品中常见污染物

（一）N-亚硝基化合物

N-亚硝基化合物可分为 N-亚硝胺和 N-亚硝酸胺，其前体是硝酸盐、亚硝酸盐和胺类物质。硝酸盐和亚硝酸盐广泛存在于人类环境中，是自然界中最普通的含氮化合物，一般蔬菜中的硝酸盐含量较高，而亚硝酸盐含量较低。但腌制不充分的蔬菜、不新鲜的蔬菜、泡菜中含有较多的亚硝酸盐（其中的硝酸盐在细菌作用下，转变成亚硝酸盐）。硝酸盐作为食品添加剂广泛用于肉制品加工。含氮的有机胺类化合物也广泛地存在于环境中，尤其是农产品中，如蛋白质、氨基酸、磷脂等胺类前体物。另外，胺类也是药物、化学农药和化工产品的原料（如大量的二级胺用于药物和工业原料），易污染环境。动物实验证明，N-亚硝基化合物具有较强的致癌作用，可使多种动物罹患癌症，通过呼吸道吸入、消化道摄入、皮下肌肉注入、皮肤接触的动物均可引起肿瘤。且具有剂量效应关系。妊娠期的动物摄入一定量的 N-亚硝基化合物可通过胎盘使子代动物致癌，甚至影响到第三代和第四代。有的实验显示，N-亚硝基化合物还可通过乳汁使子代发生肿瘤。许多流行病学资料显示，亚硝基化合物的摄入量与人类某些肿瘤的发生呈正相关，如胃癌、食管癌、结直肠癌、膀胱癌等。N-亚硝基化合物除致癌外，还具有致畸作用和致突变作用。

（二）多环芳烃化合物

多环芳烃化合物目前已鉴定出数百种，包括苯并芘、杂环胺类化合物（HCA）、二噁英等。多环芳烃主要由有机物如煤、柴油、汽油、原油及香烟燃烧不完全而来，食品中的多环芳烃主要来自植物性农产品可吸收土壤、水中污染的多环芳烃，并可受大气飘尘直接污染；农产品加工过程中，受机油污染，或包装材料的污染；污染的水体可使水产品受到污染；植物和微生物体内可合成微量的多环芳烃。动物实验证实，苯并芘对动物具有致癌性，许多流行病学研究资料也显示人类摄入多环芳烃化合物与胃癌发生率具有相关关系。杂环胺类化合物（HCA）是在高温下有机酸、肌酐、某些氨基酸和糖形成的，为带杂环的伯胺，在烹饪的肉和鱼类中能检出，具有致癌性，可诱发小鼠肝脏肿瘤，大鼠可发生肝、肠道、乳腺等器官的肿瘤。二噁英类化合物是一种重要的环境持久有机污染物，是目前世界上已知毒性最强的化合物。二噁英及其类似物主要来源于含氯工业产品的杂质、垃圾焚烧、纸张漂白及汽车尾气排放等。二噁英类化合物在环境中非常稳定，难以降解，亲脂性高，生物积累性强。其可经空气、水、土壤污染，通过食物链，最后在人体达到生物富集，从而使人类的污染负荷达到最高。某些塑料袋，尤其是聚氯乙烯袋、经漂白的纸张或含油墨的旧报纸包装材料等都会将二噁英转移至饲料或含油脂的农产品中。从被二噁英污染的纸质包装袋向牛奶的转移仅需几天的时间。人体内的二噁英95%来源于食物的摄入。二噁英具有致癌、免疫及生理毒性，一次污染可长期留存体内，长期接触可在体内蓄积，即使长期接触低剂量也会造成严重的毒害作用，主要有致死作用、胸腺萎缩及免疫毒性、"氯痤疮"（发生皮肤增生或角质化过度）、肝中毒、生殖毒性、发育毒性和致畸性、致癌性。二噁英是全致癌物，单独使用二噁英即可引发癌症，但它没有遗传毒性。1997年国际癌症研究机构将二噁英列为一级致癌物质。

（三）多氯联苯类化合物

多氯联苯（PCBs）是一类有机化合物，按氯原子数或氯的百分含量分别加以标号，我国习惯上按联苯上被氯取代的个数（不论其取代位置）将 PCB 分为三氯联苯（PCB3）、四氯联苯（PCB4）、五氯联苯（PCB5）、六氯联苯（PCB7）、八氯联苯（PCB8）、九氯联苯（PCB9）、十氯联苯（PCB10）。多氯联苯是德国 H.施米特和 G.舒尔茨于 1881 年首先合成的。美国于 1929 年最先开始生产。20 世纪 60 年代中期，全世界多氯联苯的产量达到高峰，年产约为 10 万吨。据估计，全世界已生产和应用中的 PCB 远超过 100 万吨，其中已有 1/4 ~ 1/3 进入人类环境，造成危害。多氯联苯极难溶于水而易溶于脂肪和有机溶剂，并且极难分解，因而能够在生物体脂肪内大量富集。20 世纪 60 年代后，研究逐渐发现多氯联苯存在着致畸、致癌、致突变等风险，在微克级别就会对生态环境产生负面影响。目前，多氯联苯已被联合国规划署（UNEP）和美国环保署（USEPA）等列入优先控制污染物黑名单。其中，美国于 1978 年停止了工业多氯联苯的生产。2001 年 5 月，国际社会通过了《关于持久性有机污染物的斯德哥尔摩公约》（简称 POPs 公约），规定将于 2025 年全球范围内禁用多氯联苯。2017 年 10 月 27 日，世界卫生组织国际癌症研究机构公布的致癌物清单初步整理参考，多氯联苯在一类致癌物清单中。

七、其　他

环境激素，又可以称为内分泌干扰物质、环境荷尔蒙或环境雌激素等，是指由于人类的生产、生活而释放到环境中的，影响人体和动物体内正常激素水平的外源性化学物质。随着工业的不断发展，大量的环境激素在农药、激素类药品、添加剂和塑料制品的生产及使用和垃圾处理的过程中，被释放到环境中。环境激素主要出现在：雌激素类药品，包括大量口服避孕药和激素辅助性治疗药物，通过人类的粪便进入到环境中；农药，为了加快蔬菜水果的生长周期，种植者施加一定浓度的"催熟剂"，如乙烯利、脱落酸等；激素饲料，在畜牧业和渔业的生产中，养殖者为了使鱼虾类和家禽类快速生长，向饲料中添加"催生剂"；化妆品，市面一些声称能让皮肤变得细腻光滑的美容保健品中，有些加入了违禁环境雌激素；工业生产，很多物质在生产过程中产生的"三废"都含有大量的环境激素，如含有烷基苯酚类的表面活性剂、塑料黏合剂以及润滑油等物质的生产等。环境激素按来源分类可分为：天然雌激素、人工合成雌激素、植物性雌激素以及真菌性雌激素。天然雌激素存在于动物体内，化学结构相似，属固醇类激素，包括雌二醇、雌三醇和雌酮等；植物性雌激素，是一种天然存在于植物体内的具有弱雌激素作用的植物化合物，包括异黄酮类、木酚素类和黄豆素类等。真菌性雌激素可由环境中的霉菌毒素产生，以玉米赤霉烯酮为代表，可以合成玉米赤霉醇，也用于家畜的生长激素。

化学清洁剂是食品中比较重要的化学危害物质，清洗不彻底残留在用具、管道和设备内的清洁剂可以直接转移到食品上或清洁设备时清洁剂溅到邻近食品上也可能造成污染。

还有一些增塑剂和其他塑料添加剂可以从包装物向食品中迁移，迁移依赖于包装物的组成成分和食品的种类。塑化剂如果在体内长期累积，会引发激素失调，导致人体免疫力下降，最重要的是影响生殖能力，造成孩子性别错乱。

任务书

食品链中的化学危害及其防控：调查本市农产品市场、食品生产企业或餐饮饭店的化学性污染状况，并进行常见化学性危害分析，采取预防措施。

学习活动一　接受任务

对班级学生进行分组，每组控制在 6 人以内，各小组接收任务书，自选研究对象。

学习活动二　制订计划

各小组查找相应的化学性危害导致的食物中毒或致病资料，学习讨论，制订工作任务计划。

（1）资料准备（食品链中的化学安全危害及其防控）。

（2）资料学习（自学、小组讨论）。

（3）明确概念和内容。

（4）查找食品安全相关案例、食品化学性安全控制与管理发展现状。

（5）找寻防控食品安全问题的措施、办法。

学习活动三　实施方案

学生小组内分工，明确职责及实施方案。针对各自承担的任务内容，查找资料，研究讨论，形成报告。教师组织发动全班同学讨论、评价各小组的学习情况，达到全班同学共享学习资源，巩固所学知识和内容。

学习活动四 学习验收

（1）自我评价：线上题库自评。

（2）小组互评：各小组互相评价。

（3）教师评价：对学习过程和学习效果的总体评价。

（4）学生评教：教学项目实施完后，让学生对整个教学过程进行评价。评价内容包括：项目内容是否适量，重点是否突出；是否掌握化学污染相关知识；是否运用多种教学方法和手段；是否渗透新知识。根据学生反馈上来的信息，对教学项目进行修改。

学习活动五 总结拓展

1. 学习网站

http://www.cnfdn.com/ 中国食品监督网

http://www.moa.gov.cn/ 中华人民共和国农业农村部

http://www.cfsa.net.cn/ 国家食品安全风险评估中心

http://www.cfsn.cn/ 中国食品安全网

http://www.foodmate.net/ 食品伙伴网

2. 相关标准

GB 2760—2024 食品安全国家标准 食品添加剂使用标准

GB 2761—2017 食品安全国家标准 食品中真菌毒素限量

GB 2762—2022 食品安全国家标准 食品中污染物限量

GB 2763—2021 食品安全国家标准 食品中农药最大残留限量

GB 2763.1—2022 食品安全国家标准 食品中 2,4-低丁酸钠盐等 112 种农药最大残留限量

GB 31650—2019 食品安全国家标准 食品中兽药最大残留限量

GB 31650.1—2022 食品安全国家标准 食品中 41 种兽药最大残留限量

GB 5009.33—2016 食品安全国家标准 食品中亚硝酸盐与硝酸盐的测定

思考题

1. 食品链中有哪些化学危害？这些危害的预防措施是什么？

2. 食品添加剂使用时应符合哪些基本要求？

3. 黄花菜为何最好食用干制品？

实训任务

实训 1-3 蔬菜、水果中硝酸盐的测定

任务三 物理性安全因素的来源及危害

一、物理性危害的定义

食品中的物理性危害是指包括任何在食品中发现的不正常的有潜在危害的外来物。物理性危害是最常见的消费者投诉问题，因为食品中物理伤害立即发生或物理性危害因子吃后不久就发生后果，并且伤害的来源通常是容易确认和辨别的，如金属碎屑、石子等。下面从不同角度对物理性危害进行界定。

（一）法律法规方面

代表性的是导致人体伤害，如割、裂伤或窒息。包括：① 7～25 mm 长的硬或锋利异物认为对公众有伤害。② 小于 7 mm 长的硬或锋利异物如果用于特殊高危人群可能出现危害，如婴儿，老人。③ 大于 25 mm 长的硬或锋利异物。

上述情况下将通过健康危害评估考虑各种因素，包括产品的预期用途、后续处理步骤，官方指导和要求如果存在不可避免的自然缺陷，应有其他在消费者使用产品前可以消除、缓解因素，无效或中和食物的危害。

（二）使用者关注的物理性危害因子

能够因其坚硬、锋利、尺寸或形状导致消费者受到伤害的物品，包含以下但不限于玻璃、金属、石头、塑料、木头，造成窒息或直径大于 5 mm。

（三）消费者关注的物理性危害因子

任何不属于产品的物质，包括头发、虫害、线绳等，无论是否造成真正的危害，消费者从情感上是不可接受的。

二、物理性危害的来源与可能导致的危害情况

食品中的物理性危害主要来源于以下五方面：

（1）来自于农产品生产田地的物理性危害，如石头、金属、原料果蔬中不受欢迎的物质（如刺或木屑）、泥块等。

（2）来自于加工或贮存不当，如骨头、玻璃、金属、木屑、螺钉帽、螺钉、煤渣、布料、油漆碎片、铁锈等。

（3）运输中进入的物质，如昆虫、金属、泥块、石头或其他的物质。

（4）有意放在食品中的东西（包括员工的蓄意破坏）。

（5）各种原因产生的硫酸铵镁之类的结晶。

表 1-2 列出了有关物理危害及其来源、可能导致的危害。

表 1-2　食品中常见的物理危害及其来源

物理危害	潜在危害	来源
玻璃	割伤、流血、需要外科手术查找并除去危害物	玻璃瓶、罐、温度计
木屑	割伤、感染、窒息或需外科手术除去危害物	原料、货盘、盒子、建筑材料
金属	割伤、窒息或需外科手术除去危害物	原料、机器、电线、员工
石头	窒息、损坏牙齿	原料、建筑材料
骨头	外伤、窒息	原料、不良加工过程
塑料	窒息、割伤、感染或需外科手术除去危害物	原料、包装材料、货盘、加工
昆虫	疾病、外伤、窒息	原料、工厂内
绝缘体	窒息、若异物是石棉会引起长期不适	建筑材料

要在食品生产过程中有效地控制物理危害，及时除去异物，必须坚持预防为主，保持厂区和设备的卫生。要充分了解一些可能引起物理危害的环节，如运输、加工、包装和贮藏过程以及包装材料的处理等，建立和实施 HACCP 体系时，应重视物理性危害的重要性，及时利用科学技术加以防范。如许多金属检测器能发现食品中含铁的和不含铁的金属微粒，X 射线技术能发现食品中各种异物，特别是骨头碎片等。

三、物理性危害的控制策略

物理性危害常常来自偶然的污染和不规范的食品加工处理过程。它们能发生在从收获到消费这个食物链条的各个环节。预防物理性危害的主要方法如下。

（1）严格控制原料，如要彻底地清洗水果和蔬菜，对那些不能洗的食物（如牛肉馅）要用肉眼进行检查，对原料的异物进行检查。

（2）优化工艺，防止污染，通过优化工艺，如产品经过金属探测仪、X 光探测仪等，防止金属碎屑等污染。

（3）要教育食品从业人员安全地加工食物，严格按照 GMP 的要求进行操作，防止玻璃碎片和金属屑等外来物的污染。

（4）提高员工的素质，提高员工的素质和归属感，防止员工有意破坏。

（5）养成良好的卫生习惯。食品从业人员在进行食品生产的时候，不应该佩戴珠宝首饰等一切可能掉入食品中导致危害的物品。

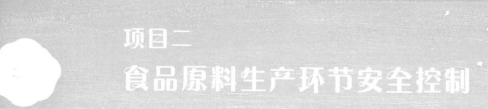

项目二
食品原料生产环节安全控制

 知识目标

1. 了解食品原料生产环境发展现状。
2. 掌握食品链中植物性原料生产安全与控制方法。
3. 掌握食品链中动物性原料生产安全与控制方法。
4. 掌握食品源头控制技术。

 能力目标

1. 能够判断植物性原料生产种类和污染途径，并针对危害采取控制措施。
2. 能够对动物性原料生产安全危害物质的来源进行合理分析，并采取控制措施。
3. 能够对某食品加工生产进行源头品质危害分析，并采取风险控制措施。

 素质目标

1. 增强国家安全观，培养爱国主义思想。
2. 树立食品安全意识，强化标准化理念。
3. 培养诚实守信的职业道德。
4. 培养科学严谨工作态度，恪守职业准则。

食品安全管理是一项从"农田到餐桌"、从食品原料到终端产品的全程质量控制的系统工程，而植物性食品的安全是保证食品安全的第一步。水果、蔬菜、粮食是人类主要的植物性食品，也是畜禽饲养和饲料的来源。植物种类有30多万种，但用作人类食品的不过数百种，用作饲料的也不过数千种。了解食品安全的不安全因素及其控制方法，可以有效防止食品安全问题的发生。

 任务一　植物性原料生产安全与控制

植物性食品即植物来源的食物，是指以植物的种子、果实或组织部分为原料，直接或加工以后为人类提供能量或物质来源的食品。植物是人类主要的食物和能量来源。植物性食品的质量安全与生长环境（生产环境）、加工过程、流通销售及储藏条件息息相关。优良规范的生产环境、合规的加工与流通贮藏环境是生产出优质食用农产品的保证。

一、生产环境的影响

农产品质量安全，首要取决于生产环境质量。农产品生产环境包括土壤、水、大气与农业投入品。土壤肥力和土壤质地是影响农产品质量的重要因素。高的土壤肥力能提供适合植物生长的养分并保证各个时期的营养分配比例。土壤质地轻对积累糖分的植物有好处，黏重的土壤适合根系发达和生产纤维、淀粉、蛋白含量高的作物。根据《绿色食品 产地环境质量》（NY/T391-2021），绿色食品生产应选择生态环境良好、无污染的地区，远离工矿区、公路铁路干线和生活区，避开污染源。

（1）产地应距离公路、铁路、生活区 50 m 以上，距离工矿企业 1 km 以上。

（2）产地要远离污染源，有切断有毒有害物进入产地的措施。

（3）生产产地不应受外来污染威胁，产地上风向和灌溉水上游不应有排放有毒有害物质的工矿企业，灌溉水源应是深井水或水库等清洁水源，不应使用污水或塘水等被污染的地表水；园地土壤不应是施用含有毒有害物质的工业废渣改良过的土壤。

拓展学习任务

拓展知识一　植物性原料生产环境

二、植物性原料的天然毒素控制

植物性食品原料中的毒素是指植物中存在的某种对人体健康有害的非营养性天然物质成分，或者因贮存方法不当，在一定条件下产生的某种有毒成分。这些有毒物质的摄入可不同程度地危害人体健康，降低食品的营养价值和影响风味品质，引起人食物过敏和对食品的特异性反应。含有毒物质的动植物外形、色泽与无毒的品种相似，很易被人们混淆误食而引发食品中毒。

（一）有毒蛋白类

目前所发现的有毒蛋白质包括血凝素和酶抑制剂。血凝素是某些豆科、大戟科等蔬菜中的有毒蛋白质。这类毒素已发现 10 多种，包括蓖麻毒素、巴豆毒素、相思子毒素、大豆凝集素和菜豆毒素等。凝集素含量最高的农作物是肾豆，肾豆含有 20 000～70 000 凝集素单位，煮熟后仍有 200～400 单位。虽然菜豆比肾豆中凝集素含量相对较低，一般是肾豆的 1/3，但不当的饮食方式也能导致中毒。一般对食品进行有效的热处理能破坏凝集素，但加热到 80 ℃时，毒性更大，是生食物的 5 倍，许多爆发性凝集素食物中毒都是食物加工不当所引起的。酶抑制剂主要有胰蛋白酶抑制剂和淀粉酶抑制剂，能引起水解不良和过敏反应，有人称其为过敏原。食用的黄豆中已发现至少有16种蛋白质能引起过敏反应，其中主要的过敏原是胰蛋白酶抑制剂。这类毒素受热后变性，可破坏一些毒素，降低含毒量，所以豆浆等豆制品食用前的彻底热处理是非常重要的。

（二）有毒氨基酸

主要是指有毒的非蛋白氨基酸。在发现的 400 多种非蛋白氨基酸中，有 20 多种具有积蓄中毒作用，且大都存在于毒菇和豆科植物中。它们作为一种"伪神经递质"，取代正常的氨基酸，而产生神经毒性。另外，还有一些含硫、氰的非蛋白氨基酸可在机体内分解为有毒的氰化物、硫化物而间接发生毒性作用。重要的毒性非蛋白氨基酸是刀豆氨酸、香豌豆氨酸等。

（三）生物碱类

生物碱类是存在于毛茛科、芸香科、豆科等许多植物根、果中的有毒物质，成分极其复杂。依其化学结构可细分为非杂环氮类、吡咯烷类、砒啶哌啶类、异喹啉类、吲哚类和萜类等。其生理作用差异很大，引起的中毒症状各不相同，有毒生物碱主要有烟碱、茄碱、颠茄碱等。它们能引起摄入者轻微的肝损伤，中毒的第一反应是恶心、腹痛、腹泻，甚至腹水，一般中毒者都可康复，严重者可能死亡。

（四）蘑菇毒素

食用野生毒蘑菇而引起的食物中毒称蕈毒中毒，其有毒物质称为蕈毒素。目前已发现的蕈毒素主要有鹅膏菌素、鹿花菌素、蕈毒啶、鹅膏蕈氨酸、蝇蕈醇和二甲-4-羟基色氨磷酸等。最典型的毒素是产生原生毒的鹅膏菌素。这种毒素潜伏期6~48 h，潜伏后期症状突然发作，表现出剧烈腹痛、不间断呕吐、腹泻、干渴和少尿，随后症状很快进入不可逆的严重肝脏、肾脏以及骨骼肌损伤，表现出黄疸、皮肤青紫和昏迷，中毒死亡率为 50%~90%。

（五）毒苷和酚类衍生物

主要毒苷化合物是氰苷，典型的有苦杏仁苷、芥子油苷、甾苷、多蕗苷等。它们蓄积在植物的种子、果仁和茎叶中，在酶的作用下在摄入者体内水解生成剧毒氰、硫氰化合物。食用植物原料中往往含有酚类化合物，其中的简单酚类物质毒性很小，有杀菌、杀虫作用。但有些植物中含有复杂酚类，如香豆素、鬼臼毒素、大麻酚和棉酚等特殊结构的酚类化合物，毒性较大，最典型的食物中毒是棉籽引发的棉酚中毒。

（六）其他有毒物质

（1）硝酸盐和亚硝酸盐。叶菜类蔬菜中含有较多的硝酸盐和极少量的亚硝酸盐。一般来说，蔬菜能主动从土壤中富集硝酸盐，其硝酸盐的含量高于粮谷类，叶菜类的蔬菜含量更高。人体摄入的硝酸盐中 80%以上来自所食的蔬菜，蔬菜中的硝酸盐在一定条件下可还原成亚硝酸盐，当积累到较高浓度时，就能引起中毒。

（2）草酸和草酸盐。草酸在人体内可与钙结合形成不溶性的草酸钙，不溶性的草酸钙可在不同的组织中沉积，尤其在肾脏中易沉积。所以，摄入过多草酸也会中毒。含草酸较多的植物主要有菠菜等。

拓展学习任务

拓展知识二　各种植物性食品原料的生产安全控制

任务二　动物性原料生产安全与控制

猪肉是全球消费量最大的肉类之一，其生产和供应链的安全性直接关系到公众健康。然而，近年来，由于生产和加工环节的疏漏，猪肉产品安全事件频发，引起了社会的广泛关注。

近年，某大型肉制品加工厂在生产过程中，未能严格遵守食品安全标准，其产品被检测出疑似非洲猪瘟病毒核酸阳性。随后，该工厂被要求立即追溯猪肉原料来源，并对猪肉制品进行了处置，加强产品质量管控。

思考题1：如何确保食品原料的质量和安全？

思考题2：在生产过程中，如何有效监控和预防微生物污染？

思考题3：如果你是该肉制品加工厂的质量控制管理人员，你会采取哪些措施来防止此类事件的发生？

一、畜禽肉类的生产与安全控制技术

（一）畜禽养殖环境卫生要求

各类畜禽养殖环境应参照相关标准要求执行，如《规模猪场建设》(GB/T 17824.1—2022)除对环境卫生作出要求，还对养猪场的场址选择、猪场布局、建设用地、饲养工艺、设备设施、水电供应和猪舍建筑等均作了详细的规定。

（二）畜禽饲料的卫生质量要求

1. 饲料原料产地环境质量要求

无公害饲料原料产地应选择在生态条件良好、远离污染源，并具有可持续生产能力的农业生产区域。

2. 饲料原料的质量管理

首先认真选择原料产地、稳定原料来源；其次应严格进行原料质量检验。

3. 饲料卫生标准

饲料卫生标准可参照 GB 13078-2017《饲料卫生标准》执行。该标准规定了饲料原料和饲料产品中的有毒有害物质及微生物儿计量，适用于加工、经销、贮存、进出口的鸡配合饲料，猪配合、混合饲料和饲料原料。

（三）畜禽的标准化安全生产

畜禽饲养饲料使用准则应执行 NY 5032—2006《无公害食品 畜禽饲料和饲料添加剂使用准则》、NY/T 5038—2006《无公害食品 家禽养殖生产管理规范》。这些标准规定了生产无公害牛、猪所需饲料原料饲料添加剂、添加剂预混合饲料、浓缩饲料、配合饲料和饲料加工过程的要求、试验方法、检测规则、判定规则、标签、包装、贮藏、运输规范等。

（四）畜禽肉类的质量标准

我国无公害食品的标准体系中鸡肉、猪肉、牛肉的行业标准，规定了产品的感官理化和微生物指标。标准规定：鸡、猪、牛等必须来自按照无公害畜禽生产体系组织生产的禽饲养场，其饲养过程执行无公害畜产品生产的兽药使用准则、兽医防疫准则、饲料使用准则和饲养管理准则，并经当地动物防疫监督机构检验合格。活牛原料必须来自非疫区，经当地动物防疫监督机构检验合格。

屠宰过程应执行屠宰卫牛规范 NY 467—2001《畜禽屠宰卫生检疫规范》，屠宰后经兽医检疫合格畜禽肉方能纳入无公害食品行业标准管理范围。

1. 猪　肉

无公害猪肉相关标准有 DB 23/T 879—2004《无公害猪肉生产技术规程》等，其感官、理化、微生物指标可参见下述表格内容。

（1）感官指标。无公害猪肉感官指标见表 2-1。

表 2-1　无公害猪肉感官指标

项目	鲜猪肉	冻猪肉
色泽	肌肉有光泽，红色均匀，脂肪白色	肌肉有光泽，红色或稍暗，脂肪白色
组织状态	纤维清晰、有坚韧性、指压后凹陷立即恢复	肉质紧密有韧性、解冻后指压凹陷恢复较慢
黏度	外表湿润，不黏手	外表湿润，切面渗出液不黏手
气味	具有鲜猪肉固有的气味，无异味	解冻有鲜猪肉固有的气味，无异味
煮沸后肉汤	清澈透明，脂肪团聚于表面	清澈透明或稍有浑浊，脂肪团聚于表面

（2）理化指标。无公害猪肉理化指标见表 2-2。

表 2-2　无公害猪肉理化指标

项目	指标
解冻失水率/%	≤ 8
挥发性盐基总氮/（mg·100 g^{-1}）	≤ 15
汞（以 Hg 计）/（mg·kg^{-1}）	按 GB 2707

项目	指标
铅（以 Pb 计）/（mg/kg）	≤ 0.50
砷（以 As 计）/（mg/kg）	≤ 0.50
镉（以 Cd 计）/（mg/kg）	≤ 0.10
铬（以 Cr 计）/（mg/kg）	≤ 1.00
六六六/（mg/kg）	≤ 0.10
滴滴涕/（mg/kg）	≤ 0.10
金霉素/（mg/kg）	≤ 0.10
土霉素/（mg/kg）	≤ 0.10
氯霉素	不得检出
磺胺类（以磺胺类总量计）/（mg/kg）	≤ 0.10
伊维菌素（脂肪中）/（mg/kg）	≤ 0.10
盐酸克伦特罗	不得检出

（3）微生物指标。无公害猪肉微生物指标见表 2-3。

表 2-3　无公害猪肉微生物指标

项目	指标
菌落总数/（CFU/g）	≤ 1×10^6
大肠菌群/（MPN/100g）	≤ 1×10^4
沙门氏菌	不得检出

2. 牛肉（NY 5044-2001《无公害食品　牛肉》）

（1）感官指标。无公害牛肉感官指标见表 2-4。

表 2-4　无公害牛肉感官指标

项目	鲜牛肉	冻牛肉
色泽	肌肉有光泽，红色均匀，脂肪洁白或淡黄色	肌肉有光泽，红色或稍暗，脂肪白色
黏度	外表微干或有风干膜，不黏手	外表微干或有风干膜或外表湿润，不黏手
弹性与组织状态	指压后的凹陷立即恢复	肌肉结构紧密，有坚实感，肌纤维韧性强
气味	具有鲜牛肉的正常气味	具有牛肉的正常气味
煮沸后肉汤	透明澄清，脂肪团聚于表面，具特有香味	透明澄清，脂肪团聚于表面，具特有香味

（2）理化指标。无公害牛肉理化指标见表 2-5。

表 2-5　无公害牛肉理化指标

项目	指标
解冻失水率/%	≤ 8
挥发性盐基总氮/（mg/100 g）	≤ 15

项目	指标
汞（以 Hg 计）/（mg/kg）	按 GB/T 9960
铅（以 Pb 计）/（mg/kg）	$\leqslant 0.50$
砷（以 As 计）/（mg/kg）	$\leqslant 0.50$
镉（以 Cd 计）/（mg/kg）	$\leqslant 0.10$
铬（以 Cr 计）/（mg/kg）	$\leqslant 1.00$
六六六/（mg/kg）	$\leqslant 0.10$
滴滴涕/（mg/kg）	$\leqslant 0.10$
金霉素/（mg/kg）	$\leqslant 0.10$
土霉素/（mg/kg）	$\leqslant 0.10$
磺胺类（以磺胺类总量计）/（mg/kg）	$\leqslant 0.10$
伊维菌素（脂肪中）/（mg/kg）	$\leqslant 0.10$

（3）微生物指标。无公害牛肉微生物指标见表2-6。

表 2-6 无公害牛肉微生物指标

项目	指标
菌落总数/（CFU/g）	$\leqslant 1 \times 10^6$
大肠菌群/（MPN/100 g）	$\leqslant 1 \times 10^4$
沙门氏菌	不得检出

3．鸡肉（含鲜、冻装鸡或分割鸡肉）

（1）感官指标。无公害鸡肉感官指标见表2-7。

表 2-7 无公害鸡肉感官指标

项目	鸡肉（一级鲜度）	冻鸡肉（一级鲜度）
眼球	眼球饱满	眼球饱满或扁平
色泽	皮有光泽，因品种不同而呈淡黄、淡红、灰白等色，肌肉切面发光	皮有光泽，因品种不同而呈淡黄、淡红、灰白等色，肌肉切面有光泽
黏度	外表微湿润，不黏手	外表微湿润，不黏手
弹性与组织状态	指压后的凹陷立即恢复	指压后的凹陷恢复慢，且不能完全恢复
气味	具有鲜鸡肉的正常气味	具有鸡肉正常的气味
煮沸后肉汤	透明澄清，脂肪团聚于表面，具特有香味	透明澄清，脂肪团聚于表面，具特有香味

（2）理化指标。无公害鸡肉理化指标见表2-8。

（3）微生物指标。无公害鸡肉微生物指标见表2-9。

表 2-8 无公害鸡肉理化指标

项目	指标
解冻失水率/%	≤ 8
挥发性盐基总氮/（mg/100 g）	≤ 15
汞（以 Hg 计）/（mg/kg）	≤ 0.05
铅（以 Pb 计）/（mg/kg）	≤ 0.50
砷（以 As 计）/（mg/kg）	≤ 0.50
六六六/（mg/kg）	≤ 0.10
滴滴涕/（mg/kg）	≤ 0.10
金霉素/（mg/kg）	≤ 1.00
土霉素/（mg/kg）	≤ 0.10
磺胺类（以磺胺类总量计）/（mg/kg）	≤ 0.10
伊维菌素（脂肪中）/（mg/kg）	≤ 0.10
呋喃唑酮/（mg/kg）	≤ 0.10
氯烃吡啶（克球酚）/（mg/kg）	≤ 0.10

表 2-9 无公害鸡肉微生物指标

项目	指标
菌落总数/（CFU/g）	≤ 1×10^5
大肠菌群/（MPN/100 g）	≤ 1×10^5
沙门氏菌	不得检出

拓展学习任务

拓展知识三 畜禽标准化安全生产

实训任务

实训 2-1 肉的新鲜度检验

实训 2-2 鱼贝类鲜度的感官评定

二、生鲜牛奶的生产与安全控制

原料乳的质量好坏是影响乳制品品质的关键，只有优质的原料才能保证优质的产品。乳原料的生产与安全控制包括养殖期间的安全卫生与生产的安全卫生。

（一）生鲜乳的生产与卫生

1. 挤　奶

目前，牛奶的挤出主要有 2 种，即手工挤奶和机器挤奶。手工挤奶是个体或小规模奶牛养殖的生产方式，规模化养殖奶牛多采用机器挤奶方式。与手工挤奶相比，机器挤奶时间短，可以在几分钟内完成，能增加奶生产奶量，并且减少乳房炎的发病率和传播。不论采用哪种方式，都应掌握正确的挤乳方式，符合奶牛泌乳的生理规律，这样才能取得最佳的泌乳效果。

（1）手工挤奶。挤奶方法为：母牛通常是由同一挤奶员挤奶，母牛听到准备挤奶的熟悉声音就迅速地受到刺激而排乳。挤奶员通过用手按摩乳房和模仿小牛吮乳来使母牛做排乳准备。当母牛有了排乳反应时可以开始挤奶，同时可挤乳房对角线两侧的乳头，一只手挤出一个乳头的乳汁，然后放松压力使乳汁流入乳池中；另一只手挤另一乳头，这样两只乳头可以交替挤奶。用上述方法将奶挤干后，再挤另外两个乳头，直到全部乳房被挤空。

应注意的事项：要求奶牛进舍后必须先冲洗，刷牛体，然后再饲喂、挤奶。挤奶前应先清除牛床上粪便，固定牛尾，使用 40～50 ℃的温水清洗或药浴，按摩乳房。保证一头牛一条毛巾，一头牛一桶水。乳头严禁涂润滑油脂，否则会污染生鲜牛奶。由于奶牛平时常常趴在地上，乳头表面及前端微生物很多，开始挤出的第一、二把乳中微生物含量较高，必须弃掉。

开始挤奶时，先将 4 个乳区的各个乳头挤出含细菌最高的第一、第二把乳挤于黑色的检查平板上或固定在大杯子口上带滤网的黑色检查板上，检查是否有奶块，并观察奶颜色的变化，判断该乳区的健康情况。如发现有凝乳或脓、血块等异物时，或发现乳房内有硬块或者出现红肿，乳汁的色泽、气味出现异常，应及时报告尽早进行治疗。挤奶时，如果遇到牛排尿或排粪要及时避让。挤奶后应对奶牛乳头逐个进行药浴消毒。

挤奶顺序是先挤健康牛，再挤病牛。病牛挤出的奶，尤其是患乳房炎病牛的奶，应单独存放另行处理。

盛乳用具使用前、后须彻底清洗、消毒，防止滋生微生物。

（2）机器挤奶。挤奶方法为：挤奶器利用真空原理，脉动器模仿小牛吸吮的节奏。用吸乳杯将乳从乳头中吸出。当前使用的挤乳器有桶式、车式、管道式、坑道式和转盘式等。生产单位可以根据每天泌乳牛的头数选择挤奶机械。如果 10～30 头泌乳牛或中小奶牛场的产房则选用提桶、小推车式挤奶器，30～200 头用管道式，草原地区也可用车式管道挤奶器。200～500 头最好用坑道式挤奶器，鱼骨式、平等式、菱形式均可。500 头以上用两套坑道式或平行 64 床的坑道式，条件许可时可以用转盘式。选用挤奶机器时务必注意维修条件和易损零件的供应渠道。

应注意的事项：挤奶机在使用时应保持性能良好，送奶管和贮奶缸使用后应及时清洗、消毒，其目的是防止微生物的滋生。

挤奶前应使用温水清洗乳房和乳头，用一次性纸巾擦干，并逐一对每头牛每个乳区做乳房炎的检查，阳性牛则改为手工挤奶。

挤奶后用消毒液喷淋乳头消毒，目的是杀死乳头表面的细菌。因为刚挤过乳的乳头孔要在 1 ~ 2 min 内才能关闭，如果有细菌进入乳头内，很容易引起乳腺炎。

2. 过滤与净化

在奶牛养殖场，对乳进行及时过滤具有很重要的意义，在没有严格遵守卫生条件下，挤奶时乳容易被粪便、饲料、垫草、牛毛和蚊蝇等所污染。因此，挤下的奶必须及时进行过滤，其目的是去除乳中的机械杂质并减少微生物数量。

（1）过滤。最简单又及时的过滤方法是纱布过滤法。将经过消毒的纱布折成 3 或 4 层，结扎在奶桶口上，挤奶员将挤下的奶称重后倒入扎有纱布的奶桶中，即可达到过滤的目的。用纱布过滤时，必须保持纱布的清洁，否则不仅失去过滤的作用，反而会使过滤出来的杂质与微生物重新侵入奶中，成为微生物污染的来源之一。所以，在牧场中要求纱布的一个过滤面不超过 5 kg 奶。使用后的纱布，应立即用温水清洗，并用 0.5% 的碱水洗涤，然后用清洁的水冲洗，最后煮沸 10 ~ 20 min 杀菌，并存放在清洁干燥处备用。凡是将奶从一个地方送到另一个地方，从一个工序到另一个工序，或者由一个容器送到另一个容器时，都应该进行过滤。过滤的方法，除用纱布过滤外，也可以用过滤器过滤。首先，在收奶槽上装过滤网并铺上多层纱布，也可在奶的输送管道中连接一个过滤套筒，或在管路的出口一端放一布袋进行粗滤。其次，可使用双筒过滤器或双联过滤器进一步过滤。过滤纱布的清洗程度与乳中细菌数的关系见表 2-10。

表 2-10　过滤用纱布的清洗程度与乳中细菌数的关系

纱布的处理情况	乳中的细菌/（个/mL）
清洁的纱布	5 000
不清洁的纱布	92 000

过滤器具、介质必须清洁卫生，及时清洗杀菌。否则滤网（或滤布）将成为细菌和杂质的污染源。滤布或滤筒通常在连续过滤 5 000 ~ 10 000 L 牛奶之后，就应该更换清洗灭菌。一般连续生产都会有 2 个过滤器交替使用。过滤必须在杀菌前进行。

（2）净化。原料乳经数次过滤后，虽然除去了大部分杂质，但由于奶中被污染了很多极为微小的机械杂质和细菌细胞，难以用一般的过滤方法除去。为了达到最高的纯净度，一般采用净乳机离心净化。

净乳机的净化原理为：奶在分离钵内受强大离心力的作用，将大量机械杂质留在分离钵内壁上，而奶被净化。现代乳品加工厂多使用离心净乳机对乳进行净化，普通净乳机在运转 2 ~ 3 h 后需停机排渣，大型乳品加工厂多采用自动排渣净乳机或三用分离机（奶油分离、净乳和标准化），以提高奶的质量。

3. 冷　却

净化后的乳最好直接加工，如果短期贮藏，则必须及时进行冷却，以保持奶的新鲜度。

（1）冷却的作用。刚挤下的奶温度约为 36 ℃，是微生物繁殖最适宜的温度，如不及时冷却，混入奶中的微生物就会迅速繁殖，使奶的酸度增高，凝固变质，风味变差。故新挤出的奶，经净化后须冷却到 4 ℃左右，以抑制奶中微生物的繁殖。冷却对奶中微生物的抑制作用见表 2-11。未冷却的奶，其微生物增加迅速，而冷却奶则增加缓慢，6~12 h 微生物还有减少的趋势，这是因为低温和奶中存在抗菌物质——乳烃素（拉克特宁，Lactenin）使细菌的繁育受到抑制。

挤出的奶迅速冷却至低温，可以使抗菌特性保持较长的时间。另外，原料乳污染越严重，抗菌作用时间越短。例如，奶温为 10 ℃，挤奶时严格执行卫生制度的奶样，其抗菌期是未严格执行卫生制度乳样的 2 倍。因此，将刚挤出的奶迅速冷却，可保证鲜乳较长时间保持新鲜度。通常可以根据贮存时间的长短选择适宜的温度（表 2-12）。

表 2-11　乳的冷却与乳中细菌数的关系

贮存时间	冷却乳/（CFU/mL）	未冷却乳/（CFU/mL）
刚挤出的乳	11 500	11 500
3 h	11 500	18 500
6 h	8000	102 000
12 h	7800	114 000
24 h	62 000	130 000

表 2-12　牛奶的贮存时间与冷却温度的关系

贮存时间/h	6~12	12~18	18~24	24~36
冷却的温度/ ℃	10~8	8~6	6~5	5~4

（2）冷却方法。常用冷媒（制冷剂）冷却法进行乳的冷却，冷媒包括冷水、冰水或盐水（氯化钠、氯化钙溶液）。冷却的方法包括水池冷却法、冷却罐及浸没式冷却器冷却法、板式热交换器冷却法等。

① 水池冷却。将乳桶放在水池中，用冷水或冰水进行冷却，地下水温较低时可以直接利用。为保证冷却的效果，水池中的水应 4 倍于冷却乳量，并适当换水和搅拌冷却乳，可使乳温度冷却到比冷却水温度低 3~4 ℃。水池冷却的缺点是冷却缓慢，消耗水量较多，劳动强度大、不易管理。

② 冷却罐或浸没式冷却器冷却。这种冷却器可以插入贮乳槽或奶桶中以冷却牛奶。浸没式冷却器中带有离心式搅拌器，可以调节搅拌速度，并带有自动控制开关，可以定时自动进行搅拌，故可使牛奶均匀冷却，并防止稀奶油上浮，适合于奶站和较大规模的牧场。

③ 板式热交换器冷却。奶流过冷排冷却器与冷剂（冷水或冷盐水）进行热交换后流入贮奶槽中。这种冷却器，构造简单，价格低廉，冷却效率也比较高，目前许多乳品厂及奶站都用板式热交换器对乳进行冷却，将冷却后的牛奶贮存在具有绝热层的奶缸中待运。板式热交换器克服了表面冷却器因奶液暴露于空气而容易污染的缺点，而且热交换效率高，占地面积小，操作维修和清洗装拆方便。用冷盐水作冷媒，可使奶的温度迅速降到 4 ℃左右。在使用机械挤奶的奶牛场，牛奶成批收集到奶缸内，容量大小不同的奶缸都有内部冷却设备，可以保证在一定时间内冷却到一定温度。

（二）生鲜牛奶贮藏与运输中的安全控制

1. 贮 存

为了保证工厂连续生产，必须有一定的原料乳贮存量。一般工厂总的贮奶量应不少于 1 d 的处理量。冷却后的奶，应尽量保持低温，以防升温使保存性降低。因此，贮存原料乳的设备，要有良好的绝热保温特性，并配有适当的搅拌设施，定时搅拌乳液防止乳脂肪上浮而造成分布不均匀。

贮乳缸放置的位置有露天和室内两种。大型贮奶缸为露天式的，叫奶仓。小型的称贮奶罐。其外形为圆柱体，有立式和卧式之分。贮奶设备一般采用不锈钢材料制成，容量配置保证贮奶时每一缸能尽量装满。贮奶罐外边有绝缘层（保温层）或冷却夹层，以防止罐内温度上升。贮罐保温性能要求 24 h 后，奶温上升不得超过 2～3 ℃贮奶罐的容量，应根据各厂每天牛奶总收纳量、收奶时间、运输时间及能力等因素决定。一般贮奶罐的总容量应为日收纳总量的 2/3。而且，每只贮奶罐的容量应与每班生产能力相适应。每罐的处理量一般相当于 2 个贮奶罐的乳容量，否则用多个贮奶罐会增加调罐、清洗的工作量和增加牛奶的损耗。贮奶罐使用前应彻底清洗、杀菌，待冷却后贮存牛奶。每罐须放满，并加盖密封，如果装半罐，会加快奶温上升，不利于原料奶的贮存。贮存期间要开动搅拌机，24 h 内搅拌 20 min，乳脂率的变化在 0.1%以下。

2. 运 输

奶的运输是乳品生产上重要的一环，运输不当，往往就会造成很大的损失。奶的运输目前在我国主要有奶桶运输和奶槽车运输两种形式

（1）奶桶运输。在乳源分散的地方，多采用奶桶运输。每个贮奶桶的容量为 40～50 L，一般采用不锈钢材料，质量要求包括有足够的刚性，经久耐用；内壁光滑，转角做成弧形，便于清洗，内壁材料对牛奶没有影响；桶盖与桶体紧密配合，途中无漏损，开盖方便。

（2）奶槽车运输。乳源集中的地方，采用奶槽车运输，即将牛奶收集在贮缸里，用奶槽车抽取后送往加工厂或收奶站。

奶槽车的散热面积比奶桶小，约为其 1/3。在运输过程中，奶温升温慢，不易变酸，适于较长距离运输。奶槽车便于装卸、清洗、管理，减轻劳动强度，奶槽车的奶缸内分数格，在收奶站还可将奶分级装运。

奶槽车的技术要求是：奶槽车外壁应有保温层，使运输过程基本不升温或升温很小，槽内分为数格，以减轻运输过程中乳脂由于振荡而分离，设有清洗入孔、排料孔、放气阀、计量装置，无死角，乳能放尽；应用防锈蚀的不锈钢板制造；配备有装卸奶的泵，奶泵使用汽车的动力；夏季长途运输奶的升温不超过 2 ℃。

无论采用哪种运输方式，都应注意以下几点：

① 防止运输过程中的升温，特别是夏季，运输最好在夜间或早晨，或用隔热材料盖好桶。

② 所采用的容器须保持清洁卫生，并加以严格杀菌。

③ 夏季必须装满盖严，以防震荡；冬季不得装得太满，避免因冻结而使容器破裂。

④ 长距离运送时，最好采用奶槽车。奶槽车运奶的优点是单位体积表面积小，奶升温慢，特别是在奶槽车外加绝缘层后可以基本保持在运输中奶的温度不升高。

按照 NY/T 2798.9-2015《无公害农产品 生产质量安全控制技术规范》的要求，原料乳的贮运应符合下述条件：

①生鲜牛奶的盛装应采用表面光滑的不锈钢制成的桶和贮奶罐或由食品级塑料制成的存乳容器。

②应采取机械化挤奶、管道输送，用奶槽车运往加工厂，从挤奶到加工不应超过 24 h，奶温应保持在 6 ℃以下。

③生鲜牛奶的运输应使用奶槽车。

④挤奶和贮存容器使用后应及时清洗和消毒。

（三）生鲜牛奶的质量标准与检验

原料乳应符合 GB 19301《生乳》的生产技术规范，同时要结合所在区域关于生鲜奶/乳的收购要求，包括感官指标、理化指标及微生物指标，可参见下述表格。

（1）感官指标。正常牛奶为白色或微带黄色，不得含肉眼可见的异物，不得有红色、绿色或其他异色。不能有苦味、咸味、涩味和饲料味、育贮味、霉味等异味（见表 2-13）。

表 2-13　牛奶的感官要求

项目	指标
色泽	呈乳白色或稍带微黄色
组织状态	呈均匀的胶体液、无沉淀、无凝块、无肉眼可见杂质和其他异物
滋味和气味	具有新鲜牛奶固有的香味、无其他异味

（2）理化指标。理化指标只有合格指标，不再分级，原料乳验收时的理化指标见表 2-14。

表 2-14　牛奶的理化要求

项目	指标
相对密度（ d_4^{20} ）	1.028～1.032
脂肪 /%	3.2
蛋白质 /%	3.0
非乳固体 /%	8.3
酸度 /°T	18.0
杂质度 /（mk·kg^{-1}）	4.0

（3）卫生要求。卫生要求可参见表 2-15。

表 2-15　牛奶的卫生要求

项目	指标
汞（以 Hg 计）/（mg/kg）	≤0.01
铅（以 Pb 计）/（mg/kg）	≤0.05
铬（以 Cr^{5+}计）/（mg/kg）	≤0.3
砷（以 As 计）/（mg/kg）	≤0.20

项目	指标
硝酸盐（以 $NaNO_3$ 计）/（mg/kg）	≤ 8.0
亚硝酸盐（以 $NaNO_2$ 计）/（mg/kg）	≤ 0.20
六六六/（mg/kg）	≤ 0.05
滴滴涕/（mg/kg）	≤ 0.02
黄曲霉毒素 M_1/（mg/kg）	≤ 0.2
抗生素/（mg/kg）	不得检出
马拉硫磷/（mg/kg）	≤ 0.10
倍硫磷/（mg/kg）	≤ 0.01
甲胺磷/（mg/kg）	0.2

（4）细菌指标。菌落总数应不超过 5×10^5 CFU/mL。采用平皿培养法计算细菌总数，或采用美蓝还原退色法所呈现的时间分级指标进行评级，细菌指标分为 4 个级别，见表 2-16。

表 2-16　原料乳的细菌指标

分级	平皿细菌总数分级指标法/（万个/mL）	美蓝退色分级指标法
Ⅰ	≤ 50	≥ 4 h
Ⅱ	≤ 100	≥ 2.5 h
Ⅲ	≤ 200	≥ 1.5 h
Ⅳ	≤ 400	≥ 40 min

此外，许多乳品收购单位还规定下述情况之一者不得收购：

① 产犊前 15 d 内的末乳和产犊后 7 d 的初乳。

② 牛奶颜色有变化、呈红色、绿色或显著黄色者。

③ 牛奶中有肉眼可见杂质者。

④ 牛奶中有凝块或絮状沉淀者。

⑤ 牛奶中有畜舍味、苦味、霉味、臭味、涩味、煮沸味及其他异味者。

⑥ 用抗生素或其他对牛奶有影响的药物治疗期间，母牛所产的奶和停药后 3 d 内的奶。

⑦ 添加有防腐剂、抗生素和其他任何有碍食品卫生的奶。

⑧ 酸度超过 20 °T。

拓展学习任务

拓展知识四　奶牛养殖的安全卫生

三、禽蛋生产与安全控制

兽医防疫是预防致病性食源性疾病产生和流行的首要工作。在禽蛋的生产中必须遵守蛋鸡饲养兽医防疫准则。

（一）蛋鸡饲养兽医防疫准则

蛋鸡饲养兽医防疫准则应执行 NY/T 2798.8-2015《无公害农产品 生产质量安全控制技术规范》。肉鸡、蛋鸡生产应按照 NY/T 2798.8-2015《无公害农产品 生产质量安全控制技术规范》要求进行。在对肉鸡、蛋鸡进行预防、诊断和治疗疾病时所用的兽药必须符合《中华人民共和国兽药典》《中华人民共和国兽药规范》《兽药质量标准》《兽药生物制品质量标准》《进口兽药质量标准》和《饲料药物添加剂使用规定》的相关规定。所用兽药必须来自具有《兽药生产许可证》的供应商。所用兽药的标签必须符合《兽药管理条例》的规定。

（二）无公害鸡蛋的质量指标

无公害鸡蛋的指标中规定了产品的感官、理化及微生物指标标准：鸡蛋应来自按照生产无公害鸡蛋的有关规定组织生产的养鸡场；符合相关的蛋鸡饲养兽医药使用准则、蛋鸡饲养兽医防疫准则、蛋鸡饲料使用准则和蛋鸡饲养管理准则；其质量指标适用于鲜鸡蛋和冷藏鲜鸡蛋。

1. 感官指标

（1）鲜鸡蛋。蛋壳清洁完整，灯光透视时整个蛋呈微红色，蛋黄不见或略见阴影。打开后蛋黄凸起完整并带有韧性，蛋白澄清透明，稀稠分明。

（2）冷藏鲜鸡蛋。经冷藏其品质应符合鲜鸡蛋标准。

2. 理化指标

无公害鸡蛋的理化指标要求见表2-17。

表 2-17　无公害鸡蛋的理化指标要求

项目	指标
汞（以 Hg 计）/（mg/kg）	≤0.03
铅（以 Pb 计）/（mg/kg）	≤ 0.50
铬（以 Cr^{5+} 计）/（mg/kg）	≤ 1.0
镉（以 Cd 计）/（mg/kg）	≤ 0.05
砷（以 As 计）/（mg/kg）	≤ 0.50
六六六/（mg/kg）	≤ 0.20
滴滴涕/（mg/kg）	≤ 0.20
金霉素/（mg/kg）	≤ 1.00
土霉素/（mg/kg）	≤ 0.10
磺胺类（以磺胺类总量计）/（mg/kg）	≤ 0.10
呋喃唑酮/（mg/kg）	≤ 0.10

3. 微生物指标

无公害鸡蛋的微生物指标要求见表 2-18。

表 2-18　无公害鸡蛋的微生物指标

项目	指标
菌落总数/（CFU/mL）	≤ 5×10⁴
大肠菌群/（MPN/100 g）	≤ 100
致病菌＜沙门氏菌、志贺氏菌、葡萄球菌、溶血性链球菌	不得检出

拓展学习任务

拓展知识五　蛋鸡饲养兽医防疫准则　　　拓展知识六　水产食品原料的生产与安全控制技术

任务三　食品安全的源头控制——GAP 体系构建

建立并实施 GAP 体系，涉及饲料管理、养殖环境改善、疾病预防控制、废物处理、质量监控体系等各个方面。更好地保障原料质量，在源头上做好食品安全管控。

思考题 1：何为 GAP 体系？如何构建？

思考题 2：GAP 体系在提升原料肉质量和安全性上是如何发挥作用的？

要生产出质量好的食品，必须要有质量好的原料。在源头阶段控制好，基本的食品安全才可以得到保障，并能大幅降低食品安全问题发生的风险。农产品质量安全认证就是确保原料质量的有效手段。目前，我国的农产品质量安全认证除"三品一标"体系外，主要包括良好农业规范（GAP）认证。

"GAP"是 Good Agricultural Practices 的首字母缩写，即良好农业规范的简称。从广义上讲，良好农业规范作为一种适用方法和体系，通过经济的、环境的和社会的可持续发展措施，来保障食品的质量和安全。国内外已将 GAP 规范应用于病虫害综合防治、养分综合管理和保护性农业等。

1997 年，欧洲零售商农产品工作组（EUREP）在零售商的倡导下提出了"良好农业规范"，即 EUREP GAP。EUREP GAP 作为一种评价用的标准体系，目前涉及水果蔬菜、观赏植物、水产养殖、咖啡生产和综合农场保证体系（IFA）。

受国家标准委委托，国家认监委于 2004 年起，组织质检、农业、认证认可行业专家，开展制定中国良好农业规范国家标准研究工作。2005年11月12~13日，国家标准委召开良好农业规范系列国家标准审定会，通过专家审定。GB/T20014.1-11 良好农业规范系列国家标准于2005年12月31日发布，于2006年5月1日正式实施。

良好农业规范系列国家标准包括11部分：GB/T20014.1 术语；GB/T20014.2 农场基础控制点与符合性规范；GB/T20014.3 作物基础控制点与符合性规范；GB/T20014.4 大田作物控制点与符合性规范；GB/T20014.5 果蔬控制点与符合性规范；GB/T20014.6 畜禽基础控制点与符合性规范；GB/T20014.7 牛羊控制点与符合性规范；GB/T20014.8 奶牛控制点与符合性规范；GB/T20014.9 生猪控制点与符合性规范；GB/T20014.10 家禽控制点与符合性规范；GB/T20014.11 畜禽公路运输控制点与符合性规范。具体如图2-1所示。

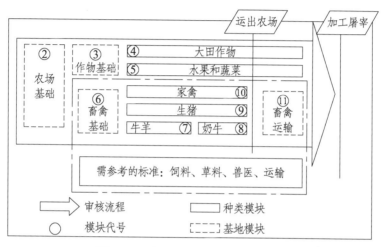

图2-1　我国GAP标准体系框架

一、我国GAP的基本内容

（1）食品安全危害的管理要求。采用危害分析与关键控制点（Hazard Analysis and Critical Control Point，简称 HACCP）方法识别、评价和控制食品安全危害。在种植业生产过程中，针对不同作物生产特点，对作物管理、土壤肥力保持、田间操作、植物保护组织管理等提出了要求。在畜禽养殖过程中，针对不同畜禽的生产方式和特点，对养殖场选址、畜禽品种、饲料和饮水的供应、场内的设施设备、畜禽的健康、药物的合理使用、畜禽的养殖方式、畜禽的公路运输、废弃物的无害化处理、养殖生产过程中的记录与追溯以及对员工的培训等提出了要求。

（2）农业可持续发展的环境保护要求。要求生产者遵守环境保护的法规和标准，营造农产品生产过程的良性生态环境，协调农产品生产和环境保护的关系。

（3）员工的职业健康、安全和福利要求。

（4）动物福利的要求。

良好农业规范系列标准从可追溯性、食品安全、动物福利、环境保护，以及工人健康、安全和福利等方面防控食品安全危害，兼顾可持续发展的要求以及我国法律法规的要求，并以第三方认证的方式来推广实施。

二、实施 GAP 的要点

（一）生产用水与农业用水的良好规范

在农作物生产中使用大量的水灌溉，水对农产品的污染程度取决于水的质量、用水时间和方式、农作物特性和生长条件、收割与处理时间以及收割后的操作。因此，应采用不同方式，针对不同用途选择生产用水，保证水质，降低风险。有效的灌溉技术和管理将有效减少浪费，避免过度淋洗和盐渍化。

与水有关的规范包括：尽量增加小流域地表水渗透率和减少无效外流；适当利用并避免排水来管理地下水和土壤水分；改善土壤结构，增加土壤有机质含量；利用避免水资源污染的方法如使用生产投入物，包括有机、无机和人造废物或循环产品；采用监测作物和土壤水分状况的方法精确地安排灌溉，通过采用节水措施或进行水再循环来防止土壤盐渍化；通过建立永久性植被或需要时保持或恢复湿地来强化水文循环的功能；管理水位以防止抽水或积水过多，以及为牲畜提供充足、安全、清洁的饮水点。

（二）肥料使用的良好规范

土壤的物理和化学特性及功能、有机质及有益生物活动，是维持农业生产的根本，其综合作用是提高土壤肥力和生产率。

与肥料有关的良好规范包括：利用适当的作物轮作、施用肥料、牧草管理和其他土地利用方法以及合理的机械、保护性耕作方法，通过利用调整碳氮比的方法，保持或增加土壤有机质；保持土层以便为土壤生物提供有利的生存环境，尽量减少因风或水造成的土壤侵蚀流失；使有机肥和矿物肥料以及其他农用化学物的施用量、时间和方法适合农学、环境和人体健康的需要。

合理处理的农家肥是有效和安全的，未经处理或不正确处理的再污染农家肥可能携带影响公共健康的病原菌，并导致农产品污染。因此，生产者应根据农作物特点、农时、收割时间间隔、气候特点，制定适合自己操作的处理、保管、运输和使用农家肥的规范，尽可能减少粪肥与农产品的直接或间接接触，以降低微生物危害。

（三）农药使用的良好操作规范

按照病虫害综合防治的原则，利用对病害和有害生物具有抗性的作物，进行作物和牧草轮作，预防疾病暴发，谨慎使用防治杂草、有害生物和疾病的农用化学品，制定长期的风险管理战略。任何作物保护措施，尤其是采用对人体或环境有害的措施，必须考虑潜在的不利影响，并掌握、配备充分的技术支持和适当的设备。

与作物保护有关的良好规范包括：采用具有抗性的栽培品种、作物种植顺序和栽培方法，加强对有害生物和疾病进行生物防治；对有害生物和疾病与所有受益作物之间的平衡状况定期进行定量评价；适时适地采用有机防治方法；可能时使用有害生物和疾病预报方法；在考虑所有可能的方法及其对农场生产率的短期和长期影响以及环境影响之后，再确定其处理策略，以便尽量减少农用化学物使用量，特别是促进病虫害综合防治；按照法规要求储存农用化学物并按照量和时间以及收获前的停用期规定使用农用化学物；使用者须受过专门训练并掌握有关知识；确保使用设备符合确定的安全和保养标准；对农用化学物的使用保持准确的记录。

在采用化学防治措施防治作物病虫害时，正确选择合适的农药品种是非常重要的控制点。一是必须选择国家正式注册的农药，不得使用国家有关规定禁止使用的农药；二是尽可能地选用那些专门作用于目标害虫和病原体、对有益生物种群影响最小、对环境没有破坏作用的农药；三是在植物保护预测预报技术的支撑下，在最佳防治时期用药，提高防治效果；四是在重复使用某种农药时，必须考虑避免目标害虫和病原体产生抗药性。

在使用农药时，生产人员必须按照标签或使用说明书规定的条件和方法，用合适的器械施药。

（四）作物和饲料生产的良好规范

作物和饲料生产涉及一年生和多年生作物、不同栽培的品种等，应充分考虑作物和品种对当地条件的适应性，因管理土壤肥力和病虫害防治而进行的轮作。

与作物和饲料生产有关的良好规范包括：根据对栽培品种的特性安排生产，这些特性包括对播种和栽种时间的反应、生产率、质量、市场可接受性和营养价值、疾病与抗逆性、土壤和气候适应性，以及对化肥和农用化学物的反应等；设计作物种植制度以优化劳力和设备的使用，利用机械、生物和除草剂备选办法，提供非寄主作物以尽量减少疾病，如利用豆类作物进行生物固氮等。利用适当的方法和设备，按照适当的时间间隔，平衡施用有机和无机肥料，以补充收获所提取的或生产过程中失去的养分。利用作物和其他有机残茬的循环维持土壤养分的稳定。将畜禽养殖纳入农业种养计划，利用放牧或家养牲畜提供的养分循环提高整个农场的生产率；轮换牲畜牧场以便牧草健康再生，坚持安全条例，遵守作物、饲料生产设备和机械使用安全标准。

（五）畜禽生产良好规范

畜禽需要足够的空间、饲料和水才能保证其健康和生产率。放养方式必须调整，除放牧的草场或牧场之外，根据需要提供补充饲料。畜禽饲料应避免化学和生物污染物，保持畜禽健康，防止其进入食物链。

与畜禽生产有关的良好规范包括：牲畜、禽饲养选址适当，以避免对环境和畜禽健康的不利影响；避免对牧草、饲料、水和大气的生物、化学和物理污染；经常监测牲畜、禽的状况并相应调整放养率、喂养方式和供水；设计、建造、挑选、使用和保养设备、结构以及处理设施；防止兽药和饲料添加剂的残留物进入食物链；尽量减少抗生素的非治疗使用；实现畜、禽养殖业和农业相结合，通过养分的有效循环避免废物残留、养分流失和温室气体释放等问题；坚持安全条例，遵守为畜禽设置的装置、设备和机械确定的安全操作标准；对牲畜、禽购买、育种、损失以及销售进行记录，对饲养计划、饲料采购和销售等进行记录。

畜禽生产需要合理管理，做好畜、禽舍、接种疫苗等预防处理，定期检查、识别和治疗疾病。

（六）收获、加工及储存良好规范

农产品的质量与农产品收获和储存方式，包括加工方式有关。当然，收获必须符合与农用化学物停用期和兽药停药期有关的规定。产品储存在所设计的适宜温度和湿度条件下专用的空间中。涉及动物的操作活动如剪毛和屠宰必须坚持畜禽健康和标准。

与收获、加工及储存有关的良好规范包括：按照有关的收获前停用期和停药期收获产品；为产品的加工规定清洁安全处理方式；清洗使用清洁剂和清洁水；在卫生和适宜的环境条件下储存产品；使用清洁和适宜的容器包装产品以便运出农场；使用人道和适当的屠宰前处理和屠宰方法；重视监督、人员培训和设备的正常保养。

（七）工人健康和卫生良好规范

确保所有人员，包括非直接参与操作的人员，如设备操作工、潜在的买主和害虫控制作业人员符合卫生规范。生产者应建立培训计划以使所有相关人员遵守良好卫生规范，了解良好卫生控制的重要性和技巧以及使用厕所设施的重要性等相关的清洁卫生方面的知识。

（八）卫生设施的操作规范

人类活动和其他废弃物的处理或包装设施操作管理不善，会增加污染农产品的风险。要求厕所、洗手设施的位置应适当，配备应齐全，应保持清洁，并易于使用和方便使用。

（九）田地卫生良好规范

田地内人类活动和其他废弃物的不良管理能显著增加农产品污染的风险，采收应使用清洁的采收储藏设备，保持装运存储设备卫生，放弃那些无法清洁的容器，以尽可能地减少新鲜农产品被微生物污染。在农产品被运离田地之前，应尽可能地去除农产品表面的泥土，建立设备的维修保养制度，指派专人负责设备的管理，适当使用设备并尽可能地保持清洁，防止农产品的交叉污染。

（十）包装设备卫生良好规范

保持包装区域的厂房、设备和其他设施以及地面等处于良好状态，以减少微生物污染农产品的可能。制定包装工人的良好卫生操作程序以维持对包装操作过程的控制。在包装设施或包装区域外应尽可能地去除农产品上的泥土，修补或弃用损坏的包装容器，用于运输农产品的器具使用前必须清洗，在储存中防止未使用的干净的和新的包装容器被污染。包装和储存设施应保持清洁状态，用于存放、分级和包装新鲜农产品的设备必须用易于清洗材料制成的，设备的设计、建造、使用和一般清洁能降低产品交叉污染的风险。

（十一）运输良好规范

应制定运输规范，以确保在运输的每个环节，包括从田地到冷却器、包装设备、分发再到批发市场或零售中心的运输卫生，操作者和其他与农产品运输相关的员工应细心操作。无论在什么情况下运输和处理农产品，都应进行卫生状态的评估。运输者应把农产品与其他食品或非食品的病原菌源相隔离，以防止运输操作对农产品的污染。

（十二）溯源良好规范

要求生产者建立有效的溯源系统，相关的种植者、运输者和其他人员应提供资料，建立产品的采收时间、农场、从种植者到接收者的档案和标识等，追踪从农场到包装者、配送者和零售商等所有环节，以便识别和减少危害，防止食品安全事故的发生。一个有效的追踪系统至少应包括能说明产品来源的文件记录、标识和鉴别产品的机制（见表2-19）。

表 2-19　我国 GAP 标准控制点数

中国 GAP 标准控制点数	1 级	2 级	3 级	条款级别划分原则
农场基础控制点与符合性规范	9	26	21	1 级：基于危害分析与关键控制点和与食品安全直接相关的动物福利的所有食品安全要求
作物基础控制点与符合性规范	41	70	12	
大田作物控制点与符合性规范	7	10	3	
果蔬控制点与符合性规范	15	21	32	2 级：基于 1 级条款的环境保护、员工福利、动物福利的基本要求
畜禽基础控制点与符合性规范	76	15	13	
牛羊控制点与符合性规范	31	35	8	
奶牛控制点与符合性规范	36	21	10	3 级：基于 1 级和 2 级条款要求的环境保护、员工福利、动物福利的持续改善措施基本要求
生猪控制点与符合性规范	51	25	17	
家禽控制点与符合性规范	75	70	25	

三、我国 GAP 认证流程

我国 GAP 划分为一级认证和二级认证两个级别。一级认证要求必须 100%符合所有适用的一级控制点要求，所有模块所有适用的二级控制点至少 90%符合要求（果蔬类所适用的二级控制点必须至少 95%符合），不设定三级控制点最小符合百分比。二级认证要求所有适用的一级控制点必须 95%符合（果蔬类所适用的一级控制点必须 100%符合），不设定二级、三级控制点最小符合百分比。其认证标志见图 2-2。

一级认证　　　　　　　二级认证

图 2-2　我国 GAP 认证标志

以国内某认证机构为例，介绍 GAP 认证程序（见图 2-3）。

申请者向授权的认证机构提出申请意向，并索取相关的申请书以及公开文件。认证机构向申请者提供 GAP 认证申请书、调查表、标准手册、认证流程图、申诉或投诉处理程序、合同样本和认证费用清单；申请者将填写完毕的申请书、GAP 认证调查表以及认证要求文件等寄回认证机构。认证机构负责文件审核、合同评审并签署认证协议，申请者根据协议将相关费用汇至认证机构。认证机构派遣检查组，检查组负责审核文件的完整性和符合性，如有需要请申请者修改或补充，并编制检查计划；根据检查计划实施现场检查，收集相关检查证据；

根据现场检查情况编写检查报告,依据标准和适用的法律法规对受检查方的符合性和持续有效性做出评价。检查报告需得到受检查方的书面确认。检查员递交检查报告,颁证委员会根据检查报告和收集的资料进行合格评定,做出认证决议,并及时通知认证申请人。认证认可部根据颁证委员会的决定,打印、寄发证书和认证信函;建立认证信息数据库,卷宗归档。

认证机构和申请人在认证前应该签署认证合同,认证合同期限最长为 3 年,到期后可续签或延长 3 年。认证证书由认证机构颁发,有效期为 1 年。在首次颁发证书之前,认证机构应对申请人内部的质量管理体系进行一次审核,以后每年复审一次,符合要求的予以换证。

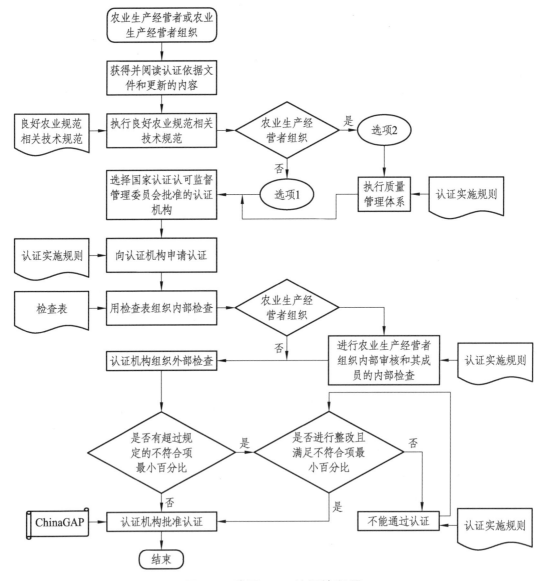

图 2-3 我国 GAP 认证流程图

项目三
食品加工环节安全控制

 知识目标

1. 认识农产品加工过程的质量控制管理标准。
2. 了解食品良好操作规范（GMP）的基本要求。
3. 熟悉 HACCP 计划的制定和实施。

 能力目标

能够运用控制管理标准（GMP、SSOP、HACCP）确保加工农产品的品质。

 素质目标

1. 培养学生具备良好的思想品德修养及职业道德。
2. 培养学生增强食品安全与农产品质量安全红线意识。
3. 增强爱岗敬业、勇于探索的意识。

某速冻食品加工的不同批次的产品品质相差很大，如何才能确保持续稳定的产品质量呢？

知识准备

 任务一 食品良好操作规范（GMP）

一、概　述

GMP 是英文 "Good Manufacturing Practice" 的首字母缩写，中文意思是 "良好操作规范"，是为保障产品质量而制定的贯穿生产全过程的一系列控制措施、方法和技术要求，是一种重视生产过程中产品品质与质量安全的自主性管理制度，也可以说是一种具体的产品质量保证体系，是政府强制性对食品生产包装、贮存卫生制定的规定。

GMP 最初来源于药品的生产。在 1963 年，美国食品药品管理局（Food and Drug

Administration，FDA）颁布了世界上第一部药品生产管理规范，即药品 GMP。食品 GMP 是从药品 GMP 中发展过来的，美国于 1969 年颁布了食品 GMP 基本规范，后来各国以此为基础建成了一系列食品 GMP，在食品工业中逐渐形成了一个 GMP 质量管理体系。

GMP 质量管理体系主要从企业的原料、人员、设施设备、生产过程、包装运输、质量控制等多方面提出要求，制定行为操作规范，帮助企业改善企业卫生环境，及时发现生产过程中存在的问题并加以改善，以保证产品的质量。质量控制从原料采购、生产加工到成品储存运输的整个生产环节，实现了食品从原料入场到成品销售的全过程质量控制，为食品生产企业实现布局的合理化、工艺的科学化提供了标准，以确保食品安全卫生。

二、食品良好操作规范（GMP）的主要内容

GMP 法规有针对一般食品的总的卫生规范要求，也就是通用卫生要求，也有分门别类针对不同产品加工企业的卫生规范要求，如肉类加工企业、水产品加工企业、低酸性罐头加工企业、瓶装饮料或饮用水加工企业的卫生规范等。原国家卫生和计划生育委员会于 2013 年 5 月公布了《食品安全国家标准 食品生产通用卫生规范》（GB 14881-2013），作为中国食品 GMP 总则，适用于各类食品的生产。

（1）食品原料采购、运输和贮藏的 GMP。① 采购：包含对采购人员、采购的原辅材料、采购的包装物及容器的要求；② 运输：包含对运输工具、运输方式、运输条件提出了良好操作规范；③ 贮藏：对贮藏设施、设备提出了严格的规定。

（2）食品生产加工工厂设计及设施的 GMP。包含对食品生产加工工厂的选址、厂区环境、建筑设施的规范要求。

（3）食品生产用水的 GMP。

（4）食品生产企业的组织和制度的 GMP。① 需要建立健全相应的质量管理机构。② 具备食品生产设备、设施的卫生管理制度。③ 对食品有害的物质的管理制度。④ 过剩产物、废弃物的卫生管理制度。

（5）食品生产过程的 GMP。① 对食品原料的验收、检验的规范要求。② 对工艺流程和工艺配方的管理。③ 对食品生产工具、容器的卫生管理。④ 对食品生产工作人员的卫生管理。

（6）食品检验的 GMP。要求企业建立与实际生产能力相适应的检验机构、合理的检验内容及方法等方面的规定。

（7）人员的 GMP。包含对食品生产操作人员的健康卫生管理要求以及全体员工的培训制度等。

三、食品的 GMP 要素分析

GMP 管理体系基本要素主要体现为"4M"法则：① 人员，是指要有适合的人员来生产与管理。② 原料，是指要用良好的原材料。③ 设备，是指要采用适合的厂房和机器设备。④ 方法，是指要采用适当的工艺来生产食品。

要保证所生产的食品满足安全卫生的基本要求，需要考虑多方面的影响因素：既需要有合理的质量管理体系、合格的原料、辅料、生产车间、生产设备等，也需要有可靠的产品检

验，以及适合的工作人员，运用风险分析原理对产品整个过程进行全面分析，确定什么因素是可以控制的。

建立并实施 GMP 体系的主要宗旨是：① 降低生产过程中人为的错误。② 防止食品在生产过程中遭到污染或品质劣变。③ 建立自主性的品质保证体系。

基于 GMP 的食品质量和安全控制体系是在遵循 GMP 的基本原则上，对物料、厂区环境、设施设备、质量管理体系、产品的追溯和召回以及人员等多个要素进行研究，最大限度地降低人为误差，建立并完善食品质量全程监控体系，最终确保食品的安全卫生。

任务书

为某果脯加工企业编写食品良好生产规范管理文件。

学习活动一　接受任务

对班级学生进行分组，每组控制在 6 人以内，各小组接收任务书，自选研究对象。

学习活动二　制订计划

各小组参观企业，查找资料，学习讨论，制订工作任务计划。

（1）资料准备。

（2）查找食品良好生产规范案例相关标准、案例（自学、小组讨论）。

（3）小组分工，制订计划。

学习活动三　编制文件

学生根据小组内分工，明确职责，针对各自承担的任务内容，查找资料，研究讨论，形成报告。教师组织发动全班同学讨论、评价各小组的学习情况，全班同学共享学习资源，巩固所学知识和内容。

学习活动四　学习验收

（1）自我评价：线上题库自评。

（2）小组互评：各小组互相评价。

（3）教师评价：对学习过程和学习效果的总体评价。

（4）学生评教：教学项目实施完后，让学生对整个教学过程进行评价。评价内容包括：项目内容是否适量，重点是否突出；是否掌握生物污染相关知识；是否运用多种教学方法和手段；是否渗透新知识。根据学生反馈上来的信息，对教学项目进行修改。

任务二　卫生标准操作程序（SSOP）

SSOP 是卫生标准操作程序（Sanitation Standard Operation Procedure）的简称。它是食品加工企业为了保证达到 GMP（良好操作规范，Good Manufacturing Practice）所规定的要求，确保加工过程中消除不良的人为因素，使其加工的食品符合卫生要求而制定的指导食品生产加工过程的指导文件。

GMP 的规定是原则性的，是相关食品加工企业必须达到的基本条件。SSOP 的规定是具体的，主要是指导卫生操作和卫生管理的具体实施。制订 SSOP 计划的依据是 GMP，GMP 是

SSOP 的法律基础，使企业达到 GMP 的要求，生产安全卫生的食品是制定和执行 SSOP 的最终目的。GMP、SSOP 控制的是一般的食品卫生方面的危害，HACCP 重点控制食品安全方面的显著性危害。SSOP 与 GMP 是 HACCP 的前提条件。

卫生标准操作程序（SSOP）主要从水和冰的安全、食品接触表面的清洁、防止交叉污染、操作人员洗手消毒和卫生间设备的维护、防止外部污染、有毒化合物的正确标记贮存和使用、员工健康与卫生控制、虫害控制等 8 个方面加以控制。下面以某食品厂卫生标准操作程序（SSOP）为例，做相关介绍。

一、水的卫生（见表 3-1）

表 3-1　卫生操作要求/检测操作要求

序号	责任部门/岗位	卫生操作要求/检测操作要求
1	设备动力部	绘制公司供排水管网和水龙头编号图，对厂区所有水龙头编号，负责供水系统的检查和保养
2	设备动力部	对公司的供水管网进行日常检查和保养，确保供水管网保持良好的卫生状况，同时检查确定生产用水废水系统之间是否存在交叉联结，将情况记入《设备设施巡检记录》中
3	设备动力部	蓄水池/塔密封、保证所贮的水源不受污染。蓄水池每月清洗消毒一次。清洗消毒程序：清除杂物、刷去青苔、水冲洗、200 ppm 消毒液喷洒、75%的酒精喷洒消毒
4	品管部	按策划的频率对生产用水进行各项指标的检测
5	生产制造部	保持生产加工过程用水卫生，软水管不得拖在地面，应盘好挂在墙边或放于固定的支架上
6	品管部	每年至少一次送公司水样到当地防疫站(官方)进行全项水质分析检测(按国家标准或客户/出口国标准)，检测报告原件由品管部存档
7	品管部/化验员	每月对生产现场的水龙头抽样检测：气味、滋味、肉眼可见固形物、pH值、细菌总数、大肠杆菌；检验结果记录在《水检验记录》，品管部经理对记录进行定期审核
8	品管部/现场品管	品管部对生产用水情况进行日常监督检查，并将检查情况记录入《水检验记录》

二、食品接触表面的清洁

食品接触面的结构与材料符合食品加工卫生要求。所有与食品接触的设备以及食品生产相关设施、器具都要使用易清洁消毒和保持食品安全的无毒、不生锈、坚固耐用的材料制成，并符合国家相关食品卫生标准要求，避免竹木器具、纤维类物品材料的用具直接接触食品。

工作服、设备、工器具、员工手（手套）按《各食品接触表面清洗消毒要求》控制，清洁作业区车间下班后开启臭氧机消毒 2 h 以上，内包装中的玻璃瓶使用前使用清水进行清洗，包装袋、PP 碗、碗膜使用前使用紫外灯进行消毒。

对每次设备、工器具的清洗情况进行检查，如有不符合，立即纠正。要求所有清洗后的操作台、工器具，目视必须洁净，没有食物残渣、小碎屑和其他物质，无异常的气味；对进入车间的加工人员的手套、工作服、鞋帽等进行外观检查，必须保持清洁、卫生、无破损。具体见表3-2。

表 3-2　各食品接触表面清洗消毒要求

名称	消毒剂	浓度	消毒时间	消毒程序	频率
不锈钢水槽、桶	次氯酸钠	200 ppm	2分钟以上	清水冲洗—消毒液浸泡—清水冲洗	每天一次
	食用酒精	75%	/	清水冲洗—酒精喷洒	每天一次
操作台面	次氯酸钠	200 ppm	2分钟以上	清水冲洗—消毒液泼洒—清水冲洗	每天一次
	食用酒精	75%	/	清水冲洗—酒精喷洒	每天一次
捞勺、塑料筐、刀具	次氯酸钠	200 ppm	2分钟以上	清水冲洗—消毒液浸泡—清水冲洗	每天至少一次
	食用酒精	75%	/	清水冲洗—酒精喷洒	每天一次
磅秤、电子秤	食用酒精	75%		抹布擦干净，酒精擦拭	每天至少一次
封口机	食用酒精	75%		每班前班后	每天至少一次
工作服、帽等	洗涤剂			清水洗—洗涤剂浸泡—洗衣机洗—清水洗净—晾干—紫外灯消毒不少于30 min	每天一次
手、手套	皂液、次氯酸钠	50 ppm	15秒以上	清水洗—皂液洗—清水冲净皂液—消毒液浸泡 15 秒—清水冲洗—干燥	每次进入清洁区、高清洁区前/每次入厕所后/手被污染后

三、防止交叉污染（见表 3-3）

表 3-3　卫生操作要求/检测操作要求

序号	责任部门/岗位	卫生操作要求/检测操作要求
1	行政人事部	厂区内不得有任何造成污染的源头。每天的垃圾和废物要及时处理，按《厂区公共卫生管理制度》执行
2	生产制造部	工艺流程布局合理：预处理车间、包装车间分开。内包装、外包装分开
3	仓储部	原料、半成品、成品贮存分开。
4	生产制造部	人流：高清洁作业区和一般作业区分开，不得互相串岗。清洁区包括：醪糟一车间、二车间灌装间、调味品炒制间、灌装间、酒车间配料间、灌装间、米酒车间配料间、灌装间、方便醪糟车间，清洁区员工工作服为白色，一般作业区员工工作服为蓝色。 物流：不同清洁度物料、工器具分开，避免造成交叉污染。 水流、气流：从高清洁区到低清洁区

序号	责任部门/岗位	卫生操作要求/检测操作要求
5	生产制造部/各车间	按有毒有害化学物品管理要求严格控制杀虫剂、清洁剂、消毒剂、润滑剂等可能影响食品卫生的化学物品
		不同区域的工具不得交叉使用；同一清洁区不同清洁度要求的工器具、物品不得混放，以防造成污染。
		工器具及设备使用前应严格按照要求进行清洗消毒
		生产过程中应保持地面无积水。
		如果生产中受到废水、污物污染，车间主任或班长必须立即停工。生产线污染处必须彻底清洗消毒，经检查合格后方能启动生产线，检查结果记录
		与产品接触的容器，如：盆、水软管、筐等不得直接与地面接触，要有支架；落地食品应废弃或单独处理；废弃物由专用容器存放，并有标识，及时处理
		食品加工人员应保持个人清洁卫生，进车间前都必须穿戴消毒后的工作服（帽）；工作服不得穿戴出车间；严格执行《个人卫生规范》
		员工如厕前必须换下工作服、鞋、帽、口罩，入厕后按洗手消毒程序洗手消毒，进入车间时仍需执行洗手消毒程序
6	品管部/现场品管	现场品管对车间现场进行监督：（1）在开工、因事出车间后重回车间生产；（2）生产中连续监控；（3）生产中途停顿后重开工；（4）产品贮存区域每日检查

四、洗手消毒及厕所卫生设施维护（见表3-4）

表3-4　卫生操作要求/检测操作要求

序号	责任部门/岗位	卫生操作要求/检测操作要求
1	设备动力部	1、按食品卫生要求在车间入口处、车间内、卫生间等处设置洗手消毒设施和干手设施。 2、洗手设施为非手动开关。 3、卫生间与车间分开，有防蝇防虫设施。卫生间内清洁卫生，设施使用方便、排污通畅
2	生产制造部/班组长	1、负责配制消毒液，要求浓度要准确，更换应及时，并做好记录；保持手消毒液有效氯浓度50 ppm，工器具消毒液有效氯浓度200 ppm，靴消毒液有效氯浓度200～300 ppm；消毒手、工器具用的食用酒精浓度为75%。 2、及时配置和添补洗手液、消毒液、纸巾等清洁卫生用品
3	行政人事部/保洁员	每天负责对厕所进行清洗、消毒，卫生间保持通风良好
4	生产制造部/员工	员工进入车间严格执行卫生规范。 洗手消毒程序：清水润手→洗手液洗手→清水冲手→消毒液泡手（15秒以上）→清水冲手→干手

序号	责任部门/岗位	卫生操作要求/检测操作要求
5	生产制造部/员工	员工如厕前必须换下工作服、帽,如厕后按洗手消毒程序洗手消毒,进入车间时仍须执行洗手消毒程序
6	品管部/现场品管	加工前及加工过程中每4小时检查一次洗手消毒设施和消毒液,结果填入"消毒液浓度监控记录" 保持手消毒液有效氯浓度 50 ppm,工器具消毒液有效氯浓度 200 ppm,或手和工器具用 75%的酒精消毒,靴消毒液有效氯浓度 200～300 ppm

五、控制外部污染物

设备维修所需的非食品级润滑剂、燃料、气体、金属材料等必须在生产停止后方可进入生产车间使用,如遇紧急情况须在未停产的情况下使用,则必须采取严密的隔离措施,以防止污染产品。维修结束后,必须彻底清洗消毒,重新生产前要进行检查。

外购的包装材料必须提供材料无毒、无害、安全卫生的证明材料,内包装材料必须有卫生检验合格报告。对外购的包装材料进行核查,品管部定期对内包材进行微生物抽查,确保投入使用的包装卫生合格,产品证明和微生物检测结果存档。具体见表3-5。

表3-5 食品主要污染物来源及控制要求

污染物来源	控制要求
不卫生的原料、产品保存或堆放	原料、成品保管和生产操作人员及搬运人员将原料、产品在规定区域摆放整齐,原料及产品不得直接放在地面,并要将容器封好(如周转筐内用干净塑料布盖好)
冷凝水和不清洁水滴	有蒸气的车间保持通风,车间主任和班组长及时组织员工将发现的冷凝水清除;原料和产品在未密封的容器时,须离地离墙,并不得放在污水(包括清洁清洗水)排放或溢溅的附近
外部环境及内部环境空气中的灰尘、化学污染物等	当公司附近有扬尘或浓烟及其他空气污染状况时(如有土建施工、焚烧秸秆时),须关严车间门窗,并及时清扫干净厂区
有毒有害化学物品:润滑剂、清洁剂、消毒剂、杀虫剂、化验用药品等	按公司规定进行有毒有害物品的控制(具体见本文件"6 有毒有害物品的管理"部分)
无保护装置的照明设施	将产品加工区上方的照明设施全部加装防护装置
不卫生的包装材料	包装材料验收卫生合格后方可收货;保持包装材料库的干燥清洁、通风、防霉,内外包装材料分开存放,内包装材料离地离墙,并做好防护;包装材料在搬运和使用时注意不接触不符合食品卫生要求的物品
员工卫生不规范	员工须按员工个人卫生规范保持个人卫生,并按本工序的卫生操作要求进行操作
生产废弃物未及时清理	生产车间的废弃物有明显标识的容器收集,及时清理出车间,每天至少一次全面清理

六、有毒化合物的正确标记贮存和使用

（1）购置使用的化学物品应当有国家生产许可证明、卫生质检报告和使用说明书。

（2）所有允许入厂的有毒物质应分别存放，设专人保管，并在《化学药品保管使用记录》上记录。

（3）灭鼠药等毒性较大的有毒化学品不得在厂内使用，杀虫剂等应在车间外使用。

（4）清洁剂、消毒剂、杀虫剂等有毒化学品应单独用带锁的柜子存放，并明显标记。

（5）车间内使用的消毒剂应在车间有单间存放，上锁，并设专人保管，领用时做好记录。

七、员工的健康与卫生控制

（1）接触食品的员工（包括临时工）应接受健康检查，并取得体检合格证明者，方可参加食品生产。

（2）员工要先经过卫生培训教育，方可上岗。

（3）进车间前，必须穿戴整洁统一的工作服、帽、靴、鞋，工作服应盖住外衣，头发不得露于帽外，并要按程序洗手消毒、鞋靴消毒。

（4）直接与原料、半成品和成品接触的人员不准戴耳环、戒指、手镯、项链、手表等首饰，不准浓艳化妆、染指甲、喷洒香水进入车间。

（5）手接触脏物、进厕所、吸烟、用餐后，都必须把双手洗净才能进行工作。

（6）上班前不许酗酒，工作时不准吸烟、饮酒、吃食物、对着原料/半成品/产品打喷嚏及做其他有碍食品卫生的活动，严禁随意吐痰等不卫生行为。

（7）操作人员手部受到外伤，不得接触食品，经过包扎治疗戴上防护手套后，方可参加不直接接触食品的工作。

（8）不准穿工作服、鞋进厕所或离开生产加工场所。

（9）生产车间不得带入或存放个人生活用品，如衣物、食品、烟酒、药品、化妆品等。

（10）员工应勤洗澡、勤换衣、勤理发、勤剪指甲，不得留长胡须、长指甲，保持个人卫生。

八、虫鼠害防治

（1）厂房与设施符合《食品生产通用卫生规范》，并经常维修，保持良好状态，能防止虫鼠进入加工区和贮存区。

（2）保持所有生产车间、库房、卫生间等场所的纱窗完好无损，与外界相通的门、通道有塑料帘，确保生产加工处于封闭状态。车间与外界相通的排水口设置防鼠网；车间各入口处、过道处等适当地点应配置诱捕式灭蝇灯。

（3）厂区无排水不良场所，无不适当的设备及杂物堆放，无虫鼠害滋生地。

（4）厂内的生产废料和垃圾要在专用场所存放，并于当日清理出厂；清除厂区内一切可能聚集、滋生蚊蝇的场所。

（5）厂区环境采用药物喷洒灭虫，春秋季节每月2次，夏季每月4次。

（6）根据防鼠要求，在车间入口处和厂区鼠类可能出没的位置，安放鼠夹/鼠笼或粘鼠板，

将死鼠统一处理。

　　加工企业必须建立和实施 SSOP，以强化加工前、加工中和加工后的卫生状况和卫生行为；SSOP 应描述加工者如何保证某一个关键的卫生条件和操作得到满足；SSOP 应该描述加工企业的操作如何受到监控以保证达到 GMP 规定的条件和要求；每个加工企业必须保持 SSOP 记录，至少应记录与加工厂相关的关键卫生条件和操作受到监控和纠偏的结果；官方执法部门或第三方认证机构应鼓励和督促企业制订书面 SSOP 计划。

　　为某粮油加工企业编制卫生标准操作程序文件。

学习活动一　接受任务

　　对班级学生进行分组，每组控制在 6 人以内，各小组接收任务书，自选研究对象。

学习活动二　制订计划

　　各小组参观企业，查找资料，学习讨论，制订工作任务计划。

1. 资料准备。

2. 查找食品卫生标准操作程序案例（自学、小组讨论）。

3. 小组分工，制订计划。

学习活动三　编制文件

　　学生根据小组内分工，明确职责，针对各自承担的任务内容，查找资料，研究讨论，形成报告。教师组织发动全班同学讨论、评价各小组的学习情况，全班同学共享学习资源，巩固所学知识和内容。

学习活动四　学习验收

（1）自我评价：线上题库自评。

（2）小组互评：各小组互相评价。

（3）教师评价：对学习过程和学习效果的总体评价。

（4）学生评教：教学项目实施完后，让学生对整个教学过程进行评价。评价内容包括：项目内容是否适量，重点是否突出；是否掌握生物污染相关知识；是否运用多种教学方法和手段；是否渗透新知识。根据学生反馈上来的信息，对教学项目进行修改。

思考题

1. 粮油加工企业的主要食品安全控制点是什么？这些风险点预防措施是什么？

2. 请分析 GMP 与 SSOP 的关系。

任务三　HACCP（危害分析与关键控制点）管理体系

一、HACCP 的基本概念与特点

　　HACCP（Hazard Analysis Critical Control Point）管理体系对保证食品安全发挥了重大作

用。HACCP 是由美国承担宇航食品生产的 PILLSBURY 公司在 20 世纪 60 年代专门针对食品生产加工安全卫生的预防控制进行设计、开发的一种管理体系，最初是为了制造 100%安全的太空食品。

HACCP 体系是一种不依赖最终产品品质检测的预防性食品安全控制体系。该体系对生产过程中的各个环节可能存在的危害进行分析鉴别并制定相应的控制危害措施，最大限度地防止食品事故的发生，具有预防性、可追溯性、经济性等特点，是从原料到成品的全过程控制，促使生产者具有自检、自控、自纠能力。

二、HACCP 计划的制订步骤

HACCP 作为一个完整的预防性食品安全管理体系，是企业在建立 GMP 和 SSOP 基础上的一个更高级的体系。企业在建立 GMP 与 SSOP 的基础上，可制订和实施 HACCP 计划。

制订 HACCP 计划的程序如下：组建 HACCP 小组→产品描述→确定产品预期用途及消费对象→绘制工艺流程图→现场验证工艺流程图→列出所有可能存在的危害，进行危害分析，确定控制措施→利用判断树原则确定关键控制点（CCP）→确定关键限值（CL）→确定每个监控点的监控程序→建立纠偏措施→建立验证程序→建立文件和记录管理系统。此计划已广泛应用于水产品、熟肉制品、乳制品、果汁饮料、餐饮业等的安全控制。

三、HACCP 七大原理

（一）原理一　危害分析和确定预防措施

食品安全危害是指引起食品不安全的任何生物的、化学的、物理的危害。

显著危害是指有可能发生的，如不加以控制，就会导致消费者不可接受的健康或安全风险的危害。

危害分析是指根据从原料、加工到销售各个过程或工序结合产品预期用途是否产生显著危害，并采取相应的控制措施。

1. 危害的分类

根据性质可分为：① 生物危害：致病菌、病毒、寄生虫等。② 化学危害：天然毒素、化学制品、药物残留、影响食品安全的腐败等。③ 物理危害：金属、玻璃、石头、辐射等。

根据来源可分为：① 与原料自身有关的。② 与加工过程有关的。

2. 危害分析

危害分析是食品安全管理体系建立的核心，一个有效的 HACCP 体系不在于关键控制点的多少，而在于危害分析是否充分。危害分析必须建立在合理、可靠、科学的基础上。对危害发生的可能性和后果的严重性所作的评估是危害分析必不可少的部分，应尽量应用可能得到的所有信息资源。

3. 控制措施

控制措施包括用来防止或消除食品安全危害或使它降低到可接受水平所采取的任何措施

和活动。

一是生物危害的控制措施。① 细菌：时间/温度控制；冷却和冷冻；发酵/pH 值控制；盐或其他防腐剂、干燥等。② 病毒：蒸煮。③ 寄生虫：加热、干燥、冷冻失活/去除。

二是化学危害的控制措施：① 来源控制：区域、供方证明和原料检测等。② 生产控制：添加剂用量、设备清洗、使用选择等。③ 贮存控制：贮存时间、贮存方法与条件等。④ 标识控制：成品标出消费群体、敏感人群、配料、已知过敏物质等。

三是物理危害的控制措施：① 来源控制：供方证明、原料检测等。② 生产控制：金属探测、过筛、感官检出、X 射线等。

四是填写危害分析工作单（见表 3-6）。

表 3-6　危害分析工作单

（1）加工步骤	（2）确定本步骤引入、控制或增加的危害	（3）潜在的食品安全危害是否显著	（4）说明对（3）的判断依据	（5）防止危害的预防措施	（6）是否是关键控制点
	生物危害： 化学危害： 物理危害：				

（二）原理二　确定关键控制点（CCPs）

1. 关键控制点

关键控制点（CCP）是指为预防、消除食品安全危害或将其降低到可接受水平而必须采取的加工点、控制步骤、工序或程序。

（1）防止危害。① 进货控制：可防止病原体或药物残留的污染（如供应商的证明）。② 制定配方或加入原料控制：可预防化学性危害或防止成品中病原体的生长（如 pH 值调节、加入防腐剂）。③ 冷藏或冷却：可控制病原体的生长。

（2）消除危害。① 蒸煮：可杀死病原体。② 金属探测：可由加工线上去除受金属屑污染的产品。③ 冷冻：可杀死寄生虫。

（3）危害降低到可接受水平。① 人工挑选/自动收集器：可把混杂在原料/成品中的异物减少到最低限度。② 从获得批准的来源（地区、水域等）进货：可将某些生物和化学降低到最低限度。

2. 关键控制点与显著危害的关系

（1）一点控制多种危害（见图 3-1）。

（2）多点控制一种危害（见图 3-2）。

（3）关键控制点判断树（见图 3-3）。

注意：判断树是非常实用的工具，但并不是 HACCP 法规的必要因素，不能代替专业知识，更不能忽略相关法规的要求。

图 3-1　一点控制多种危害　　　　　　图 3-2　多点控制一种危害

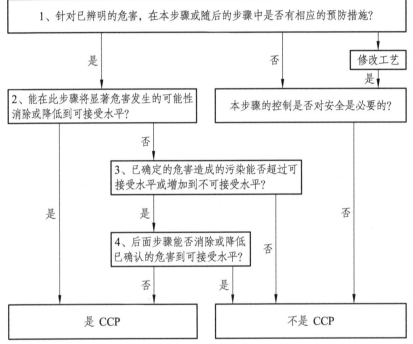

图 3-3　关键控制点判断树

特别提醒：

（1）关键控制点是对于那些可量化控制有关食品安全卫生显著危害或为满足相关法律法规规定的控制点而言的。

（2）质量控制点是对于在流程图中，除关键控制点以外的有关品质、质量相关的工艺要求的注意点而言的。

（3）确定 CCP 要参考有关科技资料或经验判断。

（4）CCP 随产品原料、加工方式、配方、加工线……变化而变化，即使同一种产品在不同生产线上，CCP 也可以不同，因为 CCP 随着厂房、加工工艺、设备、配料、SSOP 等因素而变化。

（5）CCP 判断树是判断一个加工步骤是否是 CCP 的有用工具，用以评估所有原料、加工步骤及其管理措施，但不能代替专业知识，更不能忽略相关法规的要求。

（6）在关键控制点全部消除显著危害是不可能的，将危害减至最低是 HACCP 计划唯一合理的目标。

3. 危害分析表（见表 3-7）

表 3-7　危害分析表

（1）加工步骤	（2）确定本步骤引入、控制或增加的危害	（3）潜在的食品安全危害是否显著	（4）说明对（3）的判断依据	（5）防止危害的预防措施	（6）是否是关键控制点
	生物危害： 化学危害： 物理危害：				

（三）原理三　制定关键限值（CL）

关键限值是指一种区分食品安全可接受与不可接受之间的界限（即与关键控制点有关的各种预防措施必须满足的标准/安全限值）。

关键限值的选择原则是科学性和可操作性。

关键限值针对每一个 CCP 所控制的危害类型，通过检验和观测能确定和监控的可测量参数。通常采用温度、时间、湿度、pH 值、有效率及感官指标等。

1. 关键限值的信息来源

（1）一般来源：实例。

（2）科学刊物：学术论文、食品教科书和参考书。

（3）法规性指南：国家地方指南、操作水平等。

（4）标准：国家标准、行业标准、国际标准等。

（5）专家：顾问、食品科学和（或）微生物学家、设备制造商、大学附设机构等。

（6）实验研究：室内试验、对比实验等。

2. HACCP 计划表（见表 3-8）

表 3-8　HACCP 计划表

关键控制点	危害	关键限值	监控				纠正措施	记录	验证
			什么	方法	频率	谁			

（四）原理四　建立监控关键控制点的控制情况的程序

监控是指执行计划好的一系列观察和测量，从而评价一个关键控制点是否受到控制，并做出准确的记录以备将来验证时使用（见图 3-4）。

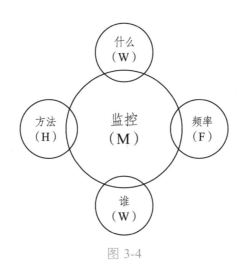

图 3-4

1. 监控的目的

跟踪加工过程，查明和注意可能偏离关键控制限度的趋势并及时采取措施进行加工调整。查明何时失控（某个 CCP 产生了偏离）以及为加工控制系提供书面材料。

2. 监控的方法

要求快速提供监控结果，因此建议应用物理和化学测量的方法，并考虑到设备的偏差。

3. 监控的频率

连续的监控，如冷库温度、金属探测。非连续的监控，如产品中心温度、厚度、设备运行速度。

4. 监控人员

流水线上的人员，设备操作者，监督员，维修人员，质量保障人员。

5. 监控人员的要求

（1）接受有关 CCP 监控技术的培训。
（2）完全理解 CCP 监控的重要性。
（3）能及时进行监控活动。
（4）准确报告每次监控工作。
（5）随时报告违反关键限值的情况，以便及时采取纠偏活动。

6. HACCP 计划表（见表 3-9）

表 3-9　HACCP 计划表

关键控制点	危害	关键限值	监控				纠正措施	记录	验证
			什么	方法	频率	谁			

（五）原理五 建立在监控结果表明某个特定关键控制点失控时的纠正程序

纠正措施是指针对关键限值发生偏离时采取的步骤与方法。当关键限值发生偏离时，应当采取预先制定好的文件性的纠正程序。这些措施应列出恢复控制的程序和对受影响的产品的处理方式。

1. 纠正措施应考虑的方面

更正和消除产生问题的原因，以便关键控制点能重新恢复控制，并避免偏离再次发生。隔离、评价以及确定有问题产品的处理方法。

2. 问题产品的处理方法

（1）隔离和保存要进行安全评估的产品。

（2）转移到另一条不认为次偏离是至关重要的生产线上。

（3）重新加工。

（4）拒收原料。

（5）销毁产品。

注意：因为所发生的偏离往往是不可预测的，所以预先设计的纠正计划不一定能满足要求，本原理更注重于建立一个完善的纠正程序。

3. HACCP 计划表（见表 3-10）

表 3-10　HACCP 计划表

关键控制点	危害	关键限值	监控				纠正措施	记录	验证
			什么	方法	频率	谁			

（六）原理六 建立关于所有程序的文件并保持以上原理和应用的适当记录

记录是为了证明体系按计划的要求有效运行，证明实际操作符合相关法律法规要求。所有与 HACCP 体系相关的文件和活动都必须加以记录和控制。

1. 纪录保持

（1）制订 HACCP 方案时所用的参考文献。

（2）CCP 监控记录。

（3）纠错行动记录。

（4）审核工作记录。

2. 记录要求

（1）监控记录要现场填写。

（2）计算机记录要防止篡改。

（3）记录应有复查者的签名并注明日期。

3. HACCP 计划表（见表 3-11）

表 3-11 HACCP 计划表

关键控制点	危害	关键限值	监控				纠正措施	记录	验证
			什么	方法	频率	谁			

（七）原理七 建立验证 HACCP 体系在有效运行的验证程序

验证提高了置信水平。HACCP 计划建立在严谨的、科学的原则基础上，足以控制产品和工艺过程中出现的危害，而且这种控制正在被贯彻执行。

1. 验证的定义

验证是指除监控的那些方法之外，用以确定 HACCP 体系是否按照 HACCP 计划运作或计划是否需要修改及再被确认生效所使用的方法、程序或检测及审核手段。

2. 验证要素

（1）确认。获取能表明 HACCP 方案诸要素之有效的证据。

（2）CCP 验证活动。监控设备的校正、针对性的取样和检测、CCP 记录的复查。

（3）HACCP 系统的验证：内部审核、外部审核。

3. HACCP 体系的验证

（1）HACCP 的适宜性：危害分析是否充分，关键控制点设置是否合理，CL 和 OL 的设置是否科学，监控程序设置是否合理，支持性文件是否科学有效。

（2）HACCP 的一致性：监控仪器的校准，监控程序是否被有效地执行，纠正程序是否被有效地执行，所有操作记录是否真实可靠，验证程序是否被有效地执行。

（3）HACCP 的有效性：客户的投诉记录，行政机关或服务机构的检测报告，工厂自己的实验室检测报告，第三方机构的审核，执法机构的审核。

4. 验证人员

HACCP 小组，受培训的有实际经验的人员，客户，有资格的第三方认证机构，官方机构。

5. 验证时间

（1）首次确认在 HACCP 计划执行之前。

（2）再次确认出现以下情况之一时：① 原料的改变；② 产品或加工形式的改变；③ 验证与预期结果相反；④ 反复出现偏差；⑤ 获得危害或控制的新信息；⑥ 必要时，根据观察到的结果；⑦ 当分销方式和消费方式发生变化时。

6. HACCP 计划表（见表 3-12）

表 3-12 HACCP 计划表

关键控制点	危害	关键限值	监控				纠正措施	记录	验证
			什么	方法	频率	谁			

7. HACCP 循环控制模式（见图 3-5）

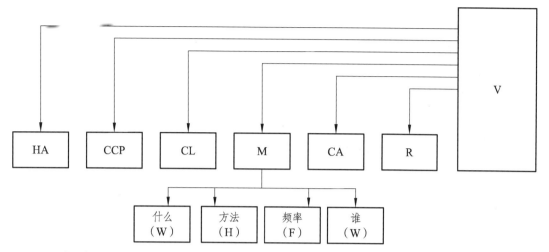

HA —— 进行危害分析

CCP —— 确定关键控制点

CL —— 确定关键限值

M —— 对关键控制点进行监控

CA —— 建立纠偏程序

R —— 建立记录

图 3-5　HACCP 循环控制模式

四、HACCP 的建立与实施

（一）为什么要用 HACCP

HACCP 是经过证实的、以预防为基础的食品安全管理体系。确认加工过程中可能发生的危害，并对其实施所需要的控制措施，就能够确保食品安全的有效管理，减少对传统感官检查和检验的依赖。

（二）什么环节可以使用 HACCP

HACCP 的应用从原料生产经加工、配送到最终消费者，可贯穿整个食品供应链，也可用于初包装这样的生产企业。

（三）前提（必备条件）

GMP 和 SSOP 是对加工环境的控制，是 HACCP 的必备程序，是实施 HACCP 的基础。离开 GMP 和 SSOP 的 HACCP 将无法起到预防和控制食品安全的作用。除此之外，还应具备人员培训计划、原料管理、操作管理、追溯和召回程序等基础条件。

（四）前期步骤

管理层应承诺：得到企业高层人员的支持，并授权 HACCP 小组制订和实施 HACCP 计划。主要内容包括：批准开支，批准实施企业的 HACCP 计划，批准有关业务并确保该项目工作的持续进行和有效性，任命项目经理和 HACCP 小组，确保 HACCP 小组所需的必要资源，建立一个报告程序，确保工作计划的现实性和可行性。

HACCP 培训：原则上 HACCP 小组成员必须接受全面且充分的 HACCP 培训。

1. 组成 HACCP 小组

小组成员应具备专业知识和经验，明确资格；涉及多学科与咨询专家；明确 HACCP 计划的范围；明确危害种类的界定。

经培训有资格的 HACCP 专业人员应负责进行危害分析、制订 HACCP 计划、在采取纠正措施时涉及的验证与修改 HACCP 计划、HACCP 计划的确认、有关记录的审核。

2. 产品描述

对产品的全面描述，能正确说明产品的性能、用途和食用方法（即食或加热后食用），包括相关的安全信息，如成分、物理/化学性质、加工方式（热加工、冷冻、盐渍、烟熏、压榨等）、包装（产品直接接触的包装，如散装、纸箱、桶、筒仓，以及包装条件，如真空包装等）、保质期、贮存条件（如温度、湿度等）、装运方式（用于减少危害影响和风险的特殊要求及具体的运输方式）、销售方法等（见表 3-13）。

表 3-13　产品描述表

产品描述表	
加工类别：	
产品类别：	
产品名称	
主要配料	
产品特性	
预期用途及消费人群	
食用方法	
包装类型	
贮存条件	
保质期	
标签说明	
运输条件	
销售要求	

3. 确定产品预期用途

明确产品的预期用途，拟定用途应基于最终用户和消费者对产品的使用期望，在特定情况下，还必须考虑易受伤害的消费人群。

4. 制作流程图

工艺流程图是对危害分析的基础，必须包括从原料到终产品的每一个步骤，应包括原料和包装细节、所有加工过程、储存条件、温度与时间特征、产区内部和产区之间的运送、设备/设计特征。

5. 现场确认流程图

必须现场跟随加工全过程，核对每一个步骤，验证流程图。

（五）进行危害分析

具体工作包括建立危害分析表、确定潜在危害、分析潜在危害是否是显著危害、判断是否是显著危害的依据、显著危害的预防措施（原理一）、确定是否是关键控制点（原理二）。

（六）编制 HACCP 计划表

具体过程包括填写 HACCP 计划表、确定关键限值（原理三）、建立监控程序（原理四）、建立纠正措施（原理五）、建立验证程序（原理六）、建立记录管理程序（原理七）。

> 任务书一

肉制品 HACCP 计划的建立

一、肉制品的生产要求

（一）生产场所

厂区、厂房和车间、库房要求应符合 GB 14881—2013《食品安全国家标准 食品生产通用卫生规范》中生产场所相关规定。企业应根据产品特点及工艺要求设置相应的生产场所。

1. 热加工熟肉制品常规生产场所

一般包括生料加工区（原料解冻、选料、修整、配料、搅碎、滚揉、腌制、成型或填充等）、热加工区、熟料加工区（冷却、包装等）、仓库等。

2. 发酵肉制品常规生产场所

一般包括生料加工区（原料解冻、选料、修整、配料、搅碎、腌制、成型或填充等）、发酵间、熟料加工区（后处理、包装等）、仓库等。

3. 预制调理肉制品常规生产场所

一般包括原料处理区（原料解冻、选料、修整等）、配料区、加工区（搅碎、滚揉、腌制、加热、冻结等）、包装区、仓库等。

4. 腌腊肉制品常规生产场所

一般包括原料处理区（原料解冻、选料、修整等）、配料区、腌制成型（滚揉、腌制、成型或灌装等）、晾晒干制区（晾挂、烟熏等）、包装区、仓库等。

5. 可食用动物肠衣常规生产场所

一般包括原料加工区（天然肠衣：原料处理、浸泡冲洗、刮制、量码上盐等；胶原蛋白肠衣：原料切割、酸碱处理、切片、研磨搅拌、过滤等）、成品加工区（天然肠衣：浸洗、拆把、分路定级、上盐、缠把、包装等；胶原蛋白肠衣：挤压、充气成型、干燥固化、熟化、包装等）、仓库等。

此外，对生产车间也应满足如下要求：

（1）生产车间应具有足够空间和高度，满足设备设施安装与维修、生产作业、卫生清洁、物料转运、采光与通风及卫生检查的需要。

（2）生产车间应与厂区污水、污物处理设施分开并间隔适当距离。

（3）生产车间内应设置专门区域存放加工废弃物。

（4）生产车间应与易产生粉尘的场所（如锅炉房）间隔一定距离，并设在主导风向的上风向位置，难以避开时应采取必要的防范措施。

（5）生产车间应按生产工艺、卫生控制要求有序合理布局，根据生产流程、操作需要和清洁度要求进行分离或分隔，避免交叉污染。生产车间划分为清洁作业区、准清洁作业区和一般作业区，不同生产作业区之间应采取有效分离或分隔。各生产作业区应有显著的标识加以区分。

（6）准清洁作业区、清洁作业区应分别设置工器具清洁消毒区域，防止交叉污染。

（7）不同清洁作业区之间的人员通道应分隔。如设有特殊情况时使用的通道，应采取有效措施防止交叉污染。应设置物料运输通道，不同清洁作业区之间的物料通道应分隔。热加工区、发酵间是生熟加工的分界，应设置生料入口和熟料出口，分别通往生料加工区和熟料加工区。畜、禽产品冷库与分割、处理车间应有相连的封闭通道，或其他有效措施防止交叉污染。

（8）生产车间内易产生冷凝水的，应有避免冷凝水滴落到裸露产品的防护措施。

（9）生产车间地面应有一定的排水坡度，保证地面水可以自然流向地漏、排水沟。

（10）原料仓库、成品仓库应分开设置，不得直接相通。畜、禽产品应设专库存放。内、外包装材料应分区存放。

（二）设施设备

企业应具有与生产产品品种、数量相适应的生产设备设施，性能和精度应满足生产要求，便于操作、清洁、维护。

（1）杀菌设备应具备温度指示装置。

（2）仓储设备设施应与所生产产品的数量、贮存要求相适应，满足物料和产品的贮存条件。

（3）供水设施的软管出水口不应接触地面，使用过程中应防止虹吸、回流。

（4）排水设施的排水口应配有滤网等装置，防止废弃物堵塞排水管道。生产车间地面、排水管道应能耐受热碱水清洗。

（5）内包材暂存间或等效设施（如传递窗）应设置消毒装置。

（6）应配备专用设施（如置物架）存放清洗消毒后的工器具，不应交叉混放。

（7）应配备防漏、防腐蚀、易于清洁、带脚踏盖的容器存放废弃物。

（8）准清洁作业区、清洁作业区应设有单独的更衣室，更衣室应与生产车间相连接。若设立与更衣室相连接的卫生间和淋浴室，应设立在更衣室之外，保持清洁卫生，其设施和布局不得对生产车间造成潜在的污染风险。不同清洁作业区应分别设置人员洗手、消毒、干手等设备设施。

（9）卫生间应采用单个冲水式设施，通风良好，地面干燥，保持清洁，无异味，并有防蚊蝇设施，粪便排泄管不得与生产车间内的污水排放管混用。

（10）在产生大量热量、蒸汽、油烟、强烈气味的食品加工区域上方，应设置有效的机械排风设施。冷却间应具有降温及空气流通设施，烟熏间应配备烟熏发生设备（使用液熏法的除外）及空气循环系统。

（11）有温/湿度要求的工序和场所，应根据工艺要求控制温/湿度，并配备监控设备。腌制间应配备空气制冷和温度监控设备（发酵肉制品的腌制间还应配备环境湿度监控设备）。发酵/风干间应配备风干发酵系统或其他温/湿度监控设备。冷藏库和冷冻库应配备温度监控设备及温度超限报警装置。其他方式贮存的成品仓库应符合企业规定的温度范围，必要时配备相应的温度监控设备。

（三）人力资源

1. 健康要求

企业应建立员工健康档案。凡患有传染性肝炎、活动性肺结核、肠道传染病及肠道传染病带菌者、化脓性或渗出性皮肤病、疥疮、有外伤者及其他有碍食品卫生疾病的人员应调离食品生产、检验岗位。与饮料生产有接触的生产、检验维修及质量管理人员每年应进行一次健康检查，必要时做临时健康检查，体检合格后方可上岗。

2. 卫生要求

生产、检验、维修及质量管理人员应保持个人卫生清洁，工作时不得戴首饰手表，不得化妆。进入车间的人员应穿戴本厂规定的工作服、工作帽、工作鞋，头发不得外露，必要时加戴发套，调配室的工作人员有必要时还要戴口罩。进入车间时应先洗手、消毒。不得将与生产无关的物品带入车间，不准穿工作服、工作鞋进卫生间或离开加工场所。在更衣室、车间以及设置在车间内的休息室不得吃食品、吸烟，与更衣室相连的卫生间内不得吸烟。

3. 培训要求

企业应制订和实施职工培训计划并做好培训记录，保证不同岗位的人员掌握必要的技能，熟练完成本职工作。

新参加工作或临时参加工作的人员应经过卫生培训，经考核合格后方可上岗工作。生产、质量管理人员经过相关培训并考核合格后方可上岗。

需建立 HACCP 管理体系的企业，应由本企业接受过 HACCP 培训或者其工作能力等效于经 HACCP 培训的人员承担相应工作。HACCP 小组人员和高级管理人员须经培训、考核合格后方可承担相应的工作。

（四）生产卫生管理

1. 防止污染

通常使用新鲜的肉类作为食品的原料，在进行烹饪或加工过程中，操作人员要注意手指的清洁和消毒，必须防止以手指为媒介污染食品的情况发生。另外，砧板等加工食品所用的器具也应注意清洁卫生，尽量在使用完毕后用热水进行清洗消毒。还应采取措施防止老鼠和昆虫造成的污染。

生产所需要的配料应在生产前运进生产现场的配料库中，避免污染。原料、辅料、半成品、成品应分别暂存在不会受到污染的区域。

盛放食品的容器不得直接接触地面。车间内不得使用竹木工器具（包括木制砧板和有竹木柄的刀具）和容器，不得使用麻袋作为原辅材料或半成品的包装袋。

2. 抑制细菌增殖

肉制品营养丰富，水分活度较高，易受微生物污染。微生物增殖，会造成肉制品腐败变质，这是最严重的质量问题。微生物在增殖过程中，会产酸、产气，有些致病菌还会产生毒素。食用了腐败变质的食品，会引起中毒。

影响微生物生长的条件有：水分、温度、pH 值、气体成分、营养条件、防腐剂情况等。

防止微生物对食品的危害主要方法有：① 防止微生物污染食物（从原料、设备、环境等环节控制）。② 灭活有害微生物（如杀菌、消毒）。③ 降低或抑制食品中微生物的生长或使之失活。

3. 清洗消毒

应定期对场地、生产设备、工具、容器、泵、管道及其附件等进行清洗、消毒，并定期对清洗消毒效果进行检测。使用的清洗剂、消毒剂应符合有关食品卫生要求规定。清洗前尽可能地将可拆卸的生产设备、管道连接部件拆开，使清洗水能够冲洗到所有与产品接触的部分。车间内清洗用的软质水管或者水枪应保持正常的工作状态，不得落地。

车间应设置专用的工器具清洗、消毒场所。

4. 杀 菌

采用加热杀菌工艺时，应按不同种类的产品杀菌要求，制定科学的杀菌工艺规程并正确实施，同时做好自动温度记录及相关记录。

盐渍会使以假单胞菌为主的低温腐败菌的增殖受到抑制。另外，使用亚硝酸盐主要目的是护色，但它对于肉毒梭菌和产气荚膜菌的增殖也有抑制作用，此外还可以延缓真空包装后肉制品中乳酸菌引起的腐败变味时间。

烟熏能提高肉制品的保存性，根据其条件（温度、时间）的不同差异明显。

蒸煮是把肉制品放入热水或蒸汽中进行加热的工艺，一般温度在 80 ℃左右，蒸煮的时间以中心温度达到 72 ℃为宜。如果原料肉被沙门氏菌污染，在盐腌工序后仍会有微生物残留，但在下一道工序中普遍会在中心温度 70～75 ℃中蒸煮 20～30 min，有效降低沙门氏菌残留的风险。

对于不蒸煮的腊肉等，干燥处理是重要的工序。在干燥过程中，食盐浓度逐渐提高，最终水分活度值达到 0.80～0.86。在此条件下，微生物的繁殖几乎完全停止，所以能长期保存食物。

发酵肉制品的发酵工序中，为了迅速、准确地完成熟成工艺，需要使用乳酸菌或微球菌属的菌株做发酵菌种。这种发酵菌种具有增加风味的作用，还能抑制食品中致病菌和腐败菌的增殖。

5. 金属探测

肉制品生产检验工序需要时应设置金属探测器，以控制金属碎屑对产品造成显著危害。

6. 不合格品的处理

对加工过程中产生的不合格品，应在固定地点用有明显标志的专用容器或设施分别收集，同时对不合格品产生的原因进行分析，并在质检人员监督下及时采取措施和处理。

7. 废弃物管理

废弃物的排放与处理应符合国家环境保护有关规定。废弃物暂存容器应选用便于清洗消毒的材料制成，结构严密。废弃物容器应专用、有明显的标志并配置非手工开启的盖。废弃物暂存场地应远离车间并应定期冲洗。废弃物应及时清运，避免污染原辅材料、水源、设备和厂区道路。

二、肉制品生产的 HACCP 计划示例

（一）产品描述（见表 3-14、表 3-15、表 3-16）

1. 原材料的描述

表 3-14 原材料描述

原料产品描述表	
加工类别/生产方式：屠宰、分割	
产品类别：分割肉	
产品名称	鲜、冻分割猪肉
产地	猪肉原料应来自经检验检疫机构备案的养殖基地并具有合格证明。
产品特性	肌肉有光泽，红色均匀，脂肪乳白色；纤维清晰，有坚韧性，指压后凹陷立即恢复；外表湿润，不粘手；具有鲜猪肉固有的气味，无异味。 pH 值：5.7～6.2 水分：≤77%
交付方式	批发； 符合卫生要求的冷藏车运输
包装类型	内包装为塑料薄膜，外包装为瓦楞纸箱
贮存条件	鲜猪肉：0～4 ℃；保质期 7 天； 冻猪肉：-18 ℃；保质期 1 年
使用前处理	解冻、分割
接受准则	具有检验合格证明

表 3-15 辅料产品描述

辅料产品描述表	
加工类别/生产方式：根据各自不同的生产工艺进行加工	
产品类别：辅料	
产品名称	食盐、酱油等调味料；葱、茴香等香辛料；亚硝酸盐等食品添加剂
产地	具有国家卫生许可证的生产企业
产品特性	食盐、酱油等调味料应具有该产品固有的形态和滋味，符合相关标准的规定；葱、茴香等香辛料应符合相关标准的规定；亚硝酸盐等食品添加剂的性状、理化与卫生指标应符合相关标准规定
交付方式	直接从生产企业或特需经销商购买
包装类型	玻璃瓶装、塑料桶装、塑料袋装等
贮存条件	常温条件下贮存
使用前处理	辅料经验收合格，必要时经过筛选除异物后方可使用
接受准则	具有检验合格证明

表 3-16　包装材料产品描述

包装材料产品描述表	
加工类别/生产方式：根据各自不同的生产工艺进行加工 产品类别：包装材料	
产品名称	胶原肠衣、塑料肠衣、塑料袋等
产地	具有国家卫生许可证或质量许可证的生产企业
产品特性	色泽正常，无异味、异物，理化及卫生要求应符合相应的国家标准 组成：胶原蛋白、聚乙烯、聚丙烯等
交付方式	直接从生产企业或特需经销商购买
包装类型	塑料薄膜包装
贮存条件和保质期	阴凉、干燥、符合卫生要求的仓库
使用前处理	不需要特殊处理
接受准则	具有检验合格证明

2. 最终产品的描述（见表 3-17）

表 3-17　最终产品描述

肉制品产品描述表	
加工类别：熟加工 产品类别：低温火腿类	
产品名称	烤通脊、熏圆火腿、无淀粉火腿
主要配料	猪后腿肉、大豆分离蛋白、淀粉、食盐
产品特性	Aw 值：$\leqslant 0.98$ pH 值：$6.8 \sim 7.2$ 亚硝酸盐：$\leqslant 70$ mg/kg
预计用途及消费人群	所有人群 批发、零售
食用方法	即食、开袋即食
包装类型	人造肠衣包装、真空软膜包装、玻璃纸
贮存条件	$0 \sim 4\ ℃$条件下储存
保质期	散装 1 天，包装 $10 \sim 30$ 天
标签说明	产品标签应符合国家标准的相关规定。
运输条件	应在 $0 \sim 4\ ℃$冷藏运输
销售要求	应有 $0 \sim 4\ ℃$冷藏货柜

（二）工艺流程

1. 生产工艺流程图（见图 3-6）

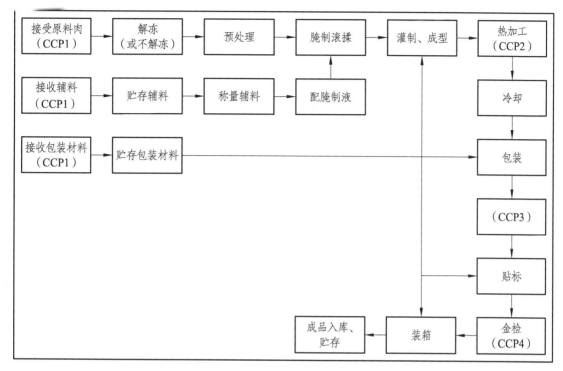

图 3-6　生产工艺流程图

2. 生产工艺描述

（1）接收原、辅料及包装材料：查验原料、辅料、包装材料的品质、质量、来源等，查验相关合格证明和质量检验报告，对无相关证明的原、辅料及包装材料拒收。

（2）贮存辅料及包装材料：辅料及包装材料贮存在干燥、洁净的辅料库内。

（3）原料肉解冻：原料肉需经自然解冻或流水解冻，自然解冻时解冻间温度应保持在 15 ℃ ~ 20 ℃；流水解冻水温应保持在 10 ~ 12 ℃，解冻时间 12 ~ 24 h。

（4）预处理：原料肉经解冻后要去除淤血、软骨、脂肪、筋膜，通脊烤肉按其肉的形状选择 1 ~ 1.5 kg 的自然块。

（5）称量辅料：要求计量准确、混合均匀。

（6）配腌制液：经准确称量的辅料放入斗车内加水溶解后配制成腌制液，腌制液温度 8 ~ 10 ℃。以中心温度计测量腌制液，温度高于 12 ℃的不能用于注射。

（7）腌制滚揉：注射后的原料肉放入滚揉罐中采用间歇式滚揉，滚揉工作 20 min，休息 10 min；总腌制滚揉时间为 10 ~ 16 h。

（8）热加工：① 干燥：干燥温度 75 ℃ ~ 80 ℃，干燥时间 40 ~ 50 min。② 烟熏：烟熏温度 75 ℃ ~ 80 ℃，烟熏时间 15 ~ 40 min。③ 蒸煮：蒸煮温度 78 ℃ ~ 82 ℃，蒸煮时间 60 ~ 150 min 至中心温度达到 73 ℃。

（9）冷却：产品出炉后首先在常温下稍冷，而后放入 15 ℃的冷却库内冷却 6 ~ 8 h 至产品中心温度达 15 ℃以下才可包装。

（10）包装：根据不同产品及顾客需要将产品包装成 200 g、195 g 等多种规格。

（11）贴标、金检、装箱：产品经包装后立即贴上标签经金检器检查后装箱入库。

（12）成品入库、贮存：贴标装箱后的产品应置于清洁、干爽、0 ℃～4 ℃的成品库内储存。真空包装产品在成品库内储存期为 10～15 天，散货在成品库内储存期为 3～5 天。

（三）危害分析表（见表 3-18）

表 3-18　低温火腿类肉制品生产危害分析表

销售和贮存方法：0～4 ℃冷藏

预期用途和消费者：开袋即食，公众

配料/加工步骤	潜在危害（本步骤引入、控制或增加的危害）	是否显著	判断依据	预防措施	是否是关键控制点
接收原料肉	生物性：致病菌（沙门氏菌、单增李斯特菌等）、寄生虫（旋毛虫、囊虫、弓形虫）	是	天然宿主可能有人畜共患病，加工过程可能污染	向供应商索取兽医检疫卫生质量合格证	是 CCP1
	化学性：兽药、农药、重金属残留（盐酸克伦特罗等）	是	饲料中可能添加	向供应商索取检验合格证	
	物理性：异物（金属、玻璃等）	是	原料肉生产过程可能带入	OPRPs 控制：1.原料肉解冻后去除。2.随后工序金检可去除	
接收辅料	生物性：致病菌、霉菌、虫卵等	是	1.香辛料可能带有耐热性致病菌或其芽孢、虫卵等。2.调味料可能带致病菌、霉菌	随后的热加工步骤可消除	是 CCP1
	化学性：有毒有害物污染、重金属残留	是	1.调味料可能重金属含量或黄曲霉毒素超标。2.食品添加剂不符合卫生要求	向供应商要检验合格证；OPRPs 控制	
	物理性：异物（金属、玻璃、石块等）	否	可能存在	挑拣、过筛	
贮存辅料	生物性：致病菌	是	致病菌增殖	OPRPs 控制：1. 适宜的贮存条件。2.随后的热加工步骤可消除	否
	化学性：无	/	/	/	
	物理性：无	/	/	/	
接收包装材料	生物性：致病菌	是	内包材料可能带菌	随后的热加工步骤可消除	是 CCP1
	化学性：化学物污染	是	包装材料中可能存在有害化合物	向供应商要检验合格证	
	物理性：无	/	/	/	

配料/加工步骤	潜在危害（本步骤引入、控制或增加的危害）	是否显著	判断依据	预防措施	是否是关键控制点
贮存包装材料	生物性：无	/	/	/	否
	化学性：无	/	/	/	
	物理性：无	/	/	/	
解冻	生物性：致病菌	是	致病菌增殖	控制解冻温度、时间；随后的热加工步骤消除	否
	化学性：无	/	/	/	
	物理性：无	/	/	/	
称量辅料	生物性：无	/	/	/	否
	化学性：超出限量（如亚硝酸盐）	否	可能发生亚硝酸盐超量添加	1.培训操作工人 2.另设称量复核人员专柜加锁专人管理。 3.称量仪器定期校准	
	物理性：无	/	/	/	
预处理	生物性：致病菌	是	致病菌污染、增殖	控制温度、时间随后的热加工步骤消除	否
	化学性：无	/	/	/	
	物理性：无	/	/	/	
腌制、滚揉	生物性：致病菌	是	致病菌增殖	控制温度、时间随后的热加工步骤消除	否
	化学性：无	/	/	/	
	物理性：金属	是	设备破损	培训操作工人 随后的金属检测消除	
灌装、成型	生物性：致病菌	是	致病菌污染、增殖	控制温度、时间随后的热加工步骤消除	否
	化学性：化学品污染	否	设备清洗、消毒剂及润滑剂残留	设备清洗、消毒养护后用水冲净	
	物理性：无	/	/	/	
热加工	生物性：致病菌（单增李斯特菌、大肠杆菌O157、沙门氏菌、金黄色葡萄球菌）	是	致病菌残留	适宜的加热温度、时间	是 CCP2
	化学性：有害化合物	否	木屑熏烟可能产生有害化合物	1.使用烟熏液或硬木屑。 2.控制木屑量及时间	
	物理性：无	/	/	/	

配料/加工步骤	潜在危害（本步骤引入、控制或增加的危害）	是否显著	判断依据	预防措施	是否是关键控制点
冷却	生物性：致病菌（产气荚膜梭菌、肉毒梭菌）	是	残留致病菌增殖	适宜的冷却条件： 1.冷却间温度 0 ℃~4 ℃。 2.控制冷却时间。 3.符合卫生质量要求的冷却水。 4.为清洁区	否
	化学性：无	/	/	/	
	物理性：无	/	/	/	
内包装	生物性：致病菌（产气荚膜梭菌、肉毒梭菌）	否	致病菌污染、增殖	适宜的包装条件	否
	化学性：无	/	/	/	
	物理性：异物（金属）	是	加工过程中有金属污染的可能	用金属检测器检出	
二次杀菌（如有要求）	生物性：致病菌	是	致病菌残留	适宜的加热温度、时间	是 CCP3
	化学性：无	/	/	/	
	物理性：无	/	/	/	
金属探测	生物的：无	/	/	/	是 CCP4
	化学的：无	/	/	/	
	物理的：刀尖、锈片、破损刀具等	否	加工不当或设备损坏	通过金探控制	
装箱、成品入库、贮存	生物性：致病菌（单增李斯特菌）	否	嗜冷致病菌增殖	适宜的储藏条件、时间： 成品库 0~4 ℃ 保存时间≤15 天	否
	化学性：无	/	/	/	
	物理性：无	/	/	/	

（四）HACCP 计划表

通过确定低温火腿类肉制品关键控制点的位置、需控制的显著危害、CCP 关键限值、监控程序、纠偏措施、监控记录、验证措施，找出接收原料肉、接收包装材料、接收辅料、热加工、二次杀菌、金检 6 个关键控制点，编写出低温火腿类肉制品的 HACCP 计划表（见表3-19）。

表 3-19 低温火腿类肉制品生产 HACCP 计划表

关键控制点	显著危害	关键限值	监控				纠正措施	记录	验证
			内容	方法	频率	监控者			
接收原料肉（CCP1）	致病菌（沙门氏菌、单增李斯特菌）、寄生虫、人畜共患病、兽药、重金属等有害化学残留	原料肉的兽医检疫合格证明，符合国家有关卫生标准的合格证明	合格证明	收购原料肉时查验合格证明；定期抽检原料肉的卫生质量；考察供应商的卫生质量保证能力	每批	质检人员	拒收无合格产品；取消证不合格供货商资格	原料肉接收记录、纠偏记录	质检部门定期核查记录；每日抽样做实验室检测
接收包装材料（CCP1）	化学污染	符合国家有关标准的合格证明	合格证明	查验合格证明	每批	质检人员	退货或报废处理	包装材料接收记录、纠偏记录	质检部门定期核查记录
接收辅料（CCP1）	调味料可能重金属含量或黄曲霉毒素超标	产品检验合格报告	合格证明	查验合格证明	每批	质检人员	退货或报废处理	辅料接收记录、纠偏记录	质检部门定期核查记录
热加工（CCP2）	致病菌残留	有效灭杀致病菌；中心温度 73±1℃，时间 30 min	中心温度、时间	中心温度表	连续（2次/h）	操作工人	对不合格产品提出处理意见；找出原因避免再次发生；维修设备	洁净区生产日报表；加工时间记录；温度表校正记录；纠偏记录	质检部门定期核查记录；温度计定期校准设备
二次杀菌（CCP3）	致病菌繁殖	有效灭杀致病菌；温度 85℃，时间 25 min	杀菌温度、时间	温度表、时间记录	连续（1次/2h）	操作工人	对不合格产品提出处理意见；找出原因避免再次发生；维修设备	二次杀菌温度、时间记录；温度表校正记录；纠偏记录	质检部门定期核查记录；定期校准设备
金检（CCP4）	混入的金属异物	Fe：≤Φ1.5 mm；Sus：≤Φ2.5 mm	成品中金属异物	金属检测器检测	每个产品	操作工人	隔离有问题产品，查找原因，防止再次发生	金属检查记录	质检部门检验能力；班前校准金检仪器

乳制品 HACCP 计划的建立

一、乳制品的生产要求

（一）生产场所

（1）企业厂房选址和设计、内部建筑结构、辅助生产设施应当符合国家标准 GB 12693—2023《食品安全国家标准 乳制品良好生产规范》的相关规定。

（2）有与企业生产能力相适应的生产车间和辅助设施。生产车间一般包括收乳车间、原料预处理车间、加工车间、灌装车间、半成品贮存及成品包装车间等。采用干法工艺生产调制乳粉的生产车间一般包括前处理车间、混合车间、灌装车间等。辅助设施包括检验室、原辅料仓库、材料仓库、成品仓库等。

贮存巴氏杀菌乳、需要冷藏的调制乳、发酵乳等成品库房应必备冷库及相应的制冷设备，以满足产品的贮存要求。

（3）生产车间和辅助设施的设置应按生产流程需要及卫生要求，有序而合理布局。同时，应根据生产流程、生产操作需要和生产操作区域清洁度的要求进行隔离，防止相互污染。

（4）车间内应区分清洁作业区、准清洁作业区和一般作业区。清洁作业区包括液体乳灌装间、湿法工艺的喷雾干燥塔出粉口区域、干法工艺的配料和混合区域、包材暂存间，以及裸露待包装的半成品贮存、充填及内包装车间，牛初乳粉生产、包装车间等。

准清洁作业区包括如原料预处理车间、其他加工车间和干法工艺的拆包和隧道杀菌区域等。

一般作业区包括收乳间、原料仓库、包装材料仓库、外包装车间及成品仓库等。

（5）清洁作业区空气中的菌落总数分别应控制在 30CFU/皿以下（按 GB/T 18204.3—2013《公共场所卫生检验方法 第 3 部分：空气微生物》中的自然沉降法测定），并提交有资质的检验机构出具的空气洁净度每年的检测报告。

清洁作业区内部隔断、地面应采用符合生产卫生要求的材料制作。清洁作业区的温度、相对湿度应与生产工艺相适应。空气应进行杀菌消毒或净化处理，并保持正压。企业的质量检验机构每星期均需对清洁区的空气质量进行监测。

（6）生产车间地面应平整，易于清洗、消毒。

（7）更衣室应设在车间入口处，并与洗手消毒室相邻。洗手消毒室内应配置足够数量的非手动式洗手设施、消毒设施和感应式干手设施。清洁作业区的入口应设置二次更衣室，进入清洁作业区前设置消毒设施。

（8）生产区域内的卫生间应有洗手、消毒设施，卫生间外门不得与清洁作业区、准清洁作业区的门窗相对。

（二）设施设备

（1）乳制品生产企业应具备与生产产品品种、数量相适应的生产设备设施，性能和精度应满足生产要求，便于操作、清洁、维护。

（2）所有接触乳制品的原料、过程产品、半成品的容器和工器具必须为不锈钢或其他无毒害的惰性材料制作，清洁作业区内不得使用竹、木质工具。

（3）盛装废弃物的容器不得与盛装产品与原料的容器混用，应有明显标识。

（4）直接接触生产原材料的易损设备，如玻璃温度计，必须有安全护罩。

（5）吹入干燥塔空气的供风设施必须达到要求，排出的气体应经过除尘处理。

（6）设备台账、说明书、履历、档案应保管齐全。

（7）设备维护保养完好，其性能与精度符合生产规程要求，设备维修计划、维修记录齐全。

（8）应注意核查国家禁止使用或明令淘汰的生产工艺和设备。

企业应根据产品特点及工艺要求提供相应的必备生产设备。

（1）液体乳。①巴氏杀菌乳：储奶罐，净乳设备，均质设备，巴氏杀菌设备，灌装设备，制冷设备，全自动 CIP 清洗设备，保温运输工具。②调制乳：储奶罐，净乳设备，均质设备，高温杀菌或灭菌设备，灌装设备，制冷设备，全自动 CIP 清洗设备，保温运输工具（常温产品除外）。③灭菌乳：储奶罐，制冷设备，净乳设备，均质设备，超高温灭菌设备或高温保持灭菌设备，无菌灌装设备，全自动 CIP 清洗设备。④发酵乳：储奶罐，净乳设备，均质设备，发酵罐（发酵室），制冷设备，杀菌设备，灌装设备，全自动 CIP 清洗设备，保温运输工具（常温产品除外）。

（2）乳粉。①湿法工艺：储奶设备，净乳设备，高压均质机（要求加工能力 5000 kg/h 以上），制冷设备，配料设备（不包括全脂乳粉），浓缩设备（双效或多效真空浓缩蒸发器、要求单机蒸发能力 2400 kg/h 以上），杀菌设备，立式喷雾干燥设备（要求单塔水分蒸发能力 500 kg/h 以上），全自动小包装设备或半自动大包装设备，全自动 CIP 清洗设备。②干法工艺：原料的计量设备，隧道杀菌设备、预混设备、混合设备，半成品和成品的计量设备，内包装物的杀菌设备或设施，全自动小包装设备。全脂奶粉、脱脂奶粉、部分脱脂奶粉不得采用干法工艺生产。③牛初乳粉：制冷设备，离心脱脂设备，浓缩设备，杀菌设备，低温干燥设备，包装设备，全自动 CIP 清洗设备。

（3）其他乳制品。①炼乳：储奶罐，净乳设备，杀菌设备，浓缩设备，灌装设备，全自动 CIP 清洗设备。企业如果使用乳粉作为生产原料，生产设备可以不要求具备储奶罐和净乳设备。②奶油：采用 1 法生产的储奶罐、净乳设备、制冷设备、脂肪分离设备、杀菌设备、压炼设备、包装设备、全自动 CIP 清洗设备。采用 2 法生产的储奶罐、净乳设备、制冷设备、脂肪分离设备、杀菌设备、真空干燥设备、包装设备、全自动 CIP 清洗设备。生产稀奶油不需要压榨设备。如果使用稀奶油生产无水奶油，则生产设备中不需要储奶罐和净乳设备。③干酪：采用 1 法生产的储奶罐、净乳设备、制冷设备、杀菌设备、搅拌设备、凝乳设备、压榨设备、全自动 CIP 清洗设备。采用 2 法生产的配料设备、净乳设备、均质设备、杀菌设备、凝乳结束后的均质设备。生产再制干酪不需要储奶罐、净乳设备、凝乳设备、压榨设备，应必备包装（灌装）设备。

（三）电子信息记录系统

生产企业应至少对以下影响乳制品产品质量的关键工序或关键点形成的信息建立电子信息记录系统：

（1）巴氏杀菌乳：原料验收；标准化；巴氏杀菌。

（2）调制乳：原料验收；标准化；高温杀菌或其他杀菌、灭菌方式。

（3）灭菌乳：原料验收；预处理；标准化；超高温瞬时灭菌（或杀菌）；无菌灌装（或保持灭菌）。

（4）发酵乳：原料验收；标准化；发酵剂的制备；发酵；灌装；设备的清洗。

（5）乳粉：①湿法工艺：原料验收；标准化；杀菌；浓缩；喷雾干燥；包装。②干法工艺：原料验收；配料的称量；隧道杀菌；预混；混合；包装。

（6）牛初乳粉：原料牛初乳的验收；杀菌；低温干燥。

（7）炼乳：原料乳的验收；杀菌及灭菌；冷却结晶；成品的灌装。

（8）奶油：原料乳的验收；杀菌及灭菌；发酵；成品的包装。

（9）干酪：原料乳的验收；杀菌及灭菌；发酵；包装。

（四）人力资源

1. 健康要求

企业应建立员工健康档案，乳制品生产经营人员，应有卫生部门颁发的健康证。凡患有传染性肝炎、活动性肺结核，肠道传染病及肠道传染病带菌者、化脓性或渗出性皮肤病、疥疮、有外伤者及其他有碍食品卫生疾病的人员应调离食品生产、检验岗位。与乳制品生产有接触的生产、检验维修及质量管理人员每年应进行一次健康检查，必要时做临时健康检查，体检合格后方可上岗。

2. 卫生要求

同任务书 1。

3. 培训要求

企业生产、检验技术人员应具有相关大专以上学历，掌握乳制品生产、检验的专业知识。

企业检验人员应达到国家职业（技能）标准要求的能力，获得食品检验职业资格证书。检验人员中有三聚氰胺独立检验能力的至少 2 人以上。

生产操作人员的数量应适应企业规模、工艺、设备水平。具有一定的技术经验，掌握生产工艺操作规程、按照技术文件进行生产，熟练操作生产设备。

企业应制订和实施职工培训计划并做好培训记录，保证不同岗位的人员掌握必要的技能，熟练完成本职工作。

其他要求同任务书 1。

（五）生产卫生管理

1. 防止污染

通常使用生乳作乳制品的原料，在进行加工过程中，操作人员要注意手指的清洁和消毒，必须防止以手指为媒介污染食品的情况发生。另外，接触乳制品的原料、过程产品、半成品的容器和工器具也应注意清洁卫生，尽量在使用完毕后用热水进行清洗消毒。还应采取措施防止老鼠和昆虫造成的污染。

其他要求同任务书 1。

2. 抑制细菌增殖

由于乳制品本身营养丰富很适宜微生物生长，所以乳品中微生物控制显得非常重要。乳制品中的微生物控制包含菌落总数、大肠菌群、沙门氏菌、金黄色葡萄球菌等。微生物增殖会造成乳制品变质，微生物在增殖过程中，会严重影响乳制品的风味，有些致病菌还会产生毒素。食用了腐败变质的食品，会引起中毒。

影响微生物生长的条件有：水分、温度、pH 值、气体成分、营养条件、防腐剂情况等。

防止微生物对食品的危害主要方法同任务书 1。

3. 清洗消毒

同任务书 1。

4. 杀　菌

采用加热杀菌工艺时，应按不同种类的产品杀菌要求，制定科学的杀菌工艺（如巴氏杀菌、超高温杀菌）规程并正确实施，同时做好自动温度记录及相关记录。采用非加热杀菌工艺时，应采取无菌灌装工艺或其他可控制污染的灌装工艺。

5. 金属探测

同任务书 1。

6. 不合格品的处理

同任务书 1。

7. 废弃物管理

同任务书 1。

二、乳制品生产的 HACCP 计划示例

本产品所指乳粉是指以新鲜牛乳为主要原料，添加辅料，经浓缩、干燥制成的粉末状产品。

（一）产品描述（见表 3-20、表 3-21、表 3-22）

1. 原材料的描述

表 3-20　原材料描述

原料产品描述表	
加工类别/生产方式：挤奶	
产品类别：生鲜乳	
产品名称	鲜牛乳
产地	原料乳应来自经检验检疫机构备案的养殖基地并具有合格证明
产品特性	呈乳白色或微黄色，具有新鲜牛乳应有的香味，无异味；呈均匀乳液，无沉淀，无凝块，无有眼可见杂质 脂肪：>3.30% 全脂乳固体：≥11.60% 酸度：<16.0°T 蛋白质：>2.80% 酒精实验：75°（V/V）酒精实验呈阴性
交付方式	批发； 符合卫生要求的冷藏车运输
包装类型	不锈钢保温奶罐
贮存条件	0~4℃，保质期 7 天
使用前处理	原料经验收合格，必要时经过过滤后方可使用
接受准则	具有检验合格证明

表 3-21　辅料产品描述

辅料产品描述表	
加工类别/生产方式：根据各自不同的生产工艺进行加工 产品类别：辅料	
产品名称	蔗糖
产地	具有国家卫生许可证的生产企业
产品特性	蔗糖等应具有该产品固有的形态和滋味，符合相关标准的规定
交付方式	直接从生产企业或特需经销商购买
包装类型	玻璃瓶装、塑料桶装、塑料袋装等
贮存条件	常温条件下贮存
使用前处理	辅料经验收合格，必要时经过筛选除异物后方可使用
接受准则	具有检验合格证明

表 3-22　包装材料产品描述

包装材料产品描述表	
加工类别/生产方式：吹塑 产品类别：包装材料	
产品名称	无菌袋
产地	具有国家卫生许可证或质量许可证的生产企业
产品特性	食品级、色泽正常、无异物、无异味 组成：聚氯乙烯
交付方式	直接从生产企业或特需经销商购买
包装类型	塑料编织袋、纸箱
贮存条件和保质期	阴凉、干燥、符合卫生要求的仓库
使用前处理	不需要特殊处理
接受准则	用于包装食品的材料必须符合有关食品卫生标准要求，并且保持清洁卫生，不得含有有毒有害物质，不易褪色

2. 最终产品的描述（见表 3-23）

表 3-23　最终产品描述

乳粉产品描述表	
加工类别：喷雾干燥 产品类别：乳粉	
产品名称	全脂加糖乳粉
主要配料	鲜牛乳、蔗糖等
产品特性	（1）感官特性。 色泽：≤5 滋味和气味：≥60 组织状态：≤20

	乳粉产品描述表
产品特性	冲调性：≤10 （2）理化指标。 应符合国家标准 GB 19644-2010《食品安全国家标准 乳粉》的要求。 （3）卫生指标。 应符合国家标准 GB 19644-2010《食品安全国家标准 乳粉》的要求
预计用途及消费人群	所有人群 乳糖不耐症者不宜饮用
食用方法	可参照产品使用说明正确食用
包装类型	符合食品卫生要求的多种复合塑料袋包装
贮存条件	常温贮存
保质期	由生产厂家根据包装材质确定
标签说明	产品标签应符合 GB 7718-2011《食品安全国家标准 预包装食品标签通则》和 GB 13432-2013《食品安全国家标准 预包装特殊膳食用食品标签》的相关规定
运输条件	产品应在常温条件下运输，应避免雨淋、日晒，搬运时应小心轻放
销售要求	在常温条件下销售
注：	感官特性采用计分方式来评定，以 100 分计

（二）工艺流程

1. 生产工艺流程图（见图 3-7）

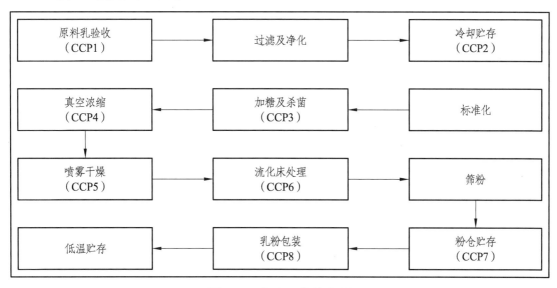

图 3-7　生产工艺流程图

2. 生产工艺描述

（1）原料乳验收：工厂质检员准确取样，进行酸度试验、理化检验、微生物检验、感官试验等检验。

（2）过滤及净化：过滤除去原料乳中肉眼可见的杂质，通过净乳机除去原料乳中的部分微生物和白细胞等。

（3）冷却贮存：原料乳迅速冷却至 4 ℃，贮存时间不超过 24 h。

（4）标准化：原料乳中脂肪、蛋白质、非脂乳固体有任何一项不达标时，可适量添加脱脂乳或稀奶油，使其理化指标达到产品标准。

（5）加糖及杀菌：严格按配方要求将食糖溶于水中制成 65% 的糖浆，进行杀菌，再与经 120 ~ 140 ℃、2 ~ 4 s 杀菌的牛乳混合。

（6）真空浓缩：使用带热压泵的降膜式双蒸发器，第一效压力 31 ~ 40 kPa，蒸发温度 70 ~ 72 ℃；第二效压力 15 ~ 16.5 kPa，蒸发温度 45 ~ 50 ℃。将乳浓缩到 14 ~ 16°Bé。

（7）喷雾干燥：浓缩乳温度 40 ~ 45 ℃，高压泵使用压力 1.3×10^4 ~ 2.0×10^4 kPa，喷嘴孔径 1.2 ~ 1.8 mm，喷嘴数量 3 ~ 6 个，喷嘴角度 1.222 ~ 1.394 rad，进风温度 140 ~ 170 ℃，排风温度 80 ℃上下，排风相对湿度 10 ~ 13%，干燥室负压 98 ~ 196 Pa。

（8）流化床处理：采用流化床式送粉、冷却装置，使乳粉温度达 18 ℃。

（9）筛粉：乳粉通过 40 ~ 60 目机械振动筛筛粉后，进入锥形积粉斗中贮存。

（10）粉仓贮存：贮粉时注意不使细菌污染或爬入昆虫，提高乳粉表观密度。

（11）乳粉包装：确定合格包装材料供应商，使用前经检验合格后才能使用。乳粉经真空系统进入自动包装系统包装，再经装箱后入库贮存。

（12）低温贮存：在温度 25 ℃以下，相对湿度小于 75%，阴凉、干燥、清洁的环境中贮存。

（三）危害分析表（见表 3-24）

表 3-24　全脂加糖乳粉生产危害分析表

销售和贮存方法：0 ~ 4 ℃冷藏

预期用途和消费者：可参照产品使用说明正确食用，公众

配料/加工步骤	潜在危害（本步骤引入、控制或增加的危害）	是否显著	判断依据	预防措施	是否是关键控制点
原料乳验收	生物性：致病菌（金黄色葡萄球菌、沙门氏菌等）	是	挤乳及运输过程中造成的污染	严格按标准收购鲜乳、拒收不符合加工要求的乳	是 CCP1
	化学性：抗生素残留、蛋白变性、重金属、农药及亚硝酸盐残留	是	乳牛由饲料、饮水带来的污染；运输中贮存不当造成蛋白质变性等	向供应商索取质检报告；抽样检验（抗生素、酸度、比重等）	
	物理性：无	/	/	/	
接收包装材料	生物性：致病菌污染	是	清洗消毒不彻底或密封性能不良	向供应商索取合格证明及密封性合格证；按规定清洗消毒	否
接收包装材料	化学性：有毒有害物污染	是	包装材料中可能存在消毒剂残留	向供应商索取合格证明；彻底清洗	
	物理性：无	/	/	/	

配料/加工步骤	潜在危害（本步骤引入、控制或增加的危害）	是否显著	判断依据	预防措施	是否是关键控制点
贮存包装材料	生物性：致病菌污染	是	包装袋污染	OPRPs控制	否
	化学性：有毒有害物污染	是	包装材料中可能存在消毒剂残留	OPRPs控制	
	物理性：无	/	/	/	
过滤及净化	生物性：致病菌	否	设备污染	随后的杀菌步骤消除	否
	化学性：化学品污染	否	设备清洗、消毒剂及润滑剂残留	设备清洗、消毒养护后用水冲净	
	物理性：无	/	/	/	
冷却贮存	生物性：致病菌	是	致病菌污染、增殖	控制贮存时间小于24 h，贮存温度≤4 ℃；随后的杀菌步骤消除	是 CCP2
	化学性：化学品污染	否	设备清洗、消毒剂及润滑剂残留	设备清洗、消毒养护后用水冲净	
	物理性：无	/	/	/	
标准化	生物性：致病菌	否	致病菌增殖	随后的杀菌步骤消除	否
	化学性：化学品污染	否	设备清洗、消毒剂及润滑剂残留	设备清洗、消毒养护后用水冲净	
	物理性：金属等杂物	否	添加物带入、混入的杂物	随后的筛粉步骤消除	
加糖及杀菌	生物性：致病菌	是	致病菌增殖，设备污染	适宜的杀菌温度、时间：杀菌温度：120~140 ℃杀菌时间：2~4 s	是 CCP3
	化学性：化学品污染	否	设备清洗、消毒剂残留	设备清洗、消毒养护后用水冲净	
	物理性：无	/	/	/	
真空浓缩	生物性：致病菌	是	致病菌增殖，设备污染	培训操作工人；建立卫生标准操作程序	是 CCP4
	化学性：化学品污染	是	设备清洗、消毒剂残留	设备清洗、消毒养护后用水冲净	
	物理性：无	/	/	/	
喷雾干燥	生物性：致病菌	是	设备污染	干燥所用的介质-空气必须经充分过渡和高温杀菌方可作为干燥介质	是 CCP5
	化学性，蛋白变性	是	不适当的进、排风温度，乳粉的停留时间	设备定期检查，操作人员培训	

配料/加工步骤	潜在危害（本步骤引入、控制或增加的危害）	是否显著	判断依据	预防措施	是否是关键控制点
喷雾干燥	物理性：糊粉粒、灰尘、杂物、乳粉结块	是	不适当的清洗造成喷粉塔内乳粉存留，加热时间长形成糊粒乳粉；不适当的鼓风、进风口的防护过滤网，造成大量灰尘、杂物进入；不适当的喷雾量、排风工艺使水分含量不当；鼓风加热器泄漏造成蒸汽进入塔内	设备定期检查，培训操作工人	
流化床处理	生物性：致病菌（大肠杆菌等）	是	设备污染	适宜的消毒条件、时间：消毒温度＞85 ℃ 消毒时间≥30 min	是 CCP6
	化学性：无	/	/	/	
	物理性：乳粉结块	是	不适当的进风温度，除湿效果	适宜的进风温度：风温：60～80 ℃、40～50 ℃、15～30 ℃	
筛粉	生物性：致病菌	是	设备、环境污染	环境温度在≤25 ℃，空气湿度充分杀菌	否
	化学性：无	/	/	/	
	物理性：无	/	/	/	
粉仓贮存	生物性：致病菌、昆虫	否	致病菌污染，昆虫爬入	适宜的储藏条件、时间：贮粉温度＜30 ℃ 贮粉时间＜12 h	是 CCP7
	化学性：无	/	/	/	
	物理性：乳粉结块	是	不适当的贮粉温度、时间	适宜的储藏条件、时间：贮粉温度＜30 ℃ 贮粉时间＜12 h	
乳粉包装	生物性：致病菌	是	设备和包装材料污染	适宜的消毒条件、时间：包装间熏蒸消毒时间＞30 s；紫外灯消毒时间＞1 h；手消毒间隔＜1 h	是 CCP8
乳粉包装	化学性：无	/	/	/	
	物理性：无	/	/	/	
入库贮存	生物性：无	/	/	/	否
	化学性：无	/	/	/	
	物理性：无	/	/	/	

（四）HACCP 计划表

通过确定乳粉关键控制点的位置、需控制的显著危害、CCP 关键限值、监控程序、纠偏措施、监控记录、验证措施，找出原料验收、冷却贮存、加糖及杀菌、真空浓缩、喷雾干燥、流化床处理、粉仓贮存、乳粉包装 8 个关键控制点，编写出乳粉的 HACCP 计划表（见表 3-25）。

表 3-25　全脂加糖乳粉生产 HACCP 计划表

| 关键控制点 | 显著危害 | 关键限值 | 监控 | | | | 纠正措施 | 记录 | 验证 |
			内容	方法	频率	监控者			
原料验收	抗生素残留、蛋白变性、重金属、农药及亚硝酸盐残留	抗生素反应阴性；重金属、农药等符合国家有关卫生标准的合格证明	抗生素、重金属、农药、亚硝酸盐、硝酸盐残留等	理化检验	每批	质检人员	根据偏离情况作报废或另做他用处理	原料乳检验记录，纠偏记录	每周抽样做理化检验
冷却贮存	细菌繁殖	贮存温度：4 ℃；贮存时间：<24 h	牛乳贮存温度、时间	时间记录、温度记录装置	每批	操作工人	根据偏离情况作报废或另做他用处理	原料乳贮存温度、时间记录，纠偏记录	每日抽样做微生物检测
加糖及杀菌	细菌残留	杀菌温度：120～140 ℃；杀菌时间：2～4 s	杀菌温度、产品流量	观察温度读数、计算杀菌时间	连续	操作工人	回流、重新杀菌	杀菌操作记录，温度表的校验记录，纠偏记录	每日抽样做微生物检测
真空浓缩	细菌残留，清洗剂残留	卫生操作标准；一效、二效的压力与温度；清洗：NaOH 0.8%～1.5%、温度 75～80 ℃、时间 10～20 min；HNO₃ 0.8%～1.0%、温度 65～70 ℃、时间 15～20 min；清水 pH 7、时间 1～1.5 h	酸碱液浓度、温度、清洗时间；清水清洗时间、pH	时间记录，pH 测量仪，电导率记录，温度表，抽样化学检验	每批	操作工人	重新清洗	酸碱清洗记录，清水清洗记录	每日抽样做清洗液、浓缩产品微生物检测
喷雾干燥	细菌残留，清洗剂残留，蛋白变性，灰尘、杂物、乳粉结块、糊粉颗粒形成	清洗操作标准；高压泵压力 1.3×10⁴～2.0×10⁴ kPa；进风温度 140～170 ℃，排风温度 80 ℃ 上下，排风相对湿度 10%～13%，干燥室负压 98～196 Pa	检测洗涤液、清水 pH、温度、浓度、清洗时间；高压泵压力，进排风温度，干燥室负压	时间记录，pH 测量仪，温度表，压力表，负压表等	每批	操作工人	重新清洗，及时调整喷雾干燥工艺参数	操作记录，纠偏记录	每周抽样检测洗液；每日抽样检测产品的微生物、理化和感官指标

关键控制点	显著危害	关键限值	监控				纠正措施	记录	验证
			内容	方法	频率	监控者			
流化床处理	大肠杆菌等细菌残留	消毒温度＞85℃，消毒时间30 min；风温：60～80℃，40～50℃，15～30℃	消毒温度、时间，流化床处理风温	温度表，时间记录	每小时	操作工人	重新清洗；及时调整冷却风温	清洗、消毒操作记录，纠偏记录	每批检测产品水分的含量及微生物指标
粉仓贮存	大肠杆菌等细菌残留，乳粉结块	热消毒时间：20～40 min，热风温度：＞65℃；贮粉温度：＜30℃；贮粉时间：＜12 h	热风消毒温度、时间，贮粉温度、时间	温度表，时间记录	每批	操作工人	重新清洗、消毒，及时调整贮粉温度和时间	清洗、消毒操作记录，纠偏记录	检测产品组织状态；检测产品微生物指标
乳粉包装	大肠杆菌等细菌残留	包装间熏蒸消毒时间＞30 s；紫外灯消毒时间＞1 h；手消毒间隔＜1 h	消毒时间	时间记录	每次	操作工人	重新熏蒸消毒	清洗、消毒操作记录，纠偏记录	抽样检测产品、器具、手的微生物，做空曝试验

任务书三

果汁和果汁饮料 HACCP 计划的建立

一、果汁和果汁饮料的生产要求

（一）生产场所

1. 厂 区

（1）企业应建在交通方便、水源充足，无有害气体、烟尘、灰沙的区域，不得建在有碍食品卫生的区域。厂区周围应清洁卫生，无污染源。

（2）厂区内不得兼营、生产、存放有碍食品卫生的其他产品。厂区布局合理，生产区、办公区、生活区应相对隔离分开。锅炉房、贮煤场所、污水及污物处理设施应与车间、仓库、供水设施相隔一定的距离，一般位于主风向的下风处。

（3）厂区主要道路应铺设适于车辆通行的坚硬路面（如混凝土或沥青路面等），路面平整，易冲洗，无积水。厂区内无泥土裸露地面。

（4）厂区卫生间有冲水、洗手、防蝇、防虫、防鼠设施，墙裙用浅色、平滑、耐腐蚀的材料修建，易于清洗并保持清洁。

（5）厂区建有与生产能力相适应的符合卫生要求的原料、辅料、化学物品、包装物料储存等辅助设施。

（6）厂区内不得堆放废旧设备、物品，不得有裸存的垃圾堆，不得有产生有害（毒）气体或其他有碍卫生的场地和设施。厂区内禁止饲养动物。

2．厂房和车间

（1）厂房与设施应按工艺流程合理布局，结构合理，便于生产操作、卫生管理、清洗消毒、维修保养，防止交叉污染。留有安全防火通道门的，应严格管理。

（2）车间面积应与生产能力相适应，作业通道和作业空间应满足安全、卫生要求和工作需要。

（3）人员、原辅材料、加工品、成品以及废弃物进出车间的通道应分开。车间进出口应安装防鼠、防蝇、防虫等设施。不同清洁卫生要求的区域应有明确的隔断，跨清洁区和非清洁区的小型物料应靠管道或窗口传递。制瓶、制罐车间应与饮料生产车间隔离，瓶、罐可通过封闭的传送带或可关闭的窗口传送到灌装车间，以避免污染。

（4）横跨生产线的跨度设计构造，应防止积尘、凝水和生长霉菌。应设有防护设施，避免使附近的食品、食品接触面及内包装材料受到污染。

（5）车间内墙壁、屋顶或者天花板使用无毒、浅色、防水、防霉、不脱落、易于清洗的材料修建。墙角、地角、顶角具有弧度。

（6）车间窗户有内窗台的，内窗台下斜约45°。车间门窗用浅色、平滑、易清洗、不透水、耐腐蚀的坚固材料制作，结构严密，不得使用木制门窗。需要开启的窗户应装设纱窗，但灌装区不应开窗户。

（7）车间地面应用无毒、不散发异味、防滑、坚固、耐腐蚀的建筑材料，且平坦防滑、无积水、无裂缝及易于清洗消毒。有特殊加工要求的地面还应考虑防酸、防碱，并应有适当的排水坡度。

（二）设施设备

1．设　备

（1）生产设备应布局合理，以满足加工生产的需要。

（2）车间内的清洗、分选、切割、打浆、分离、搅拌、储存、调配、均质、浓缩、干燥、粉碎、装料、灌装、封罐、加热、杀菌，以及固体、液体输送设备、设施和工器具等应无毒、耐腐蚀、不生锈、易于清洗或清理消毒、检查、维护。输送管道应光滑无锈蚀，管道接头应连接紧密，防止跑、冒、滴、漏。

（3）二氧化碳钢瓶应放置在使用点附近安全的与加工区隔开的气瓶室内。

（4）天然矿泉水源的出水口应建有独立的机井房，并建立井压、流量、水温记录。

2．设　施

（1）供气、供电设施。供气、供电应满足生产需要。动力线与照明线应分设，车间内供电线路不得有明线，必须用线槽板或其他方式予以安装。必要时车间内应备有应急灯。

（2）供水系统。供水系统应能保证工厂各个部位所用水的流量、压力符合要求。车间内应设置清洗台案、设备、管道、工器具以及生产场地用的水源。

各种与水直接接触的供水管均应用无毒、无害、防腐蚀的材料制成。生产、加热、制冷、冷却、消防等用水应用单独管道输送，并用醒目颜色的标识区别，不得交叉连接。热源的上方不得有冷水管通过，防止产生冷凝水。加工用水的管道应有防虹吸或防回流装置，避免交叉污染。

企业加工用自来水、井水或地下水应根据当地水质特点增设水质处理设施，自备蓄水设施应定期进行清洁，以确保水质符合卫生要求。

大型软化水的装置应与饮料加工区隔离，并定期对软化水的设施进行清洗消毒处理。

（3）排水系统。厂区应有合理的排水系统。车间内排水沟应为明沟，必要时应加盖。车间排水沟的侧面和底面应平滑连接，排水沟应有坡度。排水沟的流向不应由一般清洁区流向高清洁区。设备排水应有专门管道，直接导入排水沟，防止漫流。车间排水沟的出口应设有防蝇虫、防鼠装置。

（4）更衣室、卫生间、淋浴室、消毒设施。企业设有与车间相连接的更衣室（包括换工作鞋设施），不同清洁程度要求的区域设有单独的更衣室。更衣室应有空气消毒装置，更衣室内挂工作服的衣架不应靠墙。

更衣设施应能够满足生产车间操作人员实际需要。如使用更衣柜，只限于放置私人衣物。更衣柜采用不发霉、不生锈、内外表面易清洁的材料制作，柜顶下斜约 45°。

不同卫生要求的生产区域内人员的工作服应有明显的区别。同一生产区域内的质量管理人员、检验人员的工作服应有明显的标识。工作服应集中管理，统一清洗消毒，统一发放。

需要时还应设立与更衣室相连接的卫生间和淋浴室。

卫生间门窗不直接开向车间。卫生间应保持清洁。卫生间要有冲水装置，非手动开关的洗手消毒设施及换气、防蝇虫设施，备有洗涤用品和不致交叉污染的干手用品。

淋浴室应保持清洁卫生，排水畅通，并有排气设施，地面、墙壁用的材料便于清洗，照明灯具应加防爆罩。

根据不同饮料生产需要，车间入口处应设有鞋靴消毒池或鞋靴消毒垫。消毒池或消毒垫的宽度应不小于门的宽度或与通道等宽。车间入口处和车间内适当的位置设足够数量的非手动开关的洗手消毒设施，备有洗涤用品及消毒液和不致交叉污染的干手用品。消毒液浓度应达到有效的消毒效果。

（5）通风设施。车间内应安装通风设备，以保持车间内空气对流。如有大量水蒸气、热量产生的区域，应有强制通风设施，防止产生冷凝水。车间进气口应远离排气口、污染源并装有易拆下能清洗的空气过滤网罩。排气口应装有防雨、防尘、防蝇虫装置。废气排放应符合国家环境保护要求。有粉尘产生的区域应装有排除、收集或控制装置。

（6）照明设施。车间内位于生产线上方的照明设施应装有防护罩，工作场所以及检验台照度符合生产、检验的要求，光线以不改变被加工物的本色为宜，作业区照明施的照度不低于 220 lx。如需检瓶，检瓶工序应设置灯光透视检查台，检验区方的照度不低于 540 lx，检瓶光源的照度应在 1000 lx 以上。

（三）人力资源

1. 健康要求

同任务书 1。

2. 卫生要求

同任务书 1。

（三）培训要求

同任务书 1。

（四）生产卫生管理

1. 防止污染

生产所需要的配料应在生产前运进生产现场的配料库中，避免污染。原料、辅料、半成品、成品应分别暂存在不会受到污染的区域。

盛放食品的容器不得直接接触地面。车间内不得使用竹木工器具（包括木制砧板和有竹木柄的刀具）和谷器，不得使用麻袋作为原辅材料或半成品的包装袋。

容易造成交叉污染的生产加工工序，应采取有效控制措施予以分区或隔离，防止生产过程中相互污染。班前班后做好卫生清洁工作，专人负责检查，并作检查记录。

储果蔬池表面应平滑，防止果蔬擦伤。输送果蔬用的水应定时更换，拣选工序要加强对烂果的控制，防止污染。

2. 清洗消毒

同任务书1。

3. 杀菌

同任务书2。

4. 金属探测

同任务书1。

5. 不合格品的处理

同任务书1。

6. 害虫控制

企业必须有虫害控制计划，按计划设置足够的防鼠、防昆虫的设施。在厂区放置的捕鼠工具应有布点图，逐个编号。车间内部不得设置诱杀昆虫的设施，不得施放药物灭鼠杀虫。所有的捕鼠及杀昆虫设施均须按规定进行检查并有检查记录。

7. 废弃物管理

同任务书1。

8. 有毒有害物品的控制

制定并执行有毒有害物品的储存和使用管理规定。应列出有毒有害物品清单，建立使用记录。未经国家有关部门批准的洗涤剂、消毒剂、杀虫剂及其他有毒有害化学药品不准使用。

确保厂区、车间和化验室使用的洗涤剂、消毒剂、杀虫剂、燃油、润滑油和化学试剂等有毒有害物品得到有效控制，避免对食品、食品接触表面和食品包装物料造成污染。

企业应建立有毒有害物品的专用储存库，并与加工生产中使用的食品添加剂等化学试剂分库存放，标识清楚。

二、果汁和果汁饮料 HACCP 计划示例

（一）产品描述（见表 3-26、表 3-27）

1. 原材料的描述

表 3-26　原材料描述

原料产品描述表	
加工类别/生产方式：种植或初加工 产品类别：水果	
产品名称	苹果
产地	水果原料应来自经检验检疫机构备案的种植基地或具有农药检验合格证明。半成品原料应来自具有卫生许可证的初加工企业

原料产品描述表	
产品特性	含水量高，鲜嫩易腐。在种植过程中易受农药污染
交付方式	适时采收，运输前应进行预冷。 运输过程中注意防冻、防雨淋、防晒、通风散热
包装类型	编织袋包装或塑料筐包装
贮存条件	设有专用贮藏库，储存条件（温度、湿度）应符合相关标准要求。 贮存时应按品种、规格分别贮存。库内堆码应保证气流均匀流通
使用前处理	经验收合格后挑选、清洗
接受准则	原料应采用新鲜或冷藏的。 原料应符合工艺要求的品种、成熟度、新鲜度，色泽形状良好，大小均匀。原料要求无病虫害、无腐烂、无污染，所含农药残留、重金属限量、微生物等指标符合相关卫生标准规定

表 3-27 包装材料产品描述

包装材料产品描述表	
加工类别/生产方式：吹塑 产品类别：包装材料	
产品名称	无菌袋
产地	具有国家卫生许可证或质量许可证的生产企业
产品特性	食品级、色泽正常、无异物、无异味 组成：聚氯乙烯
交付方式	直接从生产企业或特需经销商购买
包装类型	塑料编织袋、纸箱
贮存条件和保质期	阴凉、干燥、符合卫生要求的仓库
使用前处理	不需要特殊处理
接受准则	用于包装食品的材料必须符合有关食品卫生标准要求，并且保持清洁卫生，不得含有有毒有害物质，不易褪色

2. 最终产品的描述（见表 3-28）

表 3-28 最终产品描述

果汁和果汁饮料产品描述表	
加工类别：榨汁、浓缩 产品类别：浓缩果汁	
产品名称	浓缩苹果清汁
主要配料	苹果等
产品特性	具有该种产品应有的自然色泽、滋味及气味，无异味。具有该规格品种特有的外观形态

果汁和果汁饮料产品描述表	
预计用途及消费人群	所有人群
食用方法	经稀释勾兑灭菌后直接饮用
包装类型	内无菌袋外铁桶、大铁罐、大液袋包装，包装材料应坚固、无毒、无害、无污染，并能遮光、防潮。外包装用纸箱，箱外用封口纸或打包带。包装要求整洁、牢固，适于长途运输
贮存条件	0～4 ℃条件下贮存
保质期	12 个月
标签说明	产品标签应符合 GB 7718-2011《食品安全国家标准 预包装食品标签通则》、进出口食品标签管理办法和进口国的相关规定。应在外包装标注卫生注册编号、批号和生产日期等内容
运输条件	产品应在 0～4 ℃条件运输到稀释加工企业
销售要求	在 0～4 ℃条件下销售

（二）工艺流程

1. 生产工艺流程图（见图 3-8）

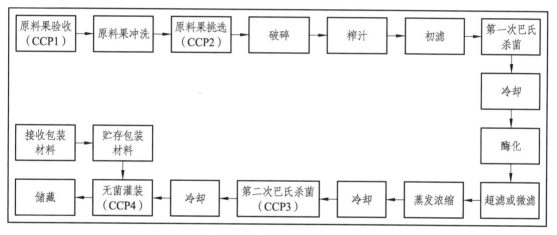

图 3-8　生产工艺流程图

2. 生产工艺描述

（1）原料及包装材料验收：查验运入厂的原料果的品质、质量、杂质、来源等，特别要查验有无原料果《农药、重金属残留普查合格证明》，对无此证明的原料果拒收。

（2）原料果冲洗：用高压水将原料果从果池中冲出进入 25 m 以上的洗果槽，使原料果在果槽中随水流动以便达到冲洗目的，经过过滤装置和沉淀池以除去沙土和杂质（树叶、小树枝、杂草等），然后经 2～3 级提升并用净水喷淋用传送链将果子送入链条传动式选果台。冲洗用水应符合 GB 5749-2022《生活饮用水卫生标准》的要求。

（3）原料果拣选：在选果台上随着果子的滚动将霉烂变质果拣选挑出，此工序将烂果率控制在 2%以下，选果台上的原料果成单层摆放，每平方米选果台保证 3 个以上选果人员。拣选后的原料果随传动链条进入破碎机。

（4）破碎：将洗净的原料果在破碎机内粉碎制成果浆，通过不锈钢管道输入榨汁机内。

（5）榨汁：果浆通过榨汁机的挤压分成果汁和果渣，果渣由排渣装置运出车间，果汁由收集管道流入粗滤罐。

（6）粗滤：果汁在粗滤罐中经过滤，除去较大颗粒的非水溶性物质，之后经管道传送至第一次巴氏杀菌装置。

（7）第一次巴氏杀菌：果汁在 90 ℃的巴氏杀菌装置中维持 30 s（通过控制流速保证 30 s）以杀灭细菌（但不能杀灭芽孢），第一次杀菌的果汁由管道传送至冷却装置。

（8）冷却：将第一次巴氏杀菌的果汁在冷却（冷水循环）装置中迅速降至 50 ℃后由管道传送酶化灌。

（9）酶化：果汁在淀粉酶和果胶酶作用下，使果汁中的淀粉和果胶分解成可溶性的小分子物质（防止果汁出现沉淀或混浊），酶的浓度、酶化温度和时间因原料果品质不同而不同，一般情况下酶化温度和时间分别是 50～55 ℃和 2 h。酶化后的果汁经管道传送到超滤或微滤装置。

（10）超滤或微滤：超滤装置的膜孔径为 0.02 pm，微滤膜孔径为 0.1 pm。经过超滤或微滤除去果汁中水不溶性和分子大于 0.02 pm 或 0.1 pm 的物质包括细菌，不同企业采用的滤膜材料和孔径有所不同。超滤或微滤后经管道传送至蒸发浓缩装置。

（11）蒸发浓缩：大多数企业采用三次（效）减压蒸发浓缩装置。大多数企业采用的第一次（效）浓缩的真空压力和温度为-0.84 Pa 和 70～85 ℃；第二次（效）浓缩的真空压力和温度为-0.84 Pa 和 62～75 ℃；第三次（效）浓缩的真空压力和温度为-0.84 Pa 和 45～55 ℃。通过浓缩使果汁的糖度（可溶性物质）达到 70°Bix 以上。浓缩后的果汁经管道传送到冷却装置。三次（效）蒸发浓缩时间共为 3 min。

（12）冷却：将浓缩果汁在冷却（冷水循环）装置中迅速降至 40 ℃左右后由管道传送至第二次巴氏杀菌装置。

（13）第二次巴氏杀菌：果汁在 93～98 ℃的巴氏杀菌装置中维持 30 s（通过控制流速保证 30 min）以杀灭细菌（但不能杀灭芽孢），第二次灭菌的果汁由管道传送至冷却装置。

（14）冷却：将浓缩果汁在冷却（冷水循环）装置中迅速降至 30 ℃左右后由管道传送至暂存罐中，以备灌装。

（15）无菌灌装：暂存罐中的浓缩果汁经管道传送至无菌灌装机，利用罐装机口周围 100 ℃蒸气形成灭菌条件，将果汁灌入无菌包装袋（外围为钢桶）或通过无菌管道灌入大型集装罐（袋）中。灌装质量通过密度和流量控制。

（16）储藏：装袋（罐）的浓缩果汁放在 0～5 ℃干净卫生的库房中保存。

（三）危害分析表（见表 3-29）

表 3-29　浓缩苹果清汁生产危害分析表

销售和贮存方法：0～4 ℃冷藏
预期用途和消费者：经稀释勾兑灭菌后直接饮用，普通消费者

配料/加工步骤	潜在危害（本步骤引入、控制或增加的危害）	是否显著	判断依据	预防措施	是否是关键控制点
原料果验收	生物性：致病菌、寄生虫	是	原料果生长、贮存环境中可能污染	随后的酶解、巴氏杀菌、超滤浓缩等步骤可消除	是 CCP1

配料/加工步骤	潜在危害（本步骤引入、控制或增加的危害）	是否显著	判断依据	预防措施	是否是关键控制点
原料果验收	化学性：农药、重金属残留、真菌毒素等	是	原料果生长中使用禁用农药或土壤、水中重金属超标，原料果霉烂	向供应商索取农药残留合格证、质检报告；烂果率控制在2%以下	
	物理性：异物（金属、玻璃等）	是	原料果贮存、运输过程可能带入	随后的冲洗、挑选、榨汁、超滤等步骤可消除	
接收包装材料	生物性：致病菌污染	是	清洗消毒不彻底或密封性能不良	向供应商索取合格证明及密封性合格证；按规定清洗消毒	否
	化学性：有毒有害物污染	是	包装材料中可能存在消毒剂残留	向供应商索取合格证明，彻底清洗	
	物理性：无	/	/	/	
贮存包装材料	生物性：致病菌污染	是	包装袋污染	OPRPs控制	否
	化学性：有毒有害物污染	是	包装材料中可能存在消毒剂残留	OPRPs控制	
	物理性：无	/	/	/	
原料果冲洗	生物性：致病菌、寄生虫	是	冲洗水、冲洗道污染	随后的酶解、巴氏杀菌、超滤浓缩等步骤可消除	否
	化学性：农药、消毒剂残留	是	冲洗水中氯离子含量过高，原料果中农药残留	OPRPs控制	
	物理性：异物（金属、玻璃等）	是	原料果中可能存在金属、玻璃碎片	冲洗可除去，随后的挑选、榨汁、超滤等步骤可消除	
原料果挑选	生物性：致病菌、寄生虫	是	操作人员或环境污染	随后的酶解、巴氏杀菌、超滤浓缩等步骤可消除	是 CCP2
	化学性：真菌毒素	否	烂果挑除不彻底	烂果率控制在2%以下	
	物理性：异物（金属、玻璃等）	是	原料果中可能存在金属、玻璃碎片	冲洗可除去；随后的挑选、榨汁、超滤等步骤可消除	
破碎	生物性：致病菌、寄生虫	是	设备污染	随后的酶解、巴氏杀菌、超滤浓缩等步骤可消除	否
	化学性：无	/	/	/	
	物理性：无	/	/	/	

配料/加工步骤	潜在危害（本步骤引入、控制或增加的危害）	是否显著	判断依据	预防措施	是否是关键控制点
榨汁	生物性：致病菌、寄生虫	是	设备污染	随后的酶解、巴氏杀菌、超滤浓缩等步骤可消除	否
	化学性：无	/	/	/	
	物理性：无	/	/	/	
粗滤	生物性：致病菌、寄生虫	是	设备污染	随后的酶解、巴氏杀菌、超滤浓缩等步骤可消除	否
	化学性：无	/	/	/	
	物理性：无	/	/	/	
第一次巴氏杀菌	生物性：致病菌	是	巴氏杀菌不彻底，设备污染	随后的酶解、巴氏杀菌、超滤浓缩等步骤可消除	否
	化学性：无	/	/	/	
	物理性：无	/	/	/	
冷却	生物性：致病菌	是	巴氏杀菌不彻底时致病菌增殖，设备污染	随后的酶解、巴氏杀菌、超滤浓缩等步骤可消除	否
	化学性；无	/	/	/	
	物理性：无	/	/	/	
酶化	生物性：致病菌	是	致病菌增殖，设备污染	随后的巴氏杀菌、超滤浓缩等步骤可消除	否
	化学性：无	/	/	/	
	物理性：无	/	/	/	
超滤或微滤	生物性：致病菌	是	致病菌增殖，设备污染	随后的巴氏杀菌、超滤浓缩等步骤可消除	否
	化学性：无	/	/	/	
	物理性：无	/	/	/	
蒸发浓缩	生物性：致病菌	是	致病菌增殖，设备污染	随后的巴氏杀菌步骤可消除	否
	化学性：无	/	/	/	
	物理性：无	/	/	/	
冷却	生物性：致病菌	是	设备污染	随后的巴氏杀菌步骤可消除	否
	化学性：无	/	/	/	
	物理性：无	/	/	/	

配料/加工步骤	潜在危害（本步骤引入、控制或增加的危害）	是否显著	判断依据	预防措施	是否是关键控制点
第二次巴氏杀菌	生物性：致病菌	是	致病菌增殖，设备污染	适宜的温度、时间：杀菌温度：93～98 ℃ 杀菌时间：30 s	是 CCP3
	化学性：无	/	/	/	
	物理性：无	/	/	/	
冷却	生物性：无	/	/	/	否
	化学性：无	/	/	/	
	物理性：无	/	/	/	
无菌灌装	生物性：致病菌	是	无菌灌装设备和无菌袋污染	无菌灌装正常运行；无菌袋有密封性合格证明	是 CCP4
	化学性：无	/	/	/	
	物理性：无	/	/	/	
贮存	生物性：致病菌	否	致病菌增殖	适宜的储藏条件、时间：成品库 0～4 ℃ 保存时间≤15 天	否
	化学性：无	/	/	/	
	物理性：无	/	/	/	

（四）HACCP 计划表

通过确定浓缩苹果清汁关键控制点的位置、需控制的显著危害、CCP 关键限值、监控程序、纠偏措施、监控记录、验证措施，找出原料验收、原料果挑选、第二次巴氏灭菌、灌装 4 个关键控制点，编写出浓缩苹果清汁的 HACCP 计划表（见表 3-30）。

表 3-30　浓缩苹果清汁生产 HACCP 计划表

关键控制点	显著危害	关键限值	监控				纠正措施	记录	验证
			内容	方法	频率	监控者			
原料验收	致病菌、寄生虫、农药残留、重金属和核物质污染	查验原料果《农药、重金属残留普查合格证明》，查验无菌包装袋或大型集装罐（袋）的相关证明	查验原料果《农药、重金属残留普查合格证明》；查验无菌包装袋或大型集装罐（袋）的相关证明	收购时，查验原料果《农药、重金属残留普查合格证明》、无菌包装袋或大型集装罐（袋）的相关证明	每批	原料果收购人员、质检人员/生产技术监督人员、库管人员	根据偏离情况拒绝收购或入库，取消供货商资格	原料查验纠偏记录	质检部门每周核查记录

关键控制点	显著危害	关键限值	监控				纠正措施	记录	验证
			内容	方法	频率	监控者			
原料果挑选	棒曲霉毒素残留	霉变果率≤2%（选果台上的苹果单层摆放，每平方米选果台保证3名以上选果人员）	霉烂变质果	选果台上苹果密度；选果人员密度，霉变果率	连续（1次/2 h）	生产技术监督人员	根据偏离情况检查原因，避免再次发生	原料果挑选中霉变果检查记录，纠偏记录	主管部门/质检部门每周核查记录
第二次巴氏杀菌	致病菌残留	杀菌温度：93～98 ℃；杀菌时间：30 s	杀菌温度、时间	时间记录，温度表	连续（1次/30 min）	操作工人/生产技术监督人员	根据偏离情况调节蒸气阀或果汁流速	杀菌操作记录，温度表的校验记录，纠偏记录	每日校准温度表、检查设备，主管部门定期核查
灌装	致病菌繁殖	灌装机出口或消毒大型集装罐（袋）灌装管道的蒸气温度：≥100 ℃，时间≥30 min（大罐袋）	蒸气温度、时间	时间记录，温度表	连续（1次/30 min）	操作工人/生产技术监督人员	根据偏离情况调节蒸气阀或延长时间	蒸气温度记录、灌装时间记录，温度表的校验记录，纠偏记录	每日校准温度表、检查设备，主管部门定期核查

任务书四

粮油制品 HACCP 计划的建立

一、粮油制品的生产要求

（一）生产场所

1．厂 区

（1）企业应建在无有害气体、烟尘、灰尘、放射性物质及其他扩散性污染源的地区。

（2）生产企业厂房设计合理，能满足生产流程的要求，还应当有与生产相适应的原辅料库、生产车间、成品库。

（3）企业的不同性质的场所能满足各自的生产要求。

（4）厂区道路应采用便于清洗的混凝土，沥青及其他硬质材料铺设，防止积水和尘土飞扬。

2．厂房和车间

（1）厂房具有足够空间，以利于设备、物料的贮存与运输、卫生清理和人员通行。

（2）厂房与设施必须严格防止鼠、蝇及其他害虫的侵入和隐匿。

（3）生产区域（原料库、成品库、加工车间等）应与生活区分开。

（二）设施设备

1．设 备

同任务书3。

2．设 施

（1）供气、供电设施，同任务书3。

（?）供水系统，同任务书3。

（3）排水系统，同任务书3。

（4）更衣室、卫生间、淋浴室、消毒设施，同任务书3。

（5）通风设施，同任务书3。

（6）照明设施。车间内的照明设施应装有防护罩，工作场所以及检验台照度符合生产、检验的要求，光线以不改变被加工物的本色为宜，生产车间的照明施的照度不低于220 lx，其他区域照度不低于110 lx。生产线上检验台的照度不低于540 lx。

（三）人力资源

1．健康要求

同任务书1。

2．卫生要求

同任务书1。

（三）培训要求

同任务书1。

（四）生产卫生管理

1．防止污染

同任务书3。

2．清洗消毒

同任务书1。

3．杀 菌

同任务书2。

4．金属探测

同任务书1。

5．不合格品的处理

同任务书1。

6．害虫控制

同任务书3。

7．废弃物管理

同任务书1。

8．有毒有害物品的控制

同任务书3。

（五）粮油制品的生产质量要求

1．种植生产环节

参加中国好粮油行动计划的粮油产地要充分考虑相邻田块和周边环境的潜在影响，应远离（5公里范围内）污染源，如化工、电镀、水泥、工矿等企业，医院、饲养场等场所，污水污染区，废渣、废物、废料堆放区等。

在栽培和田间管理上，依据选择的品种区别对待，各产地应在遵循品种特定管理细则的原则下，以保证粮食品种品质为目标，粮食品质需满足中国好粮油原粮标准质量要求；根据实际情况可适时适当调整管理措施。

2. 收获环节

在保证成熟度的条件下，适当控制收获时水分；收割前应对收割机进行清理，防止品种间混杂。

各粮食品种收获水分控制参考要求和性状表 3-31。

表 3-31　不同粮食收获水分控制参考要求和性状

品种	小麦	水稻	玉米	大豆	杂粮、杂豆
水分含量/%	≤22	20～25	≤35	≤25	
性状	蜡熟末期到完熟初期，籽粒变硬，呈透明状	每穗谷粒颖壳 95%以上变黄，米粒变硬，呈透明状	完熟期，籽粒基部与穗轴连接处出现"黑层"	大豆叶片脱落 70%～80%	根据杂粮、杂豆种类而定

3. 干燥技术

采用保质干燥技术，即根据不同粮食品种的加工用途要求采用相应的干燥工艺技术及装备，最大限度地降低烘干对粮食加工用途的影响，满足粮食加工生产需求。

4. 储藏技术

储藏环节按照 GB/T 29890-2013《粮油储藏技术规范》规定执行，其中储藏技术须满足 LS/T 1218-2017《中国好粮油 生产质量控制规范》要求。

粮食的真菌毒素、污染物、农药残留等安全卫生指标众须符合"中国好粮油"系列产品标准中安全指数要求方可入仓。

严格控制储粮过程中药剂的使用，推荐使用生物类药剂。药剂类型、使用要求、药剂残留应符合 GB/T 22497-2008《粮油储藏 熏蒸剂使用准则》、LS 1212-2008《储粮化学药剂管理和使用规范》、GB/T 22498-2008《粮油储藏 防护剂使用准则》的要求。

储藏过程中严格控制环境条件，防止安全卫生指标等超标，不得有外来污染或混入。

5. 加工环节

加工企业卫生条件需符合 GB 13122-2016《食品安全国家标准 谷物加工卫生规范》、GB 14881-2013《食品安全国家标准 食品生产通用卫生规范》的要求；粮油加工环境需满足 GB/T 26433-2010《粮油加工环境要求》的要求。加工企业应建立符合"中国好粮油"要求的加工管理制度，建立本区常用原料加工指标控制体系。大米加工企业按 GB/T 26630-2011《大米加工企业良好操作规范》中规定执行。

加工企业在更换加工原料前应彻底清理上一批原料的残留，确保加工产品不混杂。

加工质量控制方面，加工产品质量指标必须符合"中国好粮油"系列产品标准中的规定。

加工工艺控制方面，采用清洁加工和适度加工工艺，保证产品品质和安全，提高产品营养，节能降耗。其中：①大米加工：碾米过程中粮温上升控制在 20 ℃左右，出机时粮温控制在 40 ℃以下，最多抛光 1 次。②小麦粉加工：磨辊温度控制在 55 ℃以下，采用清洁加工工艺，加强小麦制粉前的清理工序。③食用植物油加工：要采用利于保留其特殊功能成分的加工技术。

6. 运　输

运输需满足保鲜运输条件。成品粮运输过程中经受连续高温（≥30 ℃）的时间不得超过5天。

7. 零售终端销售

加工企业要建立产品信息追溯机制和召回机制。零售方应根据产品保质期的存放要求，避光避热存放。

二、粮油制品的 HACCP 计划示例

（一）产品描述

1. 原材料的描述（见表 3-32、表 3-33、表 3-34）

表 3-32　原材料描述

原料产品描述表	
加工类别/生产方式：种植	
产品类别：青稞	
产品名称	青稞
产地	来自经检验检疫机构备案的种植基地或具有农药检验合格证明
产品特性	颗粒状、内外颖壳分离，籽粒裸露。 具有高蛋白质、高纤维、高维生素、低糖、低脂肪等特点。 原料口感粗糙、消化率较低
交付方式	适时采收。 运输过程中注意防雨淋、防晒、通风散热
包装类型	编织袋包装
贮存条件	设有专用贮藏库，储存条件（温度、湿度）应符合相关标准要求。 密封、阴凉、干燥处保存；保质期 24 个月
使用前处理	脱皮、清粮、磨制
接受准则	符合标准 GB/T 11760-2021《青稞》，经验收合格后入库。原料要求无病虫害、无腐烂、无污染，所含农药残留、重金属限量、微生物等指标符合相关卫生标准规定

表 3-33　辅料产品描述

辅料产品描述表	
加工类别/生产方式：种植、研磨	
产品类别：辅料	
产品名称	小麦粉
产地	具有国家卫生许可证的生产企业
产品特性	符合相关标准的规定 色泽气味正常，粉状无结块 脂肪酸值：≤80 mg/100 g

辅料产品描述表	
产品特性	水分：≤14.5% 含沙量：≤0.02% 磁性金属物：≤0.003 g/kg 湿面筋含量：≥22.0%
交付方式	直接从生产企业购买
包装类型	塑料袋装
贮存条件	常温条件下贮存
使用前处理	辅料经验收合格后入库
接受准则	具有检验合格证明，符合标准 GB/T 1355-2021《小麦粉》

表 3-34　包装材料产品描述

包装材料产品描述表	
加工类别/生产方式：织造	
产品类别：包装材料	
产品名称	塑料包装袋
产地	具有国家卫生许可证或质量许可证的生产企业
产品特性	无毒、无味、无臭，轻盈透明，具有防潮、抗氧、耐酸、气密性一般、热封性优异等 组成：聚丙烯树脂
交付方式	直接从生产企业或特需经销商购买
包装类型	塑料编织袋、纸箱
贮存条件和保质期	清洁、干燥、通风、无污染、符合卫生要求的专用仓库
使用前处理	消毒
接受准则	用于包装食品的材料必须符合有关食品卫生标准要求，并且保持清洁卫生，不得含有有毒有害物质，不易褪色

2. 最终产品的描述（见表 3-35）

表 3-35　最终产品描述

粮油制品产品描述表	
加工类别：碾磨	
产品类别：粮食加工品	
产品名称	青稞面
主要配料	青稞、小麦粉、食盐、水
产品特性	具有该规格品种特有的外观形态。 水分：≤12.0% 食盐（以 NaCl 计）：≤2.5%

粮油制品产品描述表	
产品特性	砷（以 As 计）：≤0.5 mg/kg 铅（以 Pb 计）：≤0.5 mg/kg 菌落总数：≤1000 CFU/g 大肠菌群：≤30 MPN/100 g 食品添加剂：符合 GB 2760《食品安全国家标准 食品添加剂使用标准》的规定
预计用途及消费人群	所有人群
食用方法	加热食用
包装类型	内包装由塑料包装袋包装，包装材料应无毒、无害、无污染。外包装用纸箱，箱外用封口纸或打包带。包装要求整洁、牢固，适于长途运输
贮存条件	干燥、通风良好的场所，不得与有毒、有害、有异味、易挥发、易腐蚀的物品同处贮存
保质期	18 个月
标签说明	产品标签应符合 GB 7718-2011《食品安全国家标准 预包装食品标签通则》、进出口食品标签管理办法和进口国的相关规定。应在外包装标注卫生注册编号、批号和生产日期等内容
运输条件	产品应在室温条件运输到稀释加工企业
销售要求	在常温条件下销售

（二）工艺流程

1. 生产工艺流程图（见图 3-9）

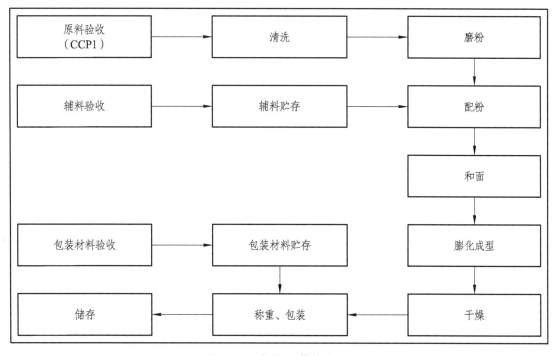

图 3-9　生产工艺流程图

2. 生产工艺描述

（1）原、辅料及包装材料验收：按标准GB/T 11760—2021《青稞》的要求，对供方提供的原料进行验收，从容重、不完善粒、杂质、水分、色泽、气味等方面验证。

（2）清洗：使用脱皮机、清粮机，将原料青稞清洗干净、备用。冲洗用水应符合GB 5749-2022《生活饮用水卫生标准》的要求。

（3）磨粉：使用磨粉机，将原料（青稞）磨成细粉。

（4）配粉：将青稞粉、小麦粉、食盐混合，青稞粉与小麦粉比例为70∶30，食盐占总量2%，放置1 min。

（5）和面：按每100 kg混合面粉加30 kg水的比例，快速均匀加水（水温25～30 ℃），同时快速搅拌10 min，再慢速搅拌3～4 min。

（6）膨化成型：将和好的面团放入一个低速搅拌的熟化盘中，在低温、低速搅拌下完成熟化，熟化时间不少于10 min。使用二次膨化挤压机，将熟化后的面团挤压成型。

（7）干燥：将面放置在温度40～50 ℃烘房内干燥8 h。

（8）称重、包装：使用电子秤称重，使用包装机将面包装成品。

（9）储藏：装袋的青稞面放在干燥、通风良好、干净卫生的库房中保存。

（三）危害分析表（见表3-36）

表3-36 青稞面生产危害分析表

销售和贮存方法：常温贮存
预期用途和消费者：加热食用，普通消费者

配料/加工步骤	潜在危害（本步骤引入、控制或增加的危害）	是否显著	判断依据	预防措施	是否是关键控制点
原料验收（CCP1）	生物性：致病菌	否	原料贮存环境中可能污染	随后的清洗等步骤可消除	是 CCP1
	化学性：霉变	是	贮藏不当引起的原料青稞腐烂霉变	向供应商索取农药残留合格证、质检报告，不完善粒含量在8.0%以下	
	物理性：异物（泥沙等）	否	原料贮存、运输过程可能带入	随后的清洗等步骤可消除	
辅料验收	生物性：致病菌	否	辅料贮存环境中可能污染	随后的膨化成型等步骤可消除	否
	化学性：霉变	否	贮藏不当引起的原料小麦粉霉变	向供应商索取生产合格证、质检报告	
	物理性：异物（泥沙等）	否	辅料贮存、运输过程可能带入	随后的清洗等步骤可消除	
接收包装材料	生物性：致病菌污染	否	清洗消毒不彻底或密封性能不良	向供应商索取合格证明及密封性合格证，按规定清洗消毒	否
	化学性：有毒有害物污染	否	包装材料中可能存在消毒剂残留	向供应商索取合格证明，彻底清洗	
	物理性：无	/	/	/	

配料/加工步骤	潜在危害（本步骤引入、控制或增加的危害）	是否显著	判断依据	预防措施	是否是关键控制点
贮存包装材料	生物性：致病菌污染	是	包装袋污染	OPRPs 控制	否
	化学性：有毒有害物污染	是	包装材料中可能存在消毒剂残留	OPRPs 控制	
	物理性：无	/	/	/	
清洗	生物性：致病菌	否	冲洗水、冲洗道污染	OPRPs 控制，随后的膨化成型等步骤可消除	否
	化学性：无	/	/	/	
	物理性：无	/	/	/	
磨粉	生物性：致病菌	否	设备污染	OPRPs 控制，随后的膨化成型等步骤可消除	否
	化学性：无	/	/	/	
	物理性：无	/	/	/	
配粉	生物性：致病菌	否	设备污染	OPRPs 控制，随后的膨化成型等步骤可消除	否
	化学性：无	/	/	/	
	物理性：无	/	/	/	
和面	生物性：致病菌	否	致病菌增殖	OPRPs 控制，随后的膨化成型等步骤可消除	否
	化学性：无	/	/	/	
	物理性：无	/	/	/	
膨化成型（CCP2）	生物性：致病菌	是	温度、压力、转速不当导致的杀菌不彻底	适宜的温度、压力、转速：膨化温度：180～190 ℃；膨化压力：0.2～0.4 MPa；膨化转速：1400～1500 r/min	是CCP2
	化学性：无	/	/	/	
	物理性：无	/	/	/	
干燥	生物性：致病菌	否	设备污染	OPRPs 控制，面块水分≤8.0%	否
	化学性：无	/	/	/	
	物理性：无	/	/	/	
称重、包装（CCP3）	生物性：致病菌	是	设备和包装材料污染	适宜的消毒条件、时间，包装间熏蒸消毒时间＞30 s；紫外灯消毒时间＞1 h；手消毒间隔＜1 h	是CCP3
	化学性：无	/	/	/	
	物理性：无	/	/	/	
贮存	生物性：无	/	/	/	否
	化学性：无	/	/	/	
	物理性：无	/	/	/	

（四）HACCP 计划表

通过确定青稞面关键控制点的位置、需控制的显著危害、CCP 关键限值、监控程序、纠偏措施、监控记录、验证措施，找出原料验收、膨化成型、称重包装 3 个关键控制点，编写出青稞面的 HACCP 计划表（见表 3-37）。

表 3-37 青稞面生产 HACCP 计划表

| 关键控制点 | 显著危害 | 关键限值 | 监控 | | | | 纠正措施 | 记录 | 验证 |
			内容	方法	频率	监控者			
原料验收	霉变	符合国家有关卫生标准的合格证明；不完善粒含量≤8.0%、水分≤13.0%、杂质含量≤1.2%	查验合格证，不完善粒含量、杂质含量、水分	理化检验	每批	质检人员	根据偏离情况拒绝收购或入库，取消供货商资格	原料质检报告，纠偏记录	质检部门定期复查每次记录
膨化成型	致病菌	二次挤出机条件：膨化温度：180～190 ℃；膨化压力：0.2～0.4 MPa；膨化转速：1400～1500 r/min	二次挤出机温度、压力、转速	温度表，压力表等	每批	操作人员	生产线停工，进行必要调整，所有偏离的加工产品做标记另行处理	操作记录，纠偏记录	质检部门定期复查每日记录
称重、包装	大肠杆菌等细菌残留	包装间熏蒸消毒时间＞30 s，紫外灯消毒时间＞1 h，手消毒间隔＜1 h	消毒时间	时间记录	每次	操作工人	重新熏蒸消毒	清洗、消毒操作记录，纠偏记录	抽样检测产品、器具、手的微生物，做空曝试验

任务书五

酒类产品 HACCP 计划的建立

一、酒类产品的生产要求

（一）生产场所

1. 厂 区

要求同任务书 3。

2. 厂房和车间

要求同任务书 3。

（二）设施设备

1. 设 备

要求同任务书 3。

2．设　施

（1）供气、供电设施，同任务书 3。

（2）供水系统，同任务书 3。

（3）排水系统，同任务书 3。

（4）更衣室、卫生间、淋浴室、消毒设施，同任务书 3。

（5）通风设施，同任务书 3。

（6）照明设施，同任务书 3。

（三）人力资源

1．健康要求

要求同任务书 1。

2．卫生要求

要求同任务书 1。

3．培训要求

要求同任务书 1。

（四）生产卫生管理

1．防止污染

要求同任务书 3。

2．清洗消毒

要求同任务书 1。

3．杀　菌

要求同任务书 2。

4．金属探测

要求同任务书 1。

5．不合格品的处理

要求同任务书 1。

6．害虫控制

要求同任务书 3。

7．废弃物管理

要求同任务书 1。

8．有毒有害物品的控制

要求同任务书 3。

拓展学习任务

拓展知识七　酒类产品的加工与生产要求

二、酒类产品的 HACCP 计划示例

（一）产品描述（见表 3-38、表 3-39、表 3-40）

1. 原材料的描述

表 3-38　原材料描述

原料产品描述表	
加工类别/生产方式：种植或初加工	
产品类别：水果	
产品名称	葡萄（美乐、赤霞珠）
产地	水果原料应来自经检验检疫机构备案的种植基地或具有农药检验合格证明。半成品原料应来自具有卫生许可证的初加工企业
产品特性	含水量高，鲜嫩易腐。在种植过程中易受农药污染
交付方式	适时采收，运输前应进行预冷。运输过程中注意防冻、防雨淋、防晒、通风散热
包装类型	编织袋包装或塑料筐包装
贮存条件	设有专用贮藏库，储存条件（温度、湿度）应符合相关标准要求。贮存时应按品种、规格分别贮存。库内堆码应保证气流均匀流通。贮藏时间≤24 h
使用前处理	经验收合格后挑选、清洗
接受准则	原料应采用新鲜或冷藏的。原料应符合工艺要求的品种、成熟度、新鲜度，色泽形状良好，大小均匀。原料要求无病虫害、无腐烂、无污染，所含农药残留、重金属限量、微生物等指标符合相关卫生标准规定

表 3-39　辅料产品描述

辅料产品描述表	
加工类别/生产方式：根据各自不同的生产工艺进行加工	
产品类别：辅料	
产品名称	酵母、乳酸菌、果胶酶等
产地	具有国家卫生许可证的生产企业
产品特性	产品应符合相关标准的规定
交付方式	直接从生产企业或特需经销商购买
包装类型	玻璃瓶装、塑料袋装、气瓶装等
贮存条件	常温条件下贮存
使用前处理	辅料经验收合格后方可使用
接受准则	具有检验合格证明

表 3-40　包装材料产品描述

包装材料产品描述表	
加工类别/生产方式： 产品类别：包装材料	
产品名称	葡萄酒瓶
产地	具有国家卫生许可证或质量许可证的生产企业
产品特性	无质量瑕疵，符合相应耐压要求 组成：玻璃
交付方式	直接从生产企业购买
包装类型	纸箱
贮存条件和保质期	干燥、通风、无雨雪侵袭、防止受潮的专用仓库
使用前处理	不需要特殊处理
接受准则	用于包装食品的材料必须符合有关食品卫生标准要求，并且保持清洁卫生，不得含有有毒有害物质，不易褪色

2. 最终产品的描述（见表 3-41）

表 3-41　最终产品描述

酒类产品产品描述表	
产品类别：葡萄酒	
产品名称	干红葡萄酒
主要配料	葡萄：70%美乐、30%赤霞珠
产品特性	具有该产品应有的色泽。 酒精度（20 ℃）：≥7.0% vol。 总糖（以葡萄糖计）≤4 g/L 或当总糖与总酸的差值≤2 g/L 时，含糖最高为 9 g/L。 干浸出物：≥18.0 g/L。 挥发酸（以乙酸计）：≤1.2 g/L。 总 SO_2≤250 mg/L
预期用途及消费人群	成年人 酒精过敏者不宜饮用
食用方法	开瓶后直接饮用
包装类型	750 ml 或 375 ml 玻璃瓶装
贮存条件	常温（5～25 ℃）条件下贮存，卧放和倒放
保质期	10 年
标签说明	产品标签应符合 GB 7718-2011《食品安全国家标准 预包装食品标签通则》、进出口食品标签管理办法和进口国的相关规定。
运输条件	产品应在常温条件下运输
销售要求	产品应在常温条件下瓶装销售

（二）工艺流程

1. 生产工艺流程图（见图 3-10）

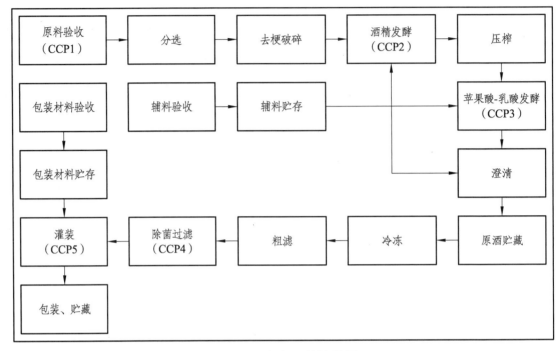

图 3-10　生产工艺流程图

2. 生产工艺描述

（1）原料及包装材料验收：查验运入厂的原料果的品质、质量、杂质、来源等，特别要查验有无原料果《农药、重金属残留普查合格证明》，对无此证明的原料拒收。

（2）分选：将青、受损、霉烂变质果拣选挑出，选果台上的原料果成单层摆放，每平方米选果台保证 3 个以上选果人员。拣选后的原料果随传动链条进入破碎机。

（3）去梗破碎：将除梗的原料果根据工艺需求选择合适的破碎度，在破碎机内破碎处理，破碎过程中防止破碎果籽和果梗。破碎方法有手挤法、捣碎法、用脚踏碎法和机械破碎法。

（4）发酵：可采用添加酵母进行酒精发酵，自然诱发或添加乳酸菌进行苹果酸-乳酸发酵。①酒精发酵：通过酵母发酵，将葡萄糖转化为酒精和二氧化碳，并放出热量。②苹果酸—乳酸发酵：是葡萄酒酿造的一个重要环节，关系到成品酒的质量及其生物稳定性。

（5）压榨：为增加出汁率，葡萄破碎后通过软压取汁方式分离果汁和果渣，不应压破或压碎果梗和果核，果渣由排渣装置运出车间。一般使用筐式压榨机、果汁分离机。

（6）澄清：通过使用果胶酶、明胶、皂土等使葡萄汁或原酒加速澄清，无明显悬浮物。

（7）原酒贮存（陈酿）：原酒贮存在地下酒窖中。原酒中成分发生氧化还原、酯化等作用，形成一些芳香物质、蛋白质、单宁、果胶质、酒石等沉淀析出，从而改善酒的风味。

（8）冷冻（冷处理）：冷处理可使过量的酒石酸盐等析出沉淀，从而降低酒酸味，改善其口味，也可使酒液中残留的蛋白质、死酵母、果胶等加速沉淀。

（9）粗滤：用棉饼（硅藻土）过滤机进行粗滤，去除悬浮在酒液中的细小颗粒，分离悬浮状的微结晶和胶体。

（10）除菌过滤：装瓶前通过除菌过滤，进一步提高酒液透明度，防止发生生物性浑浊。除去酒液中水不溶性和分子大于 0.22 μm 的物质包括细菌，不同企业采用的滤膜材料和孔径有所不同。

（11）灌装：采用无菌灌装。利用二氧化碳形成无菌条件，将酒灌入经二氧化硫溶液清洗后的葡萄酒瓶中。灌装质量通过密度和流量控制。

（12）灯检：通过灯检筛选出酒液浑浊或有杂质（碎玻璃等）残留的不合格品。

（13）储藏：将瓶装葡萄酒放在 5～25 ℃干净卫生的库房中保存。

（三）危害分析表（见表 3-42）

表 3-42　干红葡萄酒生产危害分析表

销售和贮存方法：常温贮存

预期用途和消费者：直接饮用，普通消费者

配料/加工步骤	潜在危害（本步骤引入、控制或增加的危害）	是否显著	判断依据	预防措施	是否是关键控制点
原料果验收	生物性：致病菌	是	原料果生长、采摘、贮存环境中可能污染	采摘及运输过程中的卫生，随后的发酵、除菌过滤等步骤可消除	是 CCP1
	化学性：农药、重金属残留、真菌毒素等	是	原料果生长中使用禁用农药或土壤、水中重金属超标；原料果霉烂	向供应商索取农药残留合格证、质检报告，控制烂果率	
	物理性：异物（金属、石块等）	否	原料果贮存、运输过程可能带入	随后的分选、除梗破碎、过滤等步骤可消除	
辅料验收	生物性：无	/	/	/	否
	化学性：无	/	/	/	
	物理性：无	/	/	/	
辅料贮存	生物性：无	/	/	/	否
	化学性：无	/	/	/	
	物理性：无	/	/	/	
包装材料验收	生物性：致病菌	是	内包材料可能带菌	随后的包装步骤可消除	否
	化学性：化学物污染	是	包装材料中可能存在有害化合物	向供应商要检验合格证	
	物理性：无	/	/	/	
包装材料贮存	生物性：无	/	/	/	否
	化学性：无	/	/	/	
	物理性：无	/	/	/	
分选	生物性：致病菌	是	操作人员或环境污染	OPRPs 控制，随后的发酵、除菌过滤等步骤可消除	是 CCP2
	化学性：真菌毒素	否	青、受损、霉烂变质果挑除不彻底	烂果率控制在 2% 以下	
	物理性：异物（金属、玻璃等）	是	原料果中可能存在金属、玻璃碎片	随后的除梗破碎、过滤等步骤可消除	

配料/加工步骤	潜在危害（本步骤引入、控制或增加的危害）	是否显著	判断依据	预防措施	是否是关键控制点
除梗破碎	生物性：致病菌	是	致病菌增殖	添加 SO_2 抑制致病菌增殖，随后的发酵、除菌过滤等步骤可消除	否
	化学性：无	/	/	/	
	物理性：无	/	/	/	
酒精发酵	生物性：致病菌	否	发酵不完全导致致病菌增殖	适宜的温度：≤27 ℃；随后的发酵、除菌过滤等步骤可消除	是 CCP2
	化学性：不良副产物	是	发酵温度过高导致大量不良副产物的产生	适宜的温度：≤27 ℃	
	物理性：无	/	/	/	
压榨	生物性：致病菌	是	设备污染	随后的发酵、除菌过滤等步骤可消除	否
	化学性：无	/	/	/	
	物理性：无	/	/	/	
苹果酸-乳酸发酵	生物性：致病菌	否	发酵不完全导致致病菌增殖	适宜的温度：≤27 ℃；随后的除菌过滤等步骤可消除	是 CCP3
	化学性：无	是	发酵温度过高导致大量不良副产物的产生	适宜的温度：≤27 ℃	
	物理性：无	/	/	/	
澄清	生物性：致病菌	是	设备污染	随后的除菌过滤等步骤可消除	否
	化学性：无	/	/	/	
	物理性：无	/	/	/	
原酒贮藏	生物性：致病菌	是	贮酒容器不满或未封严，与空气接触导致致病菌增殖	贮酒容器加盖密封，定期补充二氧化碳，随后的除菌过滤等步骤可消除	否
	化学性：无	/	/	/	
	物理性：无	/	/	/	
冷冻	生物性：致病菌	是	冷处理温度不能有效抑制嗜冷微生物增殖	随后的除菌过滤等步骤可消除	否
	化学性；无	/	/	/	
	物理性：无	/	/	/	

配料/加工步骤	潜在危害（本步骤引入、控制或增加的危害）	是否显著	判断依据	预防措施	是否是关键控制点
粗滤	生物性：致病菌	是	设备污染	随后的除菌过滤等步骤可消除	否
	化学性：无	/	/	/	
	物理性：无	/	/	/	
除菌过滤	生物性：致病菌	是	无菌过滤膜不符合要求，不能有效除去微生物	适宜的过滤条件：过滤进口压力：≤0.08 MPa；过滤膜孔径：≤0.22 μm；过滤膜无破损	是 CCP4
	化学性：无	/	/	/	
	物理性：无	/	/	/	
灌装	生物性：致病菌	是	无菌灌装设备和环境污染	无菌灌装正常运行	是 CCP5
	化学性：SO_2	是	洗瓶用 SO_2 溶液浓度过高导致残留超标	严格按标准配制溶液	
	物理性：异物（碎玻璃）	否	木塞尺寸不符合要求导致瓶口破碎	随后的灯检等步骤可消除	
灯检	生物的：无	/	/	/	否
	化学的：无	/	/	/	
	物理的：无	/	/	/	
包装、贮存	生物性：致病菌	否	致病菌增殖	适宜的储藏条件：成品库 5～25 ℃	否
	化学性：无	/	/	/	
	物理性：无	/	/	/	

（四）HACCP 计划表

通过确定干红葡萄酒关键控制点的位置、需控制的显著危害、CCP 关键限值、监控程序、纠偏措施、监控记录、验证措施，找出原料验收、酒精发酵、苹果酸-乳酸发酵、精滤及除菌过滤、灌装 5 个关键控制点，编写出干红葡酒的 HACCP 计划表（见表 3-43）。

表 3-43　干红葡萄酒生产 HACCP 计划表

关键控制点	显著危害	关键限值	监控				纠正措施	记录	验证
			内容	方法	频率	监控者			
原料验收	农药残留、重金属污染、微生物	查验原料果果《农药、重金属残留普查合格证明》，理化检验	查验原料果果《农药、重金属残留普查合格证明》，理化检验	收购时，查验原料果果《农药、重金属残留普查合格证明》，理化检验	每批	原料果收购人员、质检人员	根据偏离情况拒绝收购或入库，取消供货商资格	原料查验记录，质检报告，纠偏记录	质检部门定期核查记录，定期抽样检测

关键控制点	显著危害	关键限值	监控				纠正措施	记录	验证
			内容	方法	频率	监控者			
酒精发酵	不良副产物	温度：≤27 ℃	发酵温度、发酵罐酒液液面	温度表，观察液面是否溢出	每天4次	操作人员	启动冷却装置；根据偏离情况作废原酒或另作他用	发酵温度记录温度表校验记录，纠偏记录	每日校准温度表、检查设备，质检部门定期核查
苹果酸-乳酸发酵	不良副产物	温度：≤27 ℃	发酵温度、发酵罐酒液液面	温度表，观察液面是否溢出	每天4次	操作人员	启动冷却装置，根据偏离情况作废原酒或另作他用	发酵温度记录温度表校验记录，纠偏记录	每日校准温度表、检查设备，质检部门定期核查
除菌过滤	微生物残留	过滤压力：≤0.08 MPa；除菌过滤膜孔径≤0.22 μm	过滤压力，滤膜孔径，滤膜一次性使用	压力表，除菌滤膜使用记录	每批（过滤压力每小时记录一次、滤膜使用每次操作记录一次）	操作工人	发现破损后立即更换滤膜，根据偏离情况重新进行除菌过滤	除菌过滤操作记录，压力记录，压力表的校验记录，除菌过滤纠偏记录	每日校准压力表、检查设备，质检部门定期核查
灌装	化学残留	冲瓶水 SO₂：500～500 mg/L	冲瓶水浓度	进口全自动生产线；抽样检测冲瓶水SO₂浓度	每天	操作工人、质检人员	根据偏离情况由灌装厂对SO₂进行调整；已灌装成品酒分时间段隔离检测	冲瓶水质量记录，纠偏记录	每日对冲瓶水SO₂浓度进行控制，质检人员每日抽样检测

拓展学习任务

拓展知识八 液体发酵面包 HACCP 计划的建立

拓展知识九 HACCP 原理在中药材质量安全管理中的应用

拓展知识十 HACCP 原理在食品企业管理中的双重应用

项目四
食品经营过程安全控制

 知识目标

1. 了解食品经营环节控制与管理发展现状。
2. 掌握食品采购具体相关要求。
3. 掌握食品采购中验收相关环节。
4. 掌握预包装食品销售管理要点。
5. 理解散装食品销售管理要点。
6. 了解特殊食品销售管理要点。
7. 理解食品贮存过程管理要点。
8. 理解食品接触材料相关知识。
9. 了解冷藏冷冻食品管理要点。

 能力目标

1. 能够了解我国在食品经营环节监督管理方面的历程，知晓目前我国食品经营许可相关法律法规，如有相关咨询，可以指导对方在对应部门办理相关业务。
2. 能够在食品采购、销售、贮存等环节指出关键控制点，并采取相应控制措施或控制措施组合。
3. 运用现有法律法规，能够分析预包装食品、散装食品在销售环节中风险点。

 素质目标

1. 增强国家安全观、大食物观，增强爱国主义思想教育。
2. 树立食品安全意识，强化标准化理念。
3. 培养诚实守信的职业道德。

 食品经营环节安全控制

亲爱的同学们，设想一下，你家亲戚想开一家食品小超市（经营店），在办理营业执照时，到处找人问相关事宜。假如问到你，你应该怎么帮助他呢？

思考题 1：小超市有了营业执照，就可以开办了吗？

思考题 2：办理食品经营许可证需要哪些条件？

知识准备

酸辣可口的凉拌海带丝、清凉爽口的拌木耳、美味盐水鸭、口水鸡……清爽可口的凉菜好吃又方便，许多商家也都瞄准商机，推出花样凉菜。但是，凉菜可不是想卖就能卖的！

近日，安徽某地多个餐馆因卖凉拌黄瓜被罚款 5000 元，事件引起关注。同时，在安徽另一个城市，也有餐饮店老板发帖反映，称自己在店内"拍黄瓜"做凉菜被市场监管部门处罚 5000 元。他们为什么会被罚？

在我国，从事食品销售和餐饮服务活动，应当依法取得食品经营许可。在食品经营许可之前，我国是如何监管的呢？

一、食品经营环节管理的变革

"食品卫生许可证""食品流通许可证""餐饮服务许可证"这些名词可能大家都不太熟悉了，取而代之的是"食品经营许可证"，体现了政府部门阶段性改革中逐步推进的过程。

2009 年 6 月 1 日施行的《中华人民共和国食品安全法》规定，质检、工商、食药监、农业等部门分别负责食品生产环节、流通环节、餐饮服务环节、食用农产品的监管工作，由原工商管理部门、原食药监部门分别核发《食品流通许可证》和《餐饮服务许可证》。

2013 年，根据第十二届全国人民代表大会第一次会议批准的《国务院机构改革和职能转变方案》和《国务院关于机构设置的通知》，国家对食品生产、流通、餐饮环节的食品安全监管进行整合，组建国家食品药品监督管理总局，并设立食监二司，主要职责是掌握分析流通消费环节食品安全形势、存在的问题并提出完善制度机制和改进工作的建议，督促下级行政机关严格依法实施行政许可、履行监督管理责任，及时发现、纠正违法和不当行为。

2015 年 8 月，为规范食品经营许可活动，加强食品经营监管工作，保障食品安全，原食品药品监督管理总局发布《食品经营许可管理办法》。根据"简政放权、管放结合"的精神，将原由工商行政管理部门颁发的食品流通许可和原由食药监管部门颁发的餐饮服务许可两个许可整合为食品经营许可，统一许可事项和许可证式样。

2016 年 3 月，按照《国务院关于整合调整餐饮服务场所的公共场所卫生许可证和食品经营许可证的决定》（国发〔2016〕12 号），原食品药品监督管理总局会同原国家卫生计生委印发《食品药品监管总局 国家卫生计生委关于整合调整餐饮服务场所的公共场所卫生许可证和食品经营许可证有关事项的通知》，重点明确：一是卫生计生部门停止饭馆、咖啡馆、酒吧、茶座等 4 类场所卫生许可申请的受理、审批，注销上述 4 类场所的卫生许可证。二是取消对上述 4 类公共场所核发的卫生许可证，场所、制度、人员、设施设备等有关食品安全许可内容整合进食品经营许可证。

2018 年，第十三届全国人民代表大会第一次会议批准了《国务院机构改革方案》，组建国家市场监督管理总局。2018 年 9 月，中国机构编制网发布《国家市场监督管理总局职能配置、内设机构和人员编制规定》，提出国家市场监督管理总局负责食品安全监督管理，并设立食品经营司专门负责食品经营安全监管，主要职责是分析掌握流通和餐饮服务领域食品安全形势，拟订食品流通、餐饮服务、市场销售食用农产品监督管理和食品经营者落实主体责任的制度措施，组织实施并指导开展监督检查工作，组织食盐经营质量安全监督管理工作，组织实施餐饮质量安全提升行动，指导重大活动食品安全保障工作，组织查处相关重大违法行为。

2018 年 11 月，印发《市场监管总局关于加快推进食品经营许可改革工作的通知》，加快推进食品经营许可改革工作，明确食品经营许可改革的目标和任务。一是试点推行"告知承诺制"，二是优化许可事项，三是缩短许可时限，四是全面推行许可信息化。

2021 年 4 月 29 日，全国人大对《食品安全法》第三十五条第一款进行了修改（自决定公布之日起施行），将第三十五条第一款修改为："国家对食品生产经营实行许可制度。从事食品生产、食品销售、餐饮服务，应当依法取得许可。但是，销售食用农产品和仅销售预包装食品的，不需要取得许可。仅销售预包装食品的，应当报所在地县级以上地方人民政府食品安全监督管理部门备案。"此次也是食品经营许可制度建立以来，《食品安全法》中关于许可制度进行的一次修改。

二、《食品经营许可和备案管理办法》与《食品经营许可审查通则》

2023 年 6 月 15 日国家市场监督管理总局令第 78 号公布了《食品经营许可和备案管理办法》。《办法》于 2023 年 12 月 1 日代替原国家食品药品监督管理总局第 17 号令《食品经营许可管理办法》。该办法落实新修订的《中华人民共和国食品安全法》及其实施条例等法律法规要求，顺应食品经营领域新发展，适应基层监管需求，解决企业相关政策困惑，进一步规范食品经营许可和备案管理工作，加强食品经营安全监督管理，落实食品安全主体责任。

行政规范性文件《食品经营许可审查通则》于 2024 年 3 月 25 日市场监管总局第 9 次局务会议修订通过，自发布之日实施。主要修订的内容包括：

（1）严格重点领域许可审查要求。强调严格学校、托幼机构等集中用餐单位食堂许可审查要求，分别从申办许可主体、标注经营形式、层级对应原则、建立承包管理制度等方面作出规定。从在承包食堂所在地办理许可、风险防控能力、跨省份经营、人员、制度等方面进一步严格食堂承包经营的许可审查要求。

（2）优化食品经营许可要求。以新修订的《食品经营许可和备案管理办法》为基础，在简化食品经营许可程序等方面进行拓展，针对"拍黄瓜""泡茶"等简单制售的安全风险较低的食品，明确可以在保障食品安全的前提下适当简化设施设备、专门区域等审查内容，并在食品经营许可证副本中标注简单制售，明确设置专间或专用操作区的具体情形，充分释放改革红利，营造便民利企营商环境。

（3）新增新兴业态许可审查要求。针对食品经营连锁企业总部、利用食品自动设备从事食品经营等新兴业态，重点从组织机构、人员、制度等方面提出许可审查要求，明确餐饮服务管理公司对其分公司、子公司以及绝对控股其他企业，食品经营连锁企业总部对其中央厨房、配送中心、门店等的食品安全管理责任，在保障食品安全的前提下促进新兴产业健康发展。

任务书

调查学校附近食品超市、学校食堂、食品小卖部等主体业态是否取得食品经营许可资质，食品经营许可证上的食品经营项目有哪些？

学习活动一　接受任务

对班级学生进行分组，每组控制在 6 人以内，各小组接收任务书，自选研究对象。

学习活动二　制订计划

各小组查找相应的食品经营环节相关法律法规，学习讨论，制订工作任务计划。

（1）资料准备（食品经营许可管理办法）。

（2）资料学习（自学、小组讨论）。

（3）明确概念和内容。

（4）查找食品经营许可相关案例与管理发展现状。

（5）查找办理食品经营许可的条件和流程。

学习活动三　实施方案

学生小组内分工，明确职责与实施方案。针对各自承担的任务内容，查找资料，研究讨论，形成报告。教师组织发动全班同学讨论、评价各小组的学习情况，达到全班同学共享学习资源，巩固所学知识和内容。

学习活动四　学习验收

（1）自我评价：线上题库自评。

（2）小组互评：各小组互相评价。

（3）教师评价：对学习过程和学习效果的总体评价。

（4）学生评教：教学项目实施完后，让学生对整个教学过程进行评价。评价内容包括：项目内容是否适量，重点是否突出；是否掌握食品经营环节相关知识；是否运用多种教学方法和手段；是否渗透新知识。根据学生反馈上来的信息，对教学项目进行修改。

学习活动五　总结拓展

相关的标准或文件或学习网站推荐。

思考题

1. 办理食品经营许可证的具体流程是什么？

2. 如果想开一个糕点店，食品经营许可证上可以有哪些经营范围？

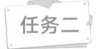 食品采购安全控制

亲爱的同学们，设想一下，你家亲戚的食品小超市在你的帮助下办好了营业执照和食品经营许可证，现在需要采购食品开始铺货啦！你应该怎么帮助他呢？

思考题 1：食品采购时需要制定哪些制度？

思考题 2：超市中散装计量的食品属于预包装食品吗？

知识准备

《食品安全法》对食品经营者采购食品的法定要求，主要规定了食品经营者采购食品应当

进行查验，食品经营企业应当建立进货查验记录制度以及食品进货查验记录基本要求。

一、食品经营企业应当建立食品进货查验记录制度

（一）食品经营者、食品经营企业

食品经营者采购食品，应当查验供货者的许可证和食品出厂检验合格证或者其他合格证明（以下称合格证明文件）。

食品经营企业应当建立食品进货查验记录制度，如实记录食品的名称、规格、数量、生产日期或者生产批号、保质期、进货日期以及供货者名称、地址、联系方式等内容，并保存相关凭证。记录和凭证保存期限应当符合本法第五十条第二款的规定。

实行统一配送经营方式的食品经营企业，可以由企业总部统一查验供货者的许可证和食品合格证明文件，进行食品进货查验记录。

从事食品批发业务的经营企业应当建立食品销售记录制度，如实记录批发食品的名称、规格、数量、生产日期或者生产批号、保质期、销售日期以及购货者名称、地址、联系方式等内容，并保存相关凭证。

（二）食用农产品销售者

食用农产品销售者应当建立食用农产品进货查验记录制度，如实记录食用农产品的名称、数量、进货日期以及供货者名称、地址、联系方式等内容，并保存相关凭证。记录和凭证保存期限不得少于六个月。

（三）进口商

进口商应当建立食品、食品添加剂进口和销售记录制度，如实记录食品、食品添加剂的名称、规格、数量、生产日期、生产或者进口批号、保质期、境外出口商和购货者名称、地址及联系方式、交货日期等内容，并保存相关凭证。记录和凭证保存期限应当符合《食品安全法》第五十条第二款的规定。

（四）学校食堂

学校食堂应当建立食品、食品添加剂和食品相关产品进货查验记录制度，如实准确记录名称、规格、数量、生产日期或者生产批号、保质期、进货日期以及供货者名称、地址、联系方式等内容，并保留载有上述信息的相关凭证。

进货查验记录和相关凭证保存期限不得少于产品保质期满后六个月；没有明确保质期的，保存期限不得少于两年。食用农产品的记录和凭证保存期限不得少于六个月。

学校食堂采购食品及原料，应当按照下列要求查验许可相关文件，并留存加盖公章（或者签字）的复印件或者其他凭证：采购肉类的应当查验肉类产品的检疫合格证明，采购肉类制品的应当查验肉类制品的检验合格证明。

（五）集中交易市场开办者

集中交易市场开办者应当建立入场销售者档案，如实记录销售者名称或者姓名、社会信

用代码或者身份证号码、联系方式、住所、食用农产品主要品种、进货渠道、产地等信息。

销售者档案信息保存期限不少于销售者停止销售后 6 个月。集中交易市场开办者应当对销售者档案及时更新，保证其准确性、真实性和完整性。

集中交易市场开办者应当如实向所在地县级食品药品监督管理部门报告市场名称、住所、类型、法定代表人或者负责人姓名、食品安全管理制度、食用农产品主要种类、摊位数量等信息。

二、食品经营者采购食品应当查验相关证件

（一）食用农产品销售者

销售者采购食用农产品，应当按照规定查验相关证明材料，不符合要求的，不得采购和销售。

销售者应当建立食用农产品进货查验记录制度，如实记录食用农产品名称、数量、进货日期以及供货者名称、地址、联系方式等内容，并保存相关凭证。记录和凭证保存期限不得少于 6 个月。

实行统一配送销售方式的食用农产品销售企业，可以由企业总部统一建立进货查验记录制度；所属各销售门店应当保存总部的配送清单以及相应的合格证明文件。配送清单和合格证明文件保存期限不得少于 6 个月。

从事食用农产品批发业务的销售企业，应当建立食用农产品销售记录制度，如实记录批发食用农产品名称、数量、销售日期以及购货者名称、地址、联系方式等内容，并保存相关凭证。记录和凭证保存期限不得少于 6 个月。

鼓励和引导有条件的销售企业采用扫描、拍照、数据交换、电子表格等方式，建立食用农产品进货查验记录制度。

食用农产品生产企业或者农民专业合作经济组织及其成员生产的食用农产品，由本单位出具产地证明；其他食用农产品生产者或者个人生产的食用农产品，由村民委员会、乡镇政府等出具产地证明；达标合格农产品、绿色食品、有机农产品以及农产品地理标志等食用农产品标志上所标注的产地信息，可以作为产地证明。

供货者提供的销售凭证、销售者与供货者签订的食用农产品采购协议，可以作为食用农产品购货凭证。有关部门出具的食用农产品质量安全合格证明或者销售者自检合格证明等可以作为合格证明文件。

销售按照有关规定需要检疫、检验的肉类，应当提供检疫合格证明、肉类检验合格证明等证明文件。销售进口食用农产品，应当提供出入境检验检疫部门出具的入境货物检验检疫证明等证明文件。

（二）进口商

进口的食品、食品添加剂、食品相关产品应当符合我国食品安全国家标准。

进口的食品、食品添加剂应当经出入境检验检疫机构依照进出口商品检验相关法律、行政法规的规定检验合格。

进口的食品、食品添加剂应当按照国家出入境检验检疫部门的要求随附合格证明材料。

（三）集中用餐单位食堂

学校、托幼机构、养老机构、建筑工地等集中用餐单位的食堂应当严格遵守法律、法规和食品安全标准；从供餐单位订餐的，应当从取得食品生产经营许可的企业订购，并按照要求对订购的食品进行查验。供餐单位应当严格遵守法律、法规和食品安全标准，当餐加工，确保食品安全。

学校、托幼机构、养老机构、建筑工地等集中用餐单位的主管部门应当加强对集中用餐单位的食品安全教育和日常管理，降低食品安全风险，及时消除食品安全隐患。

（四）食品小作坊、小经营店及摊贩

食品小作坊、小经营店及摊贩采购食品原料、食品添加剂、食品相关产品应当查验，查验记录及相关凭证的保存期限不得少于产品保质期满后 6 个月；没有明确保质期的，保存期限不得少于 1 年。

（五）食用农产品批发市场

批发市场开办者应当印制统一格式的销售凭证，载明食用农产品名称、产地、数量、销售日期以及销售者名称、地址、联系方式等项目。销售凭证可以作为销售者的销售记录和其他购货者的进货查验记录凭证。

销售者应当按照销售凭证的要求如实记录。记录和销售凭证保存期限不得少于 6 个月。

（六）集中交易市场开办者

集中交易市场的开办者、柜台出租者和展销会举办者，应当依法审查入场食品经营者的许可证，明确其食品安全管理责任，定期对其经营环境和条件进行检查，发现其有违反本法规定行为的，应当及时制止并立即报告所在地县级人民政府食品安全监督管理部门。

集中交易市场开办者应当查验并留存入场销售者的社会信用代码或者身份证复印件，食用农产品产地证明或者购货凭证、合格证明文件。

销售者无法提供食用农产品产地证明或者购货凭证、合格证明文件的，集中交易市场开办者应当进行抽样检验或者快速检测；抽样检验或者快速检测合格的，方可进入市场销售。

与屠宰厂（场）、食用农产品种植养殖基地签订协议的批发市场开办者应当对屠宰厂（场）和食用农产品种植养殖基地进行实地考察，了解食用农产品生产过程以及相关信息，查验种植养殖基地食用农产品相关证明材料以及票据等。

三、网络食品交易第三方平台的相关规定

（一）审查资质

网络食品交易第三方平台提供者应当对入网食品经营者进行实名登记，明确其食品安全管理责任；依法应当取得许可证的，还应当审查其许可证。网络食品交易第三方平台提供者发现入网食品经营者有违反本法规定行为的，应当及时制止并立即报告所在地县级人民政府食品安全监督管理部门；发现严重违法行为的，应当立即停止提供网络交易平台服务。

（二）建立入网审查登记制度

网络食品交易第三方平台提供者应当建立入网食品生产经营者审查登记、食品安全自查、食品安全违法行为制止及报告、严重违法行为平台服务停止、食品安全投诉举报处理等制度，并在网络平台上公开。

（三）建档

网络食品交易第三方平台提供者应当建立入网食品生产经营者档案，记录入网食品生产经营者的基本情况、食品安全管理人员等信息。

（四）进货查验

入网餐饮服务提供者加工制作餐饮食品应当符合下列要求：制定并实施原料控制要求、选择资质合法、保证原料质量安全的供货商，或者从原料生产基地、超市采购原料，做好食品原料索证索票和进货查验记录，不得采购不符合食品安全标准的食品及原料。

四、预包装食品验收过程中标签的相关要求

预包装食品的标签标注问题一直是监管部门关注的重点，也是消费者投诉举报的热点。预包装食品采购验收时，需针对标签标识多加关注。采购验收标准参照《食品安全国家标准 预包装食品标签通则》（GB 7718—2011）和《食品安全国家标准 预包装食品营养标签通则》（GB 28050—2011）、《食品标识管理规定》等。下面是预包装食品标签的具体要求。

（一）食品名称

应在食品标签的醒目位置，清晰地标示反映食品真实属性的专用名称。

反映食品真实属性的专用名称是能够反映食品本身固有的性质、特性、特征的名称，使消费者一看便能联想到食品的本质。

当通过预包装食品名称本身能够获得产品的配料信息及其真实属性，却不会使消费者误解时，可以不在食品名称附近标示真实属性的专供名称，如"榛仁巧克力"，该名称可以体现配料和产品属性，不需要再在该名称附件标示"巧克力制品"。当从预包装食品名称本身无法获得产品真实属性，只有看到实物才能判断，而实物又难以看到时，应在该名称附近同时标示其真实属性的专用名称。

（二）配料表

1. 配料表的引导词

配料表应以"配料"或"配料表"为引导词。当加工过程中所用的原料已改变为其他成分（如酒、酱油、食醋等发酵产品）时，可用"原料"或"原料与辅料"代替"配料"或"配料表"，并按要求标示各种原料、辅料和食品添加剂。加工助剂不需要标示。在食品制造或加工过程中，加入的水应在配料表中标示。在加工过程中已挥发的水或其他挥发性配料不需要标示。

2. 配料的名称

预包装食品的标签上应标示配料表，单一配料的预包装食品也应当标示配料表。配料表中的各种配料名称也应符合食品名称的要求，食品添加剂应标识食品添加剂通用名称。配料表中配料的标示应清晰，易于辨认和识读，配料间可以用逗号、分号、空格等易于分辨的方式分隔。

3. 配料的顺序

各种配料应按制造或加工食品时加入量的递减顺序一一排列；加入量不超过 2%的配料可以不按递减顺序排列。

（三）配料的定量标示

（1）如果在食品标签或食品说明书上特别强调添加了或含有一种或多种有价值、有特性的配料或成分，应标示所强调配料或成分的添加量或在成品中的含量。

（2）如果在食品的标签上特别强调一种或多种配料或成分的含量较低或无时，应标示所强调配料或成分在成品中的含量。例如，某产品在标签上标示"无蔗糖"，强调了蔗糖的含量，此时需要标示蔗糖在该产品中的含量；某产品食品名称标示"无淀粉火腿"，则应标示产品中淀粉含量。

（3）食品名称中提及的某种配料或成分而未在标签上特别强调，不需要标示该种配料或成分的添加量或在成品中的含量，如产品名称为"阿胶糕"，"阿胶"只在名称中提及，未在标签上特别强调添加了"阿胶"，名称上也未特意将"阿胶"字体更突出、更显眼，则无须标注阿胶的添加量或在成品中的含量。

（四）净含量和规格

净含量的标示应由净含量、数字和法定计量单位组成。应与食品名称在包装物或容器的同一展示版面标示。

净含量应依据法定计量单位标注，分为质量单位[克（g）、千克（kg）]和体积单位[升（l）（L）、毫升（ml）（mL）]。固态食品只能标示质量单位，液态、半固态黏性食品可以选择标示体积单位或质量单位。

（五）生产者、经销者的名称、地址和联系方式

应当标注生产者的名称、地址和联系方式。生产者名称和地址应当是依法登记注册、能够承担产品安全质量责任的生产者的名称、地址。一是依法独立承担法律责任的集团公司、集团公司的子公司，应标示各自的名称和地址。二是不能依法独立承担法律责任的集团公司的分公司或集团公司的生产基地，应标示集团公司和分公司（生产基地）的名称、地址；或仅标示集团公司的名称、地址及产地，产地应当按照行政区划标注到地市级地域。三是受其他单位受委托加工预包装食品的，应当标示受委托单位和受委托单位的名称和地址；或仅标示委托单位的名称和地址及产地。产地应当按照行政区划标注到地市级地域。

依法承担法律责任的生产者或经销者的联系方式应标示以下至少一项内容：电话、传真、网络联系方式等，或与地址一并标示的邮政地址。

进口预包装食品应标示原产国国名或地区区名（如香港、澳门、台湾），以及在中国依法登记注册的代理商、进口商或经销者的名称、地址和联系方式，可不标注生产者的名称、地址和联系方式。

（六）日期标示

（1）应清晰标示预包装食品的生产日期和保质期。预包装食品必须同时标示生产日期和保质期，通常可以采用以下两种方式中的一种来标示。一是生产日期加保质期，如生产日期：2018 年 10 月 01 日，保质期 6 个月；二是生产日期加预包装食品的保质期的有效期限，如生产日期：2018 年 10 月 01 日，保质期至 2019 年 01 月 01 日。在 GB 7718—2011 附录中列举了多种标示形式，可供参考。

进口预包装食品如仅有保质期和最佳食用日期，应根据保质期和最佳食用日期，以加贴、补印等方式如实标示生产日期。

如日期标示采用"见包装物某部位"的形式，应当区分以下两种情况：一是包装体积较大，应指明日期在包装物上的具体部位；二是小包装食品，可采用"生产日期见包装""生产日期见喷码"等形式。

日期标示不得另外加贴、补印或篡改，是指不允许在已有的标签上通过加贴、补印等手段单独对日期进行篡改的行为。如果整个食品标签以不干胶形式制作，包括"生产日期"或"保质期"等日期内容，整个不干胶加贴在食品包装上是允许的。

（2）应按年、月、日的顺序标示日期，如果不按顺序标示，应当注明日期标示顺序。如"20161001""10 月 1 日 2016 年""（月/日/年）10012016"等方式都可以。

（七）贮存条件

预包装食品标签应标示贮存条件。贮存条件可以标示"贮存条件""贮藏条件""贮藏方法"等引导词，或不标示引导词。

贮存条件常见标示形式有：常温（或冷冻，或冷藏，或避光，或阴凉干燥处）保存；××—××℃保存；清置于阴凉干燥处；常温保存，开封后需冷藏；温度≤××℃，湿度≤××%。

（八）食品生产许可证号

进口预包装食品不需要标注食品生产许可证编号。

从 2018 年 10 月 1 日及以后生产的食品一律不得继续使用原包装和标签以及"QS"标志，"QS"退出了历史舞台，接力棒交给了"SC"。食品生产许可证编号由 SC 和 14 位阿拉伯数字组成：SC 也就是"生产"的汉语拼音字母缩写；数字从左至右依次为：3 位食品类别编码、2 位省（自治区、直辖市）代码、2 位市（地）代码、2 位县（区）代码、4 位顺序码、1 位校验码。

（九）产品标准代号

在国内生产并在国内销售的预包装食品（不包括进口预包装食品）应当标示产品所执行的标准代号和顺序号。

标准代号标示涉及的标准可以是食品安全国家标准、食品安全地方标准、食品安全企业标准或其他相关国家标准、行业标准、地方标准。标示标准的年代号可以免于标示。引导词可以采用但不限于这些形式：产品标准号、产品标准代号、产品标准编号、产品执行标准号等。

（十）其他标示内容

1. 转基因食品

根据《农业转基因生物标识管理办法》规定：

（1）转基因动植物（含种子、种畜禽、水产苗种）和微生物，转基因动植物、微生物产品，含有转基因动植物、微生物或者其产品成分的种子、种畜禽、水产苗种、农药、兽药、肥料和添加剂等产品，直接标注"转基因××"。

（2）转基因农产品的直接加工品，标注为"转基因××加工品（制成品）"或者"加工原料为转基因××"。

（3）用农业转基因生物或用含有农业转基因生物成分的产品加工制成的产品，但最终销售产品中已不再含有或检测不出转基因成分的产品，标注为"本产品为转基因××加工制成，但本产品中已不再含有转基因成分"或者标注为"本产品加工原料中有转基因××，但本产品中已不再含有转基因成分"。

2. 质量（品质）等级

食品所执行的相应产品标准已明确规定质量等级的，应标示质量等级。在标示质量等级时，应以产品标准为准。如熏煮火腿产品标准号标注了 GB/T 20711，该标准为国家标准《熏煮火腿》，规定了熏煮火腿的等级有"普通级""优级""特级"，则还需要根据标注的规定标示相应的等级。

（十一）标示内容的豁免

（1）酒精度大于等于 10%的饮料酒、食醋、食用盐、固态食糖类、味精，可免除标示保质期。

（2）当预包装食品包装物或包装容器的最大表面面积小于 10 cm² 时，可以只标示产品名称、净含量、生产者（或经销商）的名称和地址。

（十二）推荐标示内容

1. 批　号

根据产品需要，可以标示产品的批号。批号的标示方式由企业自定。

2. 食用方法

有企业根据预包装食品的特性自主标示。例如，固体饮料、需要烹调的半成品（如速冻食品）、干制食品、调味品等，可以标示容器的开启方法、食用方法、烹调方法、复水再制方法、开启后的贮存方法等对消费者有帮助的说明。

3. 致敏物质

致敏物质可以选择在配料表中用易识别的配料名称直接标示，如牛奶、鸡蛋粉、大豆磷脂等；也可以选择在邻近配料表的位置加以提示，如"含有……"等。对于配料中不含某种致敏物质，但同一车间或同一生产线上还生产含有该致敏物质的其他食品，使得致敏物质可能被带入该食品的情况，则可在邻近配料表的位置使用"可能含有……""可能含有微量……""本生产设备还加工含有……的食品""此生产线也加工含有……的食品"等方式标示致敏物质信息。

任 务 书

自选一种预包装食品，制作简易标签。

学习活动一　接受任务

对班级学生进行分组，每组控制在 6 人以内，各小组接收任务书，自选一种预包装食品。

学习活动二　制订计划

各小组查找相应的预包装食品标签标识规定要求，学习讨论，制订工作任务计划。

（1）资料准备[《食品安全国家标准　预包装食品标签通则》（GB 7718—2011）和《食品安全国家标准　预包装食品营养标签通则》（GB 28050—2011）、《食品标识管理规定》]。

（2）资料学习（自学、小组讨论）。

（3）明确概念和内容。

（4）查找要制作的预包装食品同样类型的标签。

（5）找寻制作标签的方法。

学习活动三　实施方案

学生小组内分工，明确职责及实施方案。针对各自承担的任务内容，查找资料，研究讨论，形成报告。教师组织发动全班同学讨论、评价各小组的学习情况，达到全班同学共享学习资源，巩固所学知识和内容。

学习活动四　学习验收

（1）自我评价：线上题库自评。

（2）小组互评：各小组互相评价。

（3）教师评价：对学习过程和学习效果的总体评价。

（4）学生评教：教学项目实施完后，让学生对整个教学过程进行评价。评价内容包括：项目内容是否适量，重点是否突出；是否掌握食品经营环节相关知识；是否运用多种教学方法和手段；是否渗透新知识。根据学生反馈上来的信息，对教学项目进行修改。

学习活动五　总结拓展

相关的标准或文件或学习网站推荐。

思 考 题

1. 食品经营者采购食用农产品时应当查验什么？

2. 食品生产许可制度，由"QS"变成"SC"是哪年的哪个法定要求规定的？

3. 什么是预包装食品？

任务三 食品贮存安全控制

亲爱的同学们，你家亲戚开食品小超市（经营店）开起来啦，采购各种食品也快到位了。请想想，除了在货架上铺货，应该如何管理食品运输和食品仓库呢？

思考题1：食品超市里琳琅满目的食品，是如何分类的？

思考题2：食品超市吃的那么多，如何防止虫害？

思考题3：哪些物品属于食品接触材料？

知识准备

食品经营环节中的流通过程的质量控制是围绕食品采购、流通加工、运输、贮存、销售等环节进行的管理和控制活动，以保证食品的质量安全。前面章节已详细叙述了采购过程的质量控制要求，因此这里不再做详细叙述，下面主要介绍与食品贮存相关的流通加工、运输环节的质量控制要求。

一、流通加工过程控制

流通加工指的是食品流通过程中的简单加工，包括清洗、分拣、分装、分割、保鲜处理等过程，预包装食品一般不涉及流通加工，食用农产品及散装食品可能会涉及这个过程。例如，蔬菜清洗、猪肉根据部位进行分割、水果根据大小进行分级、散装食品大包装分装小包装、采摘的果蔬预冷等。

流通加工应具有相应的硬件设施条件，需根据清洁要求不同对加工间的清洁区和非清洁作业区进行区分，并根据不同食品的特性或工艺需求对作业区的温度、湿度、环境进行不同设置，特别是生鲜肉、禽等这些易腐食品对温度敏感，在畜禽分割过程中对分割间的温度有要求。一般畜类分割间温度应控制在 12 ℃以下，禽类分割间一般应在 8~10 ℃，但畜禽胴体加工间温度控制在 28 ℃以下即可。

流通加工工艺也应根据不同产品的特性进行选择并对工艺参数进行控制，如畜类一般采用风冷进行冷却，禽类则可选择风冷或水冷方式进行冷却。采收的果蔬应根据其特性选择真空预冷、强制通风预冷或压差预冷中适宜的预冷方式和预冷设施尽快进行预冷。呼吸跃变型水果（如香蕉）或乙烯释放量高的果蔬，宜采用密封式内包装，并于内包装中放置乙烯吸收剂。

另外流通加工涉及的刀具、砧板、工作台、容器、电子秤等工器具及设备应定期进行清洁消毒，避免交叉污染。

二、运输过程控制

根据食品的特点和卫生需要选择适宜的运输条件，必要时配备保温、冷藏、冷冻设施或预防机械性损伤的保护性设施等，并保持正常运行。运输食品应使用专用运输工具并具备防雨、防尘设施，装卸食品的容器、工具和设备也应保持清洁和进行定期消毒。

食品不得与有毒有害物质一同运输，防止食品污染。另外，为了避免串味或污染，同运输工具运输不同食品时，如无法做好分装、分离或分隔，应尽量避免拼箱混运。一般情况下原料、半成品、成品等不同加工状态的食品不混运，水果和肉制品、蔬菜和乳制品、蛋制品和肉制品这些不同种类、不同风险的食品不混运。具有强烈气味的食品和容易吸收异味的食品不混运，如产生乙烯气体的食品和对气味敏感的食品（如苹果和柿子）不混运。

运输装卸前应对运输工具进行清洁检查，有温度要求的食品在装卸前应对运输工具进行预冷，使其温度达到或略低于食品要求的温度，装卸过程操作应轻拿轻放，避免食品受到机械性损伤，同时应严格控制冷藏、冷冻食品装、卸货时间，如没有封闭装卸口，箱体车门应随开随关，装、卸货期间食品温度升高幅度不超过 3 ℃。冷冻冷藏食品与运输设备箱体四壁应留有适当空间，码放高度不超过制冷机组出风口下沿以保证箱体内冷气循环。

运输途中，应平稳行驶，避免长时间停留，避免碰撞、倒塌引起的机械损伤。冷冻冷藏食品运输途中不得擅自打开设备箱门及食品的包装，控温运输工具应配备自动记录装置，显示并记录运输过程中箱体内部温度，箱体内温度应始终保持在冷冻冷藏食品要求的范围内，冷冻食品运输过程中最高温度不得高于-12 ℃，但装卸后应尽快降至-18 ℃或以下。

卸货区宜配备封闭式月台，冷冻冷藏食品应配有与运输车对接的门套密封装置。卸货时应轻搬轻放，不能野蛮作业任意摔掷，更不能将食品直接接触地面。冷冻冷藏食品卸货前应检查食品的温度，符合要求方能卸货，卸货期间食品中心温度波动幅度不应超过其规定温度的±3 ℃。卸货完成后应及时对箱体内部进行清洗、消毒，并在晾干后关闭车门。

三、贮存过程控制

贮存场所保持完好、环境整洁，与粪坑、暴露垃圾场、污水池、粉尘、有害气体、放射性物质和其他扩散性污染源等有毒、有害污染源有效分隔。贮存场所地面应使用硬化地面，并且平坦防滑并易于清洁、消毒，并有适当的措施防止积水。贮存场所还应有良好的通风、排气装置，保持空气清新无异味，避免日光直接照射。贮存设备、工具容器等应保持卫生清洁，并采取有效措施（如纱帘、纱网、防鼠板、防蝇灯、风幕等）防止鼠类、昆虫等侵入。

将食品原料贮存在专门存放食品的容器中。该容器应耐用、防水，而且能够密封或覆盖需热存或冷冻或冷藏的食品容器，并依据容器上标示的耐热温度使用。

对温度、湿度有特殊要求的食品，应设置冷藏库或冷冻库，如生鲜肉应贮存于 0～4 ℃，相对湿度 85%～90% 环境下；冷冻肉应贮存于-18 ℃以下，相对湿度 90%～95% 环境下。冷库门配备电动空气幕或塑料门帘等隔热措施。库房应设置监测和控制温湿度的设备仪器，监测仪器应放置在不受冷凝、异常气流、辐射、震动和可能冲击的地方。为确保库房制冷设备运转，应定期监测库房温度是否符合贮存食品温度要求，并对制冷设备进行维护，定期对库房进行除霜、清洁和维修。

食品要离墙离地堆放，一般离墙离地 10 cm 左右，防止虫害藏匿并利于空气流通。食品贮存应遵循先进先出的原则，对贮存的食品按食品类别采取适当的分隔措施，做好明确标示，防止串味和交叉污染。不同库存放生鲜食品和熟产品，不同库存放具有强烈挥发性气味和腥味的食品，专库存放清真食品，预包装食品与散装食品原料分区域放置，散装食品贮存在食品级容器内并标明食品的名称、生产日期、保质期等标识内容。

库房内严禁对贮存的食品进行切割、加工、分包装、加贴标签等行为。另外，库房内宜设置专门区域存放报废或临近保质期食品，并做好区域标示。定期对库存食品进行检查，及时处理变质或超过保质期的食品。

四、食品接触材料

（一）食品接触材料相关要求及标准

近年来，人们对食品质量安全越来越重视，食品接触材料的安全性已成为重点关注领域之一。食品接触材料及制品（以下简称"食品接触材料"）指的是在食品生产、加工、储存、运输等各个环节中，各种已经或预期与食品直接或间接接触的材料，涉及塑料、金属、陶瓷、涂料等多种材质，广泛应用于食品工业及日常生活。食品接触材料容易受到理化性质以及食品特性的影响，食品接触材料中的化学成分在使用过程中可能会迁移到食品中，给人带来健康风险。

2009 年，《中华人民共和国食品安全法》（以下简称《食品安全法》）明确应建立强制执行的食品安全标准管理用于食品的包装材料和容器以及用于食品生产经营的工具、设备的安全风险，并将用于食品的包装材料、容器、洗涤剂、消毒剂以及用于食品生产经营的工具、设备纳入"食品相关产品"管理。按照《食品安全法》的要求，在原有食品接触材料卫生标准的基础上，经过十余年的发展，我国已逐步建立起覆盖原料、生产过程和终产品全链条的，以风险评估结果为基础的食品接触材料食品安全国家标准体系。

2016 年至今，按照食品安全国家标准体系建设原则，通过常规立项不断修订完善现有标准以及制定缺失标准，我国已全面建成了较为完善的食品接触材料食品安全国家标准体系，标准体系的科学性、可操作性和协调性显著提升。该标准体系主要由通用标准、产品标准、生产规范和检验方法标准四部分组成，具体见图 4-1。

首先，食品接触材料应符合《食品安全国家标准 食品接触材料及制品通用安全要求》（GB 4806.1—2016）规定的基本要求。食品接触材料使用的添加剂和基础原料应符合《食品安全国家标准 食品接触材料及制品用添加剂使用标准》（GB 9685—2016）及相应产品标准中允许使用物质名单及其限量和限制性使用要求；产品的生产过程应符合《食品安全国家标准 食品接触材料及制品生产通用卫生规范》（GB 31603—2015）的规定；所生产的终产品应符合相应产品标准中的限量和限制性使用要求；标签标识则应符合《食品安全国家标准 食品接触材料及制品通用安全要求》（GB 4806.1—2016）的规定；相关限量指标需通过迁移试验开展合规性验证时则需根据《食品安全国家标准 食品接触材料及制品迁移试验通则》（GB 31604.1—2015）、《食品安全国家标准 食品接触材料及制品迁移试验预处理方法通则》（GB 5009.156—2016）和具体指标的配套检验方法等标准进行检验。食品接触材料标准体系覆盖了从原料到终产品的生产链全过程，辅以生产过程要求，统一迁移试验原则，全面管控食品接触材料及制品的安全风险。该标准体系的建立也标志着我国对于食品接触材料的安全性管理水平进入世界前列。

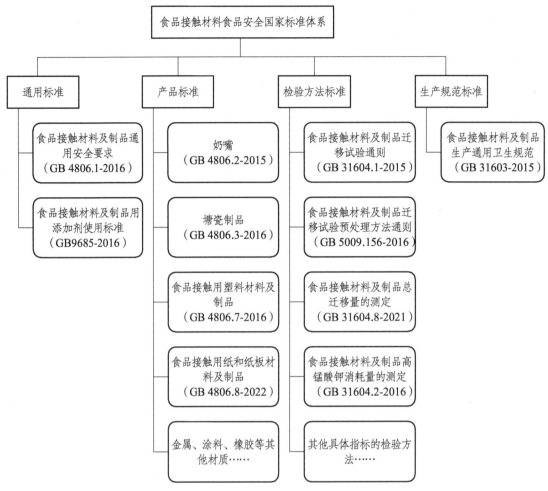

图 4-1　食品接触材料食品安全国家标准体系

（二）食品塑料包装

包装所使用的包材也应根据产品特性选择。目前，不论是国内市场还是国际市场，食品塑料包装都被广泛应用到食品的包装、贮存、运输等环节中，食品塑料包装对食品安全有很大的影响，一方面食品塑料包装具有防水、防潮、避光、耐热、隔绝空气、热封性好等优点，可以保护食品不受外界污染，保持食品本身的水分、色泽、气味、新鲜度等品质特性不发生改变；另一方面，包装材料在与食品接触过程中，材料中可能超标的化学溶剂残留会污染食品，对食品安全构成威胁，从而危害人体健康。

目前我国关于食品接触用塑料材料及制品的执行标准是 GB 4806.7—2016《食品安全标准　食品接触用塑料材料及制品》。该标准规定了"食品接触用塑料材料及制品"的范围：食品接触用塑料材料及制品，包括未经硫化的热塑性弹性体材料及制品。食品接触用塑料材料及制品符合 GB 4806.7—2016《食品安全标准　食品接触用塑料材料及制品》标准的前提是必须符合 GB 4806.1—2016《食品安全标准　食品接触材料及制品通用安全要求》的规定，即产品必须先符合 GB 4806.1—2016《食品安全标准　食品接触材料及制品通用安全要求》的标准要求，才可以考虑是否符合 GB 4806.7—2016 标准的要求。

在日常生活中，大多数塑料瓶瓶底印有带箭头的三角形标志的"身份证"，里面标有数字，从 1 到 7 不等。表 4-1 是塑料瓶底部的"身份证"标识，供人家参考。

表 4-1　食品包装相关标识

标识	材料	应用范围	特点及注意事项
PET	聚对苯二甲酸乙二醇酯	矿泉水、碳酸饮料和功能饮料瓶	可耐热至 70 ℃,可以在短时期内装常温水，但不能装高温水。高温天气不要把矿泉水放在露天或者车里，也不要直接把开水装进矿泉水瓶里
HDPE	高密度聚乙烯	白色药瓶、清洁用品、沐浴用品	此类制品因为不容易彻底清洁，所以不适合制作水杯等，也不要循环使用
PVC	聚氯乙烯	雨衣、建材、塑料膜、塑料盒等	可塑性优良、价钱便宜，因此使用较为普遍。但它们的耐热温度较低，高温条件下有可能分解释放出有害物质，所以很少被用于食品包装。同时，这种材质的容器本身难以清洗，容易造成残渣残留，也不适合装饮品
PE	低密度聚乙烯	保鲜膜、塑料膜等	超过 110 ℃会出现热熔现象，高温时易产生有害物质
PP	聚丙烯	豆浆瓶、优酪乳瓶、微波炉餐盒	可以耐热至 130 ℃,是可以放进微波炉高温加热的，有些微波炉餐盒，盒体以 5 号 PP 制造，但盒盖却用 6 号 PS（聚苯乙烯）制造。PS 透明度好，但在温度过高时会释放出化学物，所以为保险起见，容器放入微波炉前，应先把盖子取下
PS	聚苯乙烯	碗装泡面盒、快餐盒	切忌直接加热碗装的泡面盒。不能用于盛装强酸和强碱性物质，不能放进微波炉，以免因温度过高释放出有害化学物质
OTHER	其他类	水壶、大空瓶、奶瓶，商家常用这些材质的水杯作赠品	因其材料中含有双酚 A 而备受争议，尽量不要用其盛装开水

1. 1 号：聚对苯二甲酸乙二醇酯（PET）

无色透明，无臭无味，具有优良的阻气、水、油性能，化学稳定性好，耐磨，易回收。

常用于矿泉水瓶、碳酸饮料瓶、食用油桶、调料瓶、牛奶瓶、蔬菜、水果托盘与其他材料复合用于冷冻包装和蒸煮杀菌。

2. 2号：高密度聚乙烯（HDPE）

气密性好，耐拉扯，硬度较大，耐磨性、耐腐蚀性高，能在较高温度下使用，常用于果汁、酸奶瓶、黄油桶。

3. 3号：聚氯乙烯（PVC）

阻气、阻油性高，耐腐蚀性好，力学性能好，着色性、印刷性和热封性好，透光性和光泽度高。常用于软质PVC常用于保鲜膜、一次性手套等，硬质PVC常用于干果等的包装。

4. 4号：低密度聚乙烯（LDPE）

透明度高，伸长率较大，韧性较好，冲击性能和耐低温性高于HDPE，常用于密实袋、保鲜膜、面包和冷冻食品包装、瓶盖等。

5. 5号：聚丙烯（PP）

化学稳定性好，耐高温，透明度高，光洁，加工性能高，气密性好，易热合，不易碎，常用于一次性餐盒、微波餐盒、酸奶瓶、豆浆瓶、果汁饮料瓶等。

6. 6号：聚苯乙烯（PS）

耐一般酸碱盐，光泽度好，韧性高，常用于快餐盒、热饮杯盖等。

7. 7号：其他类别塑料（OTHER）

无色透明，安全性高，耐酸耐油、也耐摔，常用作太空杯、奶瓶，但在使用时不能盛装高浓度乙醇溶液（如酒）。最好不要加热该塑料制品。

（三）食品塑料包装中主要的有毒有害化学污染物

（1）添加剂。目前包装材料生产常用的添加剂有增塑剂、稳定剂、润滑剂、抗氧化剂和着色剂等，这些添加剂有可能残留在包材中，污染食品。例如，在包材生产中广泛应用的增塑剂——邻苯二甲酸酯（DEHP），该剂具有毒性、致癌性并且难以降解。

（2）油墨。油墨是用于印刷的重要材料，油墨使用前一般得用含有甲苯的混合稀释剂来稀释，在印刷过程中可能挥发不完全，有可能这些苯类混合溶剂残留到包材中。众所周知，苯类溶剂有很强的毒性。另外，油墨中含有多种重金属，有可能通过塑料薄膜迁移到包装袋内部，造成食品污染。目前我国还没有食品级油墨，油墨的危害常常被忽略。

（3）胶黏剂。在复合材料的包装袋在复合中会使用黏合剂，这些复合型胶黏剂大多含有芳香胺，芳香胺类物质具有一定的致癌性，并能够诱发白血病，这些物质有可能迁移到食品，给食品安全带来安全性隐患。GB 9685—2016《食品安全国家标准 食品接触材料及制品用添加剂使用标准》，规定了食品接触材料中不得迁移出芳香族伯胺。

（四）降低包装材料对食品的危害

我国食品生产企业对包装材料于食品安全的影响普遍重视程度不够，很多食品生产企业对包材的验收只停留在供应商资质索取和包材感官检查阶段。我们应该在安全性方面对包材供应商进行审核，提高合规审查的主动性，包括与食品接触材料定性成分的安全合规证书。只有真正重视这些方面才能进一步提高食品安全水平。

任务书

收集生活中常见的塑料包装，并把它们按照类别归类。

学习活动一 接受任务

对班级学生进行分组，每组控制在 6 人以内，各小组接收任务书，自选研究对象。

学习活动二 制订计划

各小组查找相应的食品塑料包装相关法律法规，学习讨论，制订工作任务计划。

（1）资料准备（食品接触材料相关法律法规）。

（2）资料学习（自学、小组讨论）。

（3）明确概念和内容。

（4）查找目前市面上常见的食品塑料包装。

（5）收集来的塑料包装分类，并制作分类讲解书。

学习活动三 实施方案

学生小组内分工，明确职责及实施方案。针对各自承担的任务内容，查找资料，研究讨论，形成报告。教师组织发动全班同学讨论、评价各小组的学习情况，达到全班同学共享学习资源，巩固所学知识和内容。

学习活动四 学习验收

（1）自我评价：线上题库自评。

（2）小组互评：各小组互相评价。

（3）教师评价：对学习过程和学习效果的总体评价。

（4）学生评教：教学项目实施完后，让学生对整个教学过程进行评价。评价内容包括：项目内容是否适量，重点是否突出；是否掌握食品经营环节相关知识；是否运用多种教学方法和手段；是否渗透新知识。根据学生反馈上来的信息，对教学项目进行修改。

学习活动五 总结拓展

相关的标准或文件或学习网站推荐。

思考题

1. 食品接触材料具体包括哪些？哪一类塑料包装适合放进微波炉加热？

2. 散装食品如何在仓库中贮存？

3. 食品库房如何做到先进先出？

 任务四 食品销售安全控制

亲爱的同学们，你家亲戚食品超市（经营店）在经历了办证、铺货、采购、贮存环节后，终于要正式和大家见面啦！接下来，你如何在食品销售方面进行筹划？

思考题1：散装食品的销售区域，应该有哪些标签标识？

思考题2：食品超市能销售特殊食品吗？

知识准备

在前几个章节，我们围绕食品经营的流通、运输、采购、贮存几个环节介绍了质量控制要求，这一节我们就食品销售从预包装食品、散装食品、特殊食品三个分类介绍食品销售安全控制要求。

一、销售预包装食品的法定要求

根据《中华人民共和国食品安全法》，仅销售预包装食品的，应当报所在地县级以上地方人民政府食品安全监督管理部门备案。

根据《食品安全法》和《定量包装商品计量监督管理办法》，参照以往食品标签管理经验，《预包装食品标签通则》（GB 7718—2011）将"预包装食品"定义为：预先定量包装或者制作在包装材料和容器中的食品，包括预先定量包装以及预先定量制作在包装材料和容器中并且在一定量限范围内具有统一的质量或体积标识的食品。预包装食品首先应当预先包装，包装上要有统一的质量或体积的标示。

预包装食品的特征首先是"预先定量"，其次是"包装或者制作在包装材料和容器中"。同时具备这两个特征的加工食品就是预包装食品。任何一个特征不具备，则不能定为预包装食品。

（一）标识标签管理（详见《食品采购安全控制》章节）

《食品安全法》第六十七条规定："预包装食品的包装上应当有标签。标签应当标明下列事项：（一）名称、规格、净含量、生产日期；（二）成分或者配料表；（三）生产者的名称、地址、联系方式；（四）保质期；（五）产品标准代号；（六）贮存条件；（七）所使用的食品添加剂在国家标准中的通用名称；（八）生产许可证编号；（九）法律、法规或者食品安全标准规定应当标明的其他事项。"

专供婴幼儿和其他特定人群的主辅食品，其标签还应当标明主要营养成分及其含量。食品安全国家标准对标签标注事项另有规定的，从其规定。

（二）销售管理

应具有与经营食品品种、规模相适应的销售场所。销售场所应布局合理，食品经营区域与非食品经营区域分开设置，生食区域与熟食区域分开，待加工食品区域与直接入口食品区域分开，经营水产品的区域应与其他食品经营区域分开，防止交叉污染。

应具有与经营食品品种、规模相适应的销售设施和设备。与食品表面接触的设备、工具和容器，应使用安全、无毒、无异味、防吸收、耐腐蚀且可承受反复清洗和消毒的材料制作，易于清洁和保养。

销售场所的建筑设施、温度湿度控制、虫害控制的要求有：贮存场所应保持完好、环境整洁，与有毒、有害污染源有效分隔；贮存场所地面应做到硬化、平坦防滑并易于清洁、消毒，并有适当的措施防止积水；应有良好的通风、排气装置，保持空气清新无异味，避免日光直接照射；对温度、湿度有特殊要求的食品，应确保贮存设备、设施满足相应的食品安全要求，冷藏库或冷冻库外部具备便于监测和控制的设备仪器，并定期校准、维护，确保准确有效；贮存的物品应与墙壁、地面保持适当距离，防止虫害藏匿并利于空气流通；贮存设备、工具、容器等应保持卫生清洁，并采取有效措施（如纱帘、纱网、防鼠板、防蝇灯、风幕等）防止鼠类昆虫等侵入，若发现有鼠类昆虫等痕迹时，应追查来源，消除隐患；采用物理、化学或生物制剂进行虫害消杀处理时，不应影响食品安全，不应污染食品接触表面、设备、工具、容器及包装材料；不慎污染时，应及时彻底清洁，消除污染。

销售有温度控制要求的食品，应配备相应的冷藏、冷冻设备，并保持正常运转。

应配备设计合理、防止渗漏、易于清洁的废弃物存放专用设施，必要时应在适当地点设置废弃物临时存放设施，废弃物存放设施和容器应标识清晰并及时处理。

如需在裸露食品的正上方安装照明设施，应使用安全型照明设施或采取防护措施。

肉、蛋、奶、速冻食品等容易腐败变质的食品应建立相应的温度控制等食品安全控制措施并确保落实执行。

销售散装食品，应在散装食品的容器、外包装上标明食品的名称、成分或者配料表、生产日期、保质期、生产经营者名称及联系方式等内容，确保消费者能够得到明确和易于理解的信息。散装食品标注的生产日期应与生产者在出厂时标注的生产日期一致。

在经营过程中包装或分装的食品，不得更改原有的生产日期和延长保质期。包装或分装食品的包装材料和容器应无毒、无害、无异味，应符合国家相关法律法规及标准的要求。

从事食品批发业务的经营企业销售食品，应如实记录批发食品的名称、规格、数量、生产日期或者生产批号、保质期、销售日期以及购货者名称、地址、联系方式等内容，并保存相关票据。记录和凭证保存期限不得少于食品保质期满后 6 个月；没有明确保质期的，保存期限不得少于 2 年。

二、销售散装食品的相关要求

首先我们要搞清楚什么是散装食品。

《食品经营许可和备案管理办法》对"散装食品"的定义是：指在经营过程中无食品生产者预先制作的定量包装或者容器、需要称重或者计件销售的食品，包括无包装以及称重或者计件后添加包装的食品。在经营过程中，食品经营者进行的包装，不属于定量包装。

（一）散装食品与预包装食品的定义对比

（1）散装食品是指不预先确定质量或体积的食品，是与预先定量食品相对应的概念。

（2）散装食品可以有包装，如拆零销售的糖果；也可以无包装，如拆零销售的大米。是否有包装并不是区分预先定量食品和散装食品的标志。

（3）预包装食品的工业化、标准化程度较高，食品包装到最小单元，不宜拆分销售。也就是已经包装好，可以直接销售的。

（二）散装食品经营时应标明的内容

根据《中华人民共和国食品安全法》第六十八条，食品经营者销售散装食品不需要在包装上标注标签，仅要求在盛放散装食品的容器、外包装上标明食品的名称、生产日期或者生产批号、保质期以及生产经营者名称、地址、联系方式等内容。

上述内容是法律要求必须标明的信息，也是保护消费者知情权、选择权和监督权的最基本信息，食品经营者可根据产品的特点、保障消费者知情权等因素考虑，在标注上述内容的前提下，自行标注其他内容。

另外，《食品安全国家标准 食品经营过程卫生规范》（GB 31621—2014）6.8 条规定，销售散装食品，应在散装食品的容器、外包装上标明食品的名称、成分或者配料表、生产日期、保质期、生产经营者名称及联系方式等内容，确保消费者能够得到明确和易于理解的信息。散装食品标注的生产日期应与生产者在出厂时标注的生产日期一致。

还有一些产品标准中也会规定散装食品的标识要求，如《食品安全国家标准 食醋》（GB 2719—2018）规定散装食醋应在容器或包装外侧标示总酸含量，产品的包装标识上应醒目标出"食醋"或"甜醋"字样。

除了以上法律和标准对散装食品的标识内容作出规定之外，一些省份对于散装食品的标识要求也作出相关规定，如四川省发布了《四川省散装食品销售标签标识规范》等法规文件。流通企业应当按照相关法律法规和标准中有关散装食品销售中标签标注的规定做好标签标注工作。

（三）散装食品与预包装食品的应标注内容对比（见图 4-2）

通过上面的对比，我们可以看到：散装食品容器、外包装上应标注 GB 7718 中规定的 12 项预包装食品必须标注内容的其中 8 项内容，这也是散装食品在容器、外包装上应标注内容方面与预包装食品的最大区别。

（四）散装食品的其他规定

1. 采 购

采购散装食品所使用的容器和包装材料应符合国家相关法律法规及标准的要求。

进口食品运达口岸后，应当存放在出入境检验检疫机构指定或者认可的场所；需要移动的，应当按照出入境检验检疫机构的要求采取必要的安全防护措施。大宗散装进口食品应当在卸货口岸进行检验。

2. 运 输

散装食品应采用符合国家相关法律法规及标准的食品容器或包装材料进行密封包装后运输，防止运输过程中受到污染。如运输食用植物油应使用专用容器，不得使用非食用植物油罐车和容器运输。GB/T 30354—2013《食用植物油散装运输规范》对运输容器本身、清洁维护管理、装油运输卸油过程均做了规定。

3. 贮 存

食品经营者贮存散装食品，应当在贮存位置标明食品的名称、生产日期或者生产批号、保质期、生产者名称及联系方式等内容。

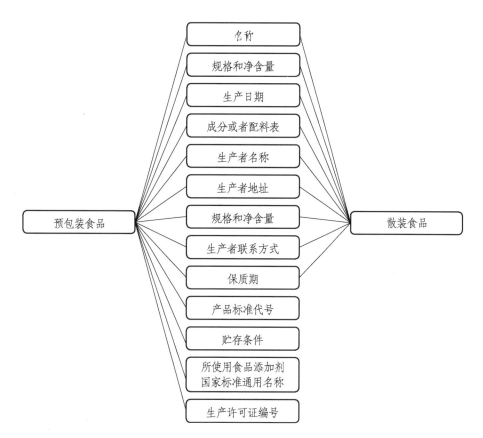

图 4-2 散装食品与预包装食品的对比

三、销售特殊食品的相关要求

（一）特殊食品的含义

特殊食品包括保健食品、特殊医学用途配方食品和婴幼儿配方食品。

1. 保健食品

保健食品是指声称具有特定保健功能或者以补充维生素、矿物质为目的的食品，即适宜于特定人群食用，具有调节机体功能，不以治疗疾病为目的，并且对人体不产生任何急性、亚急性或者慢性危害的食品。保健食品包装上应有"蓝帽子"和"国食健注""国食健字"等批准文号。

2. 特殊医学用途配方食品

特殊医学用途配方食品，是指为满足进食受限、消化吸收障碍、代谢紊乱或者特定疾病状态的人群对营养素或者膳食的特殊需要，专门加工配制而成的配方食品，包括适用于 0 月龄至 12 月龄的特殊医学用途婴儿配方食品和适用于 1 岁以上人群的特殊医学用途配方食品。国家对特殊医学用途配方食品实行严格的注册审批管理。

3. 婴幼儿配方食品

婴幼儿配方食品包括乳基婴儿配方食品和豆基婴儿配方食品。婴幼儿配方乳粉属于乳基婴幼儿配方食品，是指以乳类及乳蛋白制品为主要原料，加入适量的维生素、矿物质和（或）其他成分，加工制成的粉状产品。国家对婴幼儿配方乳粉产品配方实行注册管理。

（二）相关销售要求

（1）特殊食品实行注册或备案管理，相关目录信息可通过省级以上食品安全监督管理部门官网等查询。

（2）保健食品的标签、说明书不得涉及疾病预防、治疗功能，内容应当真实，与注册或者备案的内容相一致，载明适宜人群、不适宜人群、功效成分或者标志性成分及其含量等，并声明"本品不能代替药物"。

（3）保健食品广告应取得批准文件，声明"本品不能代替药物"。

（4）特殊医学用途配方食品中的特定全营养配方食品应当通过医疗机构或者药品零售企业向消费者销售。特殊医学用途配方食品除了专区销售之外，一定要在医生和营养师的指导下进行食用。

（5）婴幼儿配方乳粉不得以分装方式生产婴幼儿配方乳粉，同一企业不得用同一配方生产不同品牌的婴幼儿配方乳粉。

（6）特殊食品不得与普通食品或者药品混放销售。特殊食品销售应设专柜或专区销售，放置提示牌和消费提示，提示牌标明"保健食品销售专区（专柜）""特殊医学用途配方食品销售专区（专柜）""婴幼儿配方乳粉销售专区（专柜）"。特别注意的是，还应设置保健食品不是药物、不能替代药品治疗疾病的警示标语。提示牌为绿底白字，字体为黑体。

（三）营销宣传

（1）保健食品具有明确的法律定位，保健食品的监管法律依据为《中华人民共和国食品安全法》，产品属性为食品。

（2）保健品没有明确的法律定义，一般是对人体有保健功效产品的泛称，诸多媒体报道中涉及的保健品，实为内衣、床垫、器械、理疗仪、饮水机等，而非食品或保健食品。

（3）保健食品、特殊医学用途配方食品的广告内容应当以审查批准的内容为准。

（4）保健食品广告应当显著标明"保健食品不是药物，不能代替药物治疗疾病"，声明本品不能代替药物，并显著标明保健食品标志、适宜人群和不适宜人群。不得含有下列内容：表示功效、安全性的断言或者保证；涉及疾病预防、治疗功能；声称或者暗示广告商品为保障健康所必需；与药品、其他保健食品进行比较；利用广告代言人作推荐、证明；法律、行政法规规定禁止的其他内容。

（5）婴幼儿配方乳粉广告不得声称全部或部分替代母乳，0～12个月龄婴儿食用的婴儿配方乳制品不得进行广告宣传。

（6）不得对0～6个月婴儿的婴幼儿配方食品和特殊医学用途婴儿配方食品违规推销宣传。

（7）特殊医学用途配方食品中的特定全营养配方食品广告按照处方药广告管理。其他类别的特殊医学用途配方食品广告按照非处方药广告管理。

（8）特殊医学用途配方食品广告应当显著标明适用人群、标明"不适用于非目标人群使用""请在医生或者临床营养师指导下使用"。不得含有下列内容：表示功效、安全性的断言或者保证；说明治愈率或者有效率；与其他药品、医疗器械的功效和安全性或者其他医疗机构比较等。

任 务 书

调查学校附近超市，仔细观察散装食品销售区域（含熟食），按照食品分类统计标签标识。

学习活动一　接受任务

对班级学生进行分组，每组控制在6人以内，各小组接收任务书，自选研究对象。

学习活动二　制订计划

各小组查找相应的食品销售环节特别是散装食品销售相关法律法规，学习讨论，制订工作任务计划。

（1）资料准备（食品经营许可管理办法）。

（2）资料学习（自学、小组讨论）。

（3）明确概念和内容。

（4）查找散装食品销售注意事项。

（5）按照食品分类（熟食、农产品、计量销售等）整理标签标识卡，并指出其有问题与否。

学习活动三　实施方案

学生小组内分工，明确职责及实施方案。针对各自承担的任务内容，查找资料，研究讨论，形成报告。教师组织发动全班同学讨论、评价各小组的学习情况，达到全班同学共享学习资源，巩固所学知识和内容。

学习活动四　学习验收

（1）自我评价：线上题库自评。

（2）小组互评：各小组互相评价。

（3）教师评价：对学习过程和学习效果的总体评价。

（4）学生评教：教学项目实施完后，让学生对整个教学过程进行评价。评价内容包括：项目内容是否适量，重点是否突出；是否掌握食品经营环节相关知识；是否运用多种教学方法和手段；是否渗透新知识。根据学生反馈上来的信息，对教学项目进行修改。

学习活动五　总结拓展

相关的标准或文件或学习网站推荐。

思 考 题

1. 特殊食品包含哪几类食品？

2. 特殊食品销售应该如何设置消费提示？

3. 销售有温度控制要求的食品，如何做到温度控制以满足要求？

 **冷藏冷冻食品质量安全控制**

亲爱的同学们，你家亲戚食品超市也在经营冷藏冷冻产品，冷藏冷冻食品的贮存和运输服务商应该如何管理？

思考题 1：冷藏冷冻食品的贮存商需要经营许可吗？

思考题 2：冷藏冷冻食品的运输商需要经营许可吗？

知识准备

一些冷藏冷冻食品，如海鲜、肉类、果蔬等，是很多同学的最爱。要保证它的质量安全，贮存运输过程显得尤为重要。非食品生产经营者从事对温度、湿度等有特殊要求的食品贮存业务，要及时备案。

一、贮存业务及时备案

从事冷藏冷冻食品贮存业务的非食品生产经营者，应当自取得营业执照之日起 30 个工作日内向所在地县级市场监管部门备案，备案信息包括冷藏冷冻库名称、地址、贮存能力以及法定代表人或者负责人姓名、统一社会信用代码、联系方式等信息。

二、委托方履行监督义务

食品生产经营者委托贮存、运输冷藏冷冻食品的（简称委托方），应当选择具有合法资质的贮存、运输服务提供者（简称受托方），查验并留存贮存受托方的备案信息、运输受托方的统一社会信用代码等资质证明文件，建立受托方档案。审核受托方的食品安全保障能力，与受托方签订食品安全协议或在合同中明确双方食品安全责任。监督受托方按照保证食品安全的要求贮存、运输冷藏冷冻食品，建立并落实冷藏冷冻食品全程温度记录制度。

三、健全规章制度

（1）按照《食品安全法》等法律法规和食品安全国家标准规定，严格落实进货查验和记录制度，严把冷藏冷冻食品入库出库关，确保食品生产加工、销售、贮存、运输环节温度、湿度持续符合食品安全要求，记录齐全。

（2）建立并落实食品安全自查制度，定期对冷藏冷冻食品安全状况、经营环境、设备设施等进行评价，做好自查记录，及时采取有效措施消除食品安全风险隐患。特别是要按照保证食品安全的要求贮存食品，定期检查库存食品，及时清理变质或者超过保质期的食品。

（3）经营场所外设置仓库（包括自有和租赁）的，向发证地市场监管部门报告，副本上载明仓库具体地址。外设仓库地址发生变化的，在变化后 10 个工作日内向原发证的市场监管部门报告。

（4）贮存食品的容器、工具和设备安全、无害，保持清洁，防止食品污染，并符合保证食品安全所需的温度、湿度等特殊要求。食品与非食品、生食与熟食的贮存容器未混用。

（5）在散装食品贮存位置标明食品的名称、生产日期或者生产批号、保质期、生产者名称及联系方式等内容。

四、受托方落实贮存运输质量安全管理主体责任

（1）受托方应当查验留存委托方的食品生产经营许可证复印件、统一社会信用代码等合法资质证明文件，如实记录委托方的名称、地址、联系方式以及委托贮存、运输的冷藏冷冻食品名称、数量、时间、生产日期或批次等内容；运输受托方还应当如实记录收货方的名称、地址、联系方式、运输时间等内容。相关记录和凭证保存期限不得少于贮存、运输结束后2年。

（2）受托方应当按照食品标签标识或国家食品安全相关标准贮存、运输冷藏冷冻食品，加强贮存、运输过程管理，确保冷藏冷冻食品贮存、运输条件持续符合食品安全的要求，并按照委托方要求定期测定并记录冷藏冷冻食品温度。

（3）采取适当分隔措施防止交叉污染。

（4）定期检查贮存食品，及时处理变质或超过保质期食品。

（5）保持贮存场所、装卸食品的容器、工具和设备等清洁卫生，定期消毒。

（6）受托方在接受食品贮存、运输委托时，发现存在以下情形的，应当及时向所在地市场监管部门报告：① 委托方无合法资质的。② 腐败变质或者感官性状异常的食品。③ 病死、毒死、死因不明或者来源不明的畜、禽、兽、水产动物肉类及其制品。④ 无标签的预包装食品。⑤ 国家为防病等特殊需要明令禁止生产经营的动物肉类及其制品。⑥ 其他不符合法律法规或者食品安全标准的食品。

五、冷藏冷冻食品贮存服务提供者严格落实贮存食品质量安全主体责任

（1）冷藏冷冻食品贮存服务提供者要依法取得营业执照等主体资格并备案。

（2）冷藏冷冻食品贮存服务提供者要查验留存委托方的食品生产经营许可证明文件、统一社会信用代码、身份证明等合法资质证明文件。

（3）建立健全冷藏冷冻食品贮存记录，如实记录委托方的名称、地址、联系方式及委托贮存的冷藏冷冻食品的名称、数量、时间、生产日期或批次等内容。

（4）要按照食品标签标识或国家食品安全相关标准贮存食品，按委托方要求测量并记录冷藏冷冻食品温度。

（5）采取适当分隔措施防止交叉污染。

（6）定期检查贮存食品，及时处理变质或超过保质期食品。

（7）相关记录和凭证保存期限不得少于贮存结束后2年。

（8）要保持贮存场所、装卸食品的容器、工具和设备等清洁卫生，定期消毒。

（9）发现委托方有违法违规行为的，要及时报告辖区市场监管部门。

思考题

1. 从事冷藏冷冻食品贮存业务的非食品生产经营者,应当自取得营业执照之日起(   )个工作日内向所在地县级市场监管部门备案,备案信息包括(   )、地址、(   )以及法定代表人或者负责人姓名、(   )、联系方式等信息。

2. 受托方落实贮存运输质量安全管理主体责任有哪些?

项目五
餐饮业食品安全控制

 知识目标

1. 了解餐饮业食品安全控制与管理发展现状。
2. 掌握餐饮业从业人员管理中的安全控制措施。
3. 掌握餐饮业场所管理中的安全控制措施。
4. 掌握餐饮业食品加工环节中的安全控制措施与操作规范。
5. 掌握餐饮配送管理中的安全控制措施。
6. 理解防控餐饮食品安全问题的复杂性。

能力目标

1. 能够分析餐饮业从业人员食品安全问题，针对该危害提出控制措施。
2. 能够识别餐饮业场所管理中的不规范，并针对性提出控制措施。
3. 能够整体分析餐饮业食品存在的潜在安全问题，分析潜在的安全危害，针对危害提出适应的改进方案和控制措施。

素质目标

1. 增强国家安全观，培养爱国主义思想。
2. 树立餐饮食品安全意识，强化标准化理念。
3. 培养诚实守信的职业道德。

任务一 餐饮业从业人员管理中的安全控制

近年来，餐饮中毒事件频发，如造成餐饮食品不安全的因素繁多，但餐饮从业人员食品安全管理是食品安全风险管控中的重要一环。食品安全是为了保障"人的安全"，同时在食品加工过程中最大的风险源也是"人"。如果餐饮从业人员没有很好地掌握相关知识，就很有可能成为食品污染源。

思考题 1：如何杜绝餐饮从业人员成为食品污染源？我们应该从哪些方面控制？
思考题 2：餐饮从业人员的健康管理应如何进行？

思考题3：餐饮从业人员食品安全管理培训应包括哪些内容？

思考题4：餐饮从业人员应如何管理个人卫生？

思考题5：餐饮从业人员操作卫生管理应注意哪些事项？

思考题6：烹饪原料初加工岗位的食品安全操作规范有哪些？

思考题7：冷食制作岗位的食品安全操作规范是什么？

思考题8：面点饭食制作岗位的食品安全操作应注意哪些事项？

知识准备

一、餐饮从业人员的健康管理与培训

（一）餐饮业从业人员自身健康管理

（1）从事接触直接入口食品工作（清洁操作区内的加工制作及切菜、配菜、烹饪、传菜、餐饮具清洗消毒）的从业人员（包括新参加和临时参加工作的从业人员）应取得健康证明后方可上岗，并每年进行健康检查取得健康证明，必要时应进行临时健康检查。清洁操作区是指为防止食品受到污染、清洁程度要求较高的加工制作区域，包括专间、专用操作区。《中华人民共和国食品安全法》规定："从事接触直接入口食品工作的食品生产经营人员应当每年进行健康检查，取得健康证明后方可上岗工作。"该法第一百二十六条中规定的"由县级以上人民政府食品安全监督管理部门责令改正，给予警告；拒不改正的，处五千元以上五万元以下罚款；情节严重的，责令停产停业，直至吊销许可证"的情形包括"食品生产经营者安排未取得健康证明的人员从事接触直接入口食品的工作"。

（2）食品安全管理人员应每天对从业人员上岗前的健康状况进行检查。患有发热、腹泻、咽部炎症等病证及皮肤有伤口或感染的从业人员，应主动向食品安全管理人员等报告，暂停从事接触直接入口食品的工作，必要时进行临时健康检查，待查明原因并将有碍食品安全的疾病治愈后方可重新上岗。

（3）手部有伤口的从业人员，使用的创可贴宜颜色鲜明，并及时更换。佩戴一次性手套后，可从事非接触直接入口食品的工作。

（4）患有霍乱、细菌性和阿米巴性痢疾、伤寒和副伤寒、病毒性肝炎（甲型、戊型）、活动性肺结核、化脓性或者渗出性皮肤病等国务院卫生行政部门规定的有碍食品安全疾病的人员，不得从事接触直接入口食品的工作。

（二）餐饮业从业人员培训考核

餐饮服务企业应每年对其从业人员进行一次食品安全培训考核，特定餐饮服务提供者应每半年对其从业人员进行一次食品安全培训考核。

特定餐饮服务提供者指学校（含托幼机构）食堂、养老机构食堂、医疗机构食堂、中央厨房、集体用餐配送单位、连锁餐饮企业等。

《中华人民共和国食品安全法》第四十四条中规定："食品生产经营企业应当建立健全管理制度，对职工进行食品安全知识培训。"

（1）培训考核内容为有关餐饮食品安全的法律法规知识、基础知识以及本单位的食品安全管理制度、加工制作规程等。

（2）培训可采用专题讲座、实际操作、现场演示等方式。考核可采用询问、观察实际操作、答题等方式。

（3）对培训考核及时评估效果、完善内容、改进方式。

（4）从业人员在食品安全培训考核合格后方可上岗。

二、餐饮从业人员个人卫生管理

（一）从业人员卫生的食品安全操作规范

1. 个人卫生

（1）从业人员应保持良好的个人卫生。

（2）从业人员不得留长指甲、涂指甲油。工作时，应穿清洁的工作服，不得披散头发，佩戴的手表、手镯、手链、戒指、耳环等饰物不得外露。

（3）食品处理区内的从业人员不宜化妆，应戴清洁的工作帽，工作帽应能将头发全部遮盖。

（4）进入食品处理区的非加工制作人员，应符合从业人员卫生要求。

2. 口罩和手套

（1）专间的从业人员应戴清洁的口罩。专间是指处理或短时间存放直接入口食品的专用加工制作间，包括冷食间、生食间、裱花间、中央厨房和集体用餐配送单位的分装间或包装间等。

（2）专用操作区内从事下列活动的从业人员应戴清洁的口罩：① 现榨果蔬汁加工制作；② 果蔬拼盘加工制作；③ 加工制作植物性冷食类食品（不含非发酵豆制品）；④ 对预包装食品进行拆封、装盘、调味等简单加工制作后即供应的；⑤ 调制供消费者直接食用的调味料；⑥ 备餐。

（3）专用操作区内从事其他加工制作的从业人员，宜戴清洁的口罩。

（4）其他接触直接入口食品的从业人员，宜戴清洁的口罩。

（5）如戴手套，戴前应对手部进行清洗消毒。手套应清洁、无破损，符合食品安全要求。应定时更换手套，出现要求重新洗手消毒的情形时，应在重新洗手消毒后更换手套。手套应存放在清洁卫生的位置，避免受到污染。

（二）针对手部清洗消毒的食品安全操作规范

从业人员在加工制作食品前，应清洗手部，手部清洗宜符合餐饮从业人员清洗消毒方法。

1. 洗手程序

（1）打开水龙头，用自来水（宜为温水）将双手弄湿。

（2）双手涂上皂液或洗手液等。

（3）双手互相搓擦 20 s（必要时，以洁净的指甲刷清洁指甲）。工作服为长袖的应洗到腕部，工作服为短袖的应洗到肘部。

（4）用自来水冲净双手。

（5）关闭水龙头（手动式水龙头应用肘部或以清洁纸巾包裹水龙头将其关闭）。

（6）用清洁纸巾、卷轴式清洁抹手布或干手机干燥双手。

2. 标准的清洗手部方法

（1）掌心对掌心搓擦。

（2）手指交错掌。

（3）掌心对手背搓，掌心对掌心搓擦。

（4）两手互握互搓指背。

（5）拇指在掌中。

（6）指尖在掌心中转动搓擦。

3. 标准的消毒手部方法

（1）消毒手部前应先洗净手部，然后参照以下方法消毒。

方法一：将洗净后的双手在消毒剂水溶液中浸泡 20～30 s，用自来水将双手冲净。

方法二：取适量的乙醇类速干手消毒剂于掌心，按照标准的清洗手部方法充分搓擦双手 20～30 s，搓擦时保证手消毒剂完全覆盖双手皮肤，直至干燥。

（2）加工制作过程中，应保持手部清洁。出现下列情形时，应重新洗净手部：① 加工制作不同类型和不同存在形式的食品前；② 清理环境卫生，接触化学物品或不洁物品（落地的食品、受到污染的工具容器和设备、餐厨废弃物、钱币、手机等）后；③ 咳嗽、打喷嚏及擤鼻涕后；④ 进行使用卫生间、用餐、饮水、吸烟等可能会污染手部的活动后。

（3）从事接触直接入口食品工作的从业人员，加工制作食品前应洗净手部并进行手部消毒，手部清洗消毒应符合餐饮从业人员清洗消毒方法。加工制作过程中，应保持手部清洁。出现下列情形时，应重新洗净手部并消毒：① 接触非直接入口食品后；② 触摸头发、耳朵、鼻子、面部、口腔或身体其他部位后；③ 其他应重新洗净手部的情形。

（三）针对工作服的食品安全操作规范

（1）工作服宜为白色或浅色，应定点存放，定期清洗更换。从事接触直接入口食品工作的从业人员，其工作服宜每天清洗更换。

（2）食品处理区内加工制作食品的从业人员使用卫生间前，应更换工作服。

（3）工作服受到污染后，应及时更换。

（4）待清洗的工作服不得存放在食品处理区。

（5）清洁操作区与其他操作区从业人员的工作服应有明显的颜色或标识进行区分。

（6）专间内从业人员离开专间时，应脱去专间专用工作服。

三、餐饮从业人员操作卫生管理

（一）烹饪原料采购岗位的食品安全操作规范

烹饪原料的采购工作是餐饮企业日常工作的重要内容之一，也是餐饮企业食品安全工作的重点之一，烹饪原料的采购会给餐饮企业带来"输入性"食品安全风险，如带有人畜共患病的畜禽肉类、残留农药超标的蔬菜水果、重金属超标的食材等。因此，采购岗位严格按照食品安全操作规范进行操作是十分重要的。

1. 原料采购

（1）选择的供货者应具有相关合法资质。按照《中华人民共和国食品安全法》规定，国家对食品生产经营实行许可制度。从事食品生产、食品销售、餐饮服务，应当依法取得许可。但是，销售食用农产品，不需要取得许可。

（2）特定餐饮服务提供者应建立供货者评价和退出机制，对供货者的食品安全状况等进行评价，将符合食品安全管理要求的列入供货者名录，及时更换不符合要求的供货者。鼓励其他餐饮服务提供者建立供货者评价和退出机制。

（3）特定餐饮服务提供者应自行或委托第三方机构定期对供货者食品安全状况进行现场评价。

（4）鼓励建立固定的供货渠道，与固定供货者签订供货协议，明确各自的食品安全责任和义务。鼓励根据每种原料的安全特性、风险高低及预期用途，确定对其供货者的管控力度。

2. 原料运输

（1）运输前，对运输车辆或容器进行清洁，防止食品受到污染。运输过程中，做好防尘、防水，食品与非食品、不同类型的食品原料（动物性食品、植物性食品、水产品）应分隔，食品包装完整、清洁，防止食品受到污染。

（2）运输食品的温度、湿度应符合相关食品安全要求。

（3）不得将食品与有毒有害物品混装运输，运输食品和运输有毒有害物品的车辆不得混用。

（二）随货证明文件查验

（1）从食品生产者处采购食品，需查验其食品生产许可证和产品合格证明文件等；采购食品添加剂、食品相关产品，需查验其营业执照和产品合格证明文件等。

（2）从食品销售者（商场、超市、便利店等）处采购食品，需查验其食品经营许可证等；采购食品添加剂、食品相关产品，需查验其营业执照等。

（3）从食用农产品个体生产者处直接采购食用农产品，需查验其有效身份证明。

（4）从食用农产品生产企业和农民专业合作经济组织处采购食用农产品，需查验其社会信用代码和产品合格证明文件。

（5）从集中交易市场采购食用农产品，需索取并留存市场管理部门或经营者加盖公章（或负责人签字）的购货凭证。

（6）采购畜禽肉类，还应查验动物产品检疫合格证明；采购猪肉，还应查验肉品品质检验合格证明。

（7）实行统一配送经营方式，可由企业总部统一查验供货者的相关资质证明及产品合格证明文件，留存每笔购物或送货凭证。各门店能及时查询、获取相关证明文件复印件或凭证。

（8）采购食品、食品添加剂、食品相关产品，应留存每笔购物或送货凭证。

四、烹饪原料初加工岗位的食品安全操作规范

（一）烹饪原料初加工

烹饪原料初加工主要是指对烹饪原料进行挑拣、整理、解冻、清洗、剔除不可食用部分等的加工制作。

（二）烹饪原料初加工过程的食品安全操作规范

1. 不同类别原料在初加工过程中的食品安全操作规范

（1）蔬菜类。应先进行挑拣，去除粗老组织，之后浸泡清洗，提倡使用蔬菜清洗机械，如臭氧蔬菜清洗机，可以更好地去除蔬菜表面的微生物和残留农药。

（2）禽蛋类。禽蛋类表面微生物数量很多，尤其是沙门菌，所以在使用禽蛋类前，应清洗禽蛋类的外壳，必要时消毒外壳。蛋壳破后应单独存放在暂存容器内，确认禽蛋类未变质后再合并存放。

（3）干货涨发类原料。动植物干货涨发后，容易滋生微生物发生腐败变质，不能长期存放。如果出现变色、变味、腐烂、霉斑等现象，应及时丢弃，不能再加工利用。

（4）半成品原料。半成品原料应有专门的盛放容器和存放空间，应及时使用或冷冻（藏）贮存切配好的半成品，并尽快加工利用完毕，发现变质时应立即丢弃不可再用。

2. 初加工过程中冷冻（藏）环节的食品安全操作规范

（1）冷冻食品出库后，宜使用冷藏解冻或冷水解冻方法进行解冻，解冻时合理防护，避免受到污染。使用微波解冻方法时，解冻后的食品原料应被立即加工制作。

解冻的目的是使原材料恢复冷冻前的状态，所以最好采用冷藏解冻或冷水解冻的方法，这样细胞能较好地恢复到初始状态，水分及水溶性营养素不至于大量流失导致口感变差。微波解冻方法效率较高，为防止食品污染，解冻后应尽快加工利用。

（2）应缩短解冻后的高危易腐食品原料在常温下的存放时间，食品原料的表面温度不宜超过 8 ℃。8 ~ 60 ℃是高危易腐食品贮存的危险温度带，容易滋生微生物，所以解冻后应尽快加工利用。高危易腐食品是指蛋白质或碳水化合物含量较高（通常 pH>4.6 且 Aw>0.85），常温下容易腐败变质的食品，如鱼、虾等水产品。

（3）冷冻（藏）食品出库后，应及时加工制作。冷冻食品原料不宜反复解冻、冷冻。冷冻（藏）食品出库后，因为环境温度的变化，空气中水分很快会在原料表面凝结形成水膜，为微生物快速生长繁殖提供了有利条件，因此应尽快加工利用。原料反复冷冻、解冻，不仅加大了食品安全风险，而且原料的适口性、营养价值都会降低。

3. 初加工过程中工具和容器使用的食品安全操作规范

原料加工和盛放应该分类使用不同的工具和容器。盛放或加工制作畜肉类原料、禽肉类原料及蛋类原料的工具和容器宜分开使用，尤其是植物性原料和动物性原料的加工工具和盛放容器应该严格区分并隔离，避免出现交叉污染。盛放干净原料的容器不能直接放于地面，应该放在专用存放架上。

五、冷食制作岗位的食品安全操作规范

冷食广泛定义为不需要加热即可食用的或者已经加热但经过冷却且没有热度的食品。如餐饮企业中售卖的凉菜、冷荤、熟食、卤味等均属于冷食类。

因为冷食制作过程中不经过加热或加热后又经过冷却，容易造成微生物污染而引起食物中毒，所以冷食制作岗位的食品安全风险较高，食品安全操作规范要求更严格。

（一）冷食制作要求在专间内进行

1. 专间

专间是指处理或短时间存放直接入口食品的专用加工制作间，包括冷食间、生食间、裱花间、中央厨房和集体用餐配送单位的分装或包装间等。

2. 专间设施要求

（1）专间应为独立隔间，专间内应设有专用工具容器清洗消毒设施和空气消毒设施，专间内温度应不高于 25 ℃，应设有独立的空调设施。

（2）以紫外线灯作为空气消毒设施，紫外线灯（波长 200～275 nm）应按功率不小于 1.5 W/m³ 设置，紫外线灯应安装反光罩，强度大于 70 μW/cm²。专间内紫外线灯应分布均匀，悬挂于距离地面 2 m 以内高度。

（3）专间应设有专用冷藏设施。需要直接接触成品的用水，宜通过符合相关规定的水净化设施或设备。中央厨房专间内需要直接接触成品的用水，应加装水净化设施。

（4）专间应设一个门，如有窗户应为封闭式（传递食品用的除外）。专间内外食品传送窗口应可开闭，大小宜以可通过传送食品的容器为准。

（二）冷食制作岗位其他食品安全操作规范

（1）加工前应认真检查待加工食品，发现有腐败变质或者其他感官性状的异常，不得进行加工。

（2）专间内应当由专人加工制作，非操作人员不得擅自进入专间。操作人员进入专间时，应更换专用工作衣帽并戴口罩，操作前应严格进行双手清洗消毒，操作中应适时消毒。不得穿戴专间工作衣帽从事与专间内操作无关的工作。

（3）专间每餐（或每次）使用前应进行空气和操作台的消毒。使用紫外线灯消毒，应在无人工作时开启 30 min 以上，并做好记录。

（4）专间内应使用专用的设备、工具、容器，用前应消毒，用后应洗净并保持清洁。

（5）供配制冷食用的蔬菜、水果等食品原料，未经清洗处理干净不得带入专间。

（6）制作好的冷食应尽量当餐用完。剩余尚需使用的应存放于专用冰箱中冷藏或冷冻。食用前需要加热时，食品中心温度应不低于 70 ℃。

（7）中小学、幼儿园食堂不得制售冷荤类食品、生食类食品、裱花蛋糕。

六、面点饭食制作岗位的食品安全操作规范

面点饭食制作岗位主要是以面粉、米粉、杂粮粉和富含淀粉的果蔬类原料粉为主料，以

水、糖、油和蛋为调辅料，部分品种还以菜肴原料为馅心来制作成品的岗位。

（一）面点饭食原料的食品安全操作规范

制作面点的原料易发生霉变、生虫及酸败等，使用前应认真检查、挑拣。发现有腐败变质或者其他感官性状异常的，不得进行加工。主要检查指标可以参照"项目五"。

（二）面点饭食制作过程的食品安全操作规范

（1）熟制加工应烧熟煮透，加工时其食品中心温度应不低于70 ℃。大米饭、带馅而食等高危易腐食品，在8～60 ℃条件下，存放2 h以上且未发生感官性状变化的，食用前应进行再加热，再加热时中心温度应达到70 ℃。

（2）面点馅料种类繁多，包括肉类、蔬菜等多种原料，制作馅料时应确保原料卫生后再拌制馅料。盛放容器做到生熟分离，防止微生物污染。馅料制作应按需要准备，做到随用随做，未用完的馅料、半成品，应冷藏或冷冻，并在规定存放期限内使用。

（3）奶油类原料应冷藏或冷冻存放。水分含量较高的含奶、蛋的点心应在高于60 ℃或低于10 ℃的条件下贮存。

（4）使用烘焙包装用纸时，应考虑颜色可能对产品的迁移，并控制有害物质的迁移量，不应使用有荧光增白剂的烘烤纸。

（5）使用自制的蛋液，蛋液应冷藏保存，防止蛋液变质，变质蛋液不得再用于加工食用。

（6）油炸食品前，应尽可能减少食品表面的多余水分。油炸食品时，油温不宜超过190 ℃。油量不足时，应及时添加新油。定期过滤，去除食品残渣。鼓励使用快速检测方法定时测试油脂的酸价、极性组分等指标。定期拆卸油炸设备，进行清洁维护。

（7）与炸油直接接触的设备、工具内表面应为耐腐蚀、耐高温的材质（如不锈钢等），且易经常清洁、维护。

（8）食品添加剂的使用应遵守GB 2760《食品安全国家标准　食品添加剂使用标准》，禁止超范围、超量使用等滥用行为。① 膨松剂的使用规范：通常在和面时加入。面点加工时，膨松剂分解产生气体，使面坯膨松，在内部形成均匀密集的多孔形状，从而使食品酥脆膨松。膨松剂分碱性膨松剂和复合膨松剂。《关于调整含铝食品添加剂使用规定的公告》中规定：禁止将酸性磷酸铝钠、硅铝酸钠和辛烯基琥珀酸铝淀粉用于食品添加剂生产、经营和使用；所有膨化食品生产中不得使用含铝食品添加剂；除油炸面制品、面糊、裹粉、煎炸粉外，其他以小麦粉为原料制作的食品中不得使用硫酸铝钾和硫酸铝铵。② 色素的使用规范：色素是以食品着色为目的的食品添加剂。按其来源，可分为食用天然色素和食用合成色素。可用于糕点制作的色素主要是食用天然色素，有姜黄、栀子黄、萝卜红、酸枣色、葡萄皮红、蓝锭果红、植物炭黑、密蒙黄、柑橘黄、胡萝卜素、甜菜红。而一些食用合成色素，如柠檬黄、日落黄、胭脂红、苋菜红等，不能用于糕点制作，只能用于糕点上"彩妆"。③ 防腐剂的使用规范：面包、蛋糕食品生产企业常用的防腐剂有山梨酸、山梨酸钾、丙酸钙、丙酸钠、脱氢醋酸钠等。部分餐饮场所的面包、蛋糕等烘焙食品属于现场制售食品，一般不需要使用防腐剂。糕点类食品中禁用苯甲酸作为防腐剂。④ 面点类食品易滥用食品添加剂的情形：a. 面点、裱花食品超量或超范围使用着色剂、乳化剂，超量使用水分保持剂磷酸盐类（磷酸二氢钙、焦磷酸二氢二钠等），超量使用增稠剂（黄原胶等），超量使用甜味剂（糖精钠、甜蜜素等）。b. 面点、月饼馅中超量使用乳化剂（蔗糖脂肪酸酯等），超范围使用着色剂，超量或超范围使用甜味剂、防腐剂。c. 面条、饺子皮面粉超量使用处理剂，超量使用水分保持剂乳酸钠；烧卖皮超量使用着色剂栀子黄，甚至出现使用有毒化工原料硼砂、硼酸现象。d. 馒头：违法使用漂白剂硫黄熏蒸，违规使用含铝食品添加剂。e. 粥类：超量使用乳化剂（蔗糖脂肪酸酯等）。f. 油条：使用膨松剂（硫酸铝钾、硫酸铝铵）过量，造成铝的残留量超标。

任务书

餐饮业从业人员管理中的安全控制：调查本市学生食堂、旅游集体餐饮、宴请等餐饮食品安全事件，并分析常见的由餐饮从业人员原因导致的食品安全问题及其相应的改进措施。

学习活动一 接受任务

对班级学生进行分组，每组控制在 6 人以内，各小组接收任务书，自选研究对象。

学习活动二 制订计划

各小组查找相应的餐饮从业人员导致的食物中毒资料，学习讨论，制订工作任务计划。

（1）资料准备（餐饮从业人员导致的安全问题及其改进措施）。

（2）资料学习（自学、小组讨论）。

（3）明确概念和内容。

（4）查找食品安全相关案例、餐饮从业人员安全控制与管理发展现状。

（5）从餐饮从业人员安全控制角度找寻防控食品安全问题的措施、办法。

学习活动三 实施方案

学生小组内分工，明确职责及实施方案。针对各自承担的任务内容，查找资料，研究讨论，形成报告。教师组织发动全班同学讨论、评价各小组的学习情况，达到全班同学共享学习资源，巩固所学知识和内容。

学习活动四 学习验收

（1）自我评价：线上题库自评。

（2）小组互评：各小组互相评价。

（3）教师评价：对学习过程和学习效果的总体评价。

（4）学生评教：教学项目实施完后，让学生对整个教学过程进行评价。评价内容包括：项目内容是否适量，重点是否突出；是否掌握餐饮从业人员污染相关知识；是否运用多种教学方法和手段；是否渗透新知识。根据学生反馈上来的信息，对教学项目进行修改。

学习活动五 总结拓展

食品安全国家标准 餐饮服务通用卫生规范（GB 31654—2021）。

食品安全管理体系 餐饮业要求（GB/T 27306—2008）。

餐饮配送服务规范（SB/T 10857—2012）。

思考题

1. 餐饮服务从业人员的健康管理要求有哪些？

2. 餐饮从业人员操作卫生管理需要注意哪些事项？

任务二 餐饮加工场所安全管理

知识准备

一、餐饮加工场所环境卫生的安全管理

设计、布局合理的厨房是保证餐饮食品安全的必要条件。《中华人民共和国食品安全法》规定："具有与生产经营的食品品种、数量相适应的食品原料处理和食品加工、包装、贮存等场所，保持该场所的环境整洁，并与有毒、有害场所以及其他污染源保持规定的距离；具有与生产经营的食品品种、数量相适应的生产经营设备或者设施，有相应的消毒、更衣、盥洗、采光、照明、通风、防腐、防尘、防蝇、防鼠、防虫、洗涤以及处理废水、存放垃圾和废弃物的设备或者设施。"餐饮企业建筑的设计和设施应当符合《中华人民共和国食品安全法》《餐饮服务食品安全监督管理办法》和《饮食建筑设计规范》的规定。新建、扩建、改建的餐饮企业的设计审查和工程验收必须有卫生行政部门参加。

（一）厨房设计要求

（1）厨房高度。根据《饮食建筑设计规范》要求，厨房毛坯房的高度一般为 3.8～4.3 m，吊顶后净高在 3.2～3.8 m 为宜，便于清扫，保持厨房通风换气。

（2）厨房墙壁。墙壁应有 1.5 m 以上的瓷砖或其他防水、防潮、可清洗的材料制成的墙裙。厨房墙壁要求光洁平整、无裂缝凹陷，要经过防水处理。若用石灰、涂料粉刷厨房墙面，由于厨房湿度大，易造成石灰、涂料剥落而污染食品，不利于厨房环境卫生。厨房墙壁应做到洁净、瓷砖、墙皮无脱落，墙壁无塌灰、无霉斑等。

（3）厨房地面。地面应由防水、不吸潮、可洗刷的材料建造，具有一定坡度，易于清洗。

（4）厨房屋顶。厨房屋顶的设计应易于清扫，能防止虫害藏匿和灰尘积聚，避免长霉或建筑材料脱落等情形发生。屋顶应采用防水、防结露、防滴水的材料吊顶处理。

（5）厨房门窗。厨房门窗既要方便人员进出，又要防止虫害侵入。厨房应设纱门和安全门，可在厨房的进出门安装空气帘，防止蝇虫侵入，同时也防止厨房内的温度受室外温度变化的影响。

（6）厨房采光照明。为了节能环保，厨房采光应尽量采用自然采光。如果采用灯光照明，加工区每平方米应在 150～200 lx，烹调区应在 200～400 lx。灯光颜色要自然，不影响观察食品的天然颜色，并与餐厅灯光一致。灯光应从厨师正面射出，避免阴影，否则影响厨师对菜肴烹调状况的观察和判断。厨房照明灯必须安装保护罩，以防止灯管破裂时玻璃碎片污染食品，同时也便于厨房的清洁卫生。

（7）洗手消毒设施。应设置足够数量的洗手设施。洗手设施附近应有相应的清洗、消毒用品和干手设施。水龙头应采用脚踏式、肘动式或感应式等非手动式开关或可自动关闭的开关，应提供温水。

（8）温度、湿度。冬天应控制在 22～26 ℃，夏天应控制在 24～28 ℃，相对湿度不应超过 60%。

（9）厨房排水。厨房排水可采用明沟或暗沟两种方式。目前厨房排水采用明沟的较多，明沟便于排水、冲洗以及防堵塞，但也易散发异味，容易藏匿虫、蝇、鼠害。厨房明沟应尽量采用不锈钢板铺设而成，明沟的底部与两侧均采用弧形处理，水沟的深度在 15～20 cm，砌有斜坡，坡度应保持在 20°～40°，明沟宽度在 30～38 cm。

暗沟多以地漏将厨房污水与之相连。地漏直径不宜小于 150 mm，径流面积不宜大于 25 m²，径流距离不宜大于 10 m。采用暗沟排水时厨房平整，易于将设备摆放在暗沟，无异味，但易于堵塞，疏通困难。应在暗沟的某些部位安装热水龙头，以防管道堵塞。厨房油污较重，必须经过处理才可排入下水道。可采用隔油池过滤。

（10）通风排烟。厨房通风要良好，要及时排出油烟、蒸气、废气，并送入新鲜空气。厨房应形成负压，防止食品、餐饮具、加工设备及菜肴受到污染。另外，厨房还要有防蝇、防尘、防鼠设施，应采用密闭的垃圾存放设施，存放的垃圾不得过夜。

（二）厨房布局

《中华人民共和国食品安全法》规定："具有合理的设备布局和工艺流程，防止待加工食品与直接入口食品、原料与成品交叉污染，避免食品接触有毒物、不洁物。"厨房布局要合理，要设单独的原料初加工厨房、冷菜加工和冷菜出品厨房、热菜烹调厨房、面点厨房、餐饮具清洗消毒间等。应根据需要配备冷藏和冷冻冰箱，做到易腐食品不论是原料、半成品还是成品都要分别存放在相应的冷藏或冷冻条件下，实现冷链化。应配备工具、容器、餐饮器具、洗刷手的消毒设施。餐饮具的洗涤、消毒设施提倡使用热力消毒装置。为保证洗刷效果，应供应冷、热两种流动水。为了保持食品从原料到成品的卫生，要求做到不准将垃圾、炉灰带入厨房特别是烹调间，无关人员不得在厨房中穿行或停留，房间的配置应是主食加工一条线、副食品加工一条线和餐具洗涤、消毒一条线。保证食品原料入口、垃圾污物出口、工作人员出口和进餐人员出入口畅通，并做到生熟食品分开，避免交叉污染。

二、餐饮加工场所设施、设备的安全管理

在烹调加工中，所用的设备、工具、容器等与食品密切接触，对食品的安全质量影响很大。

（一）设施、设备选择

（1）购置的设备应便于清洁和维修。食品用设备要经常清洗，所购设备要便于清洗操作。

（2）设备要符合食品安全的要求。制作设备的材料不应对食品的感官和营养成分造成影响，而且要对人体无害，耐腐蚀。尽量不用铜制品，因为铜离子具有促进氧化反应的作用，易引起食品变色、变味、酸败和维生素氧化等。严禁使用对人体有毒的镀镉设备，最好不用镀锌用具，因为锌常与镉共存。

（二）设施、设备管理

（1）设备要由专人负责。设备要由专人负责，一般谁使用谁负责清洁保养。新设备在使

用前，要对设备使用人员进行操作规程的培训，培训合格后方可上岗。设备要定期维护和保养。

（2）严格遵守操作规程。严格遵守操作规程是食品安全质量的保证。如果不按操作规程操作，不但影响食品的安全和质量，还会影响设备的使用寿命，甚至危及员工的人身安全。

（3）保持设备的清洁卫生。烹调加工的设备和用具必须经常清洗、消毒。每次使用前、后都要清洁，以清除设备内的污物和黏附的残存物。

灶具要保持灶面清洁，没有油垢、污物。

烤炉、微波炉的炉膛和外部要定期清洗，保持清洁。烤盘每次用完要清除食品残渣和黏附物，并刷一层食用油，防止生锈。

煎炸设备。油中的食品残渣会促进油脂的氧化酸败，而且经长时间油炸的食品残渣中的有害成分含量很高。所以，要每天过滤一遍炸油，除去油中的食品残渣。炸锅不用的时候应盖严，以防止污染。油炸锅的外部要每天清洗，内部至少每周清洗一次。内部清洗要将油倒空，去除残渣，然后用洗涤剂清洗，再用清水漂净，晾干后将油倒入锅内待用。

蒸箱、蒸锅。蒸箱内、外都要保持清洁，蒸盘、蒸锅每次用完都要清洗，去除食品残留物。

冰箱、冰柜。冰箱不是保险箱，如对其管理不善，同样会导致食品腐败变质，必须认真做好冰箱的卫生工作。① 根据食品的性质控制好冷藏温度，以减少原料中的营养素在冷藏期间的损失，抑制微生物的生长繁殖。② 冰箱、冰柜要定期进行清洗、消毒，夏季每半个月、冬季每一个月清洗消毒一次，以除去油污。杀灭低温下生长的微生物。定期对冰箱、冰柜进行除霜。冰箱一个月除霜一次。定期对冰箱、冰柜中的食品进行检查。③ 生、熟原料分开，先存放的与后存放的分开，特别是已经初加工的原料一定要与生料分开。热食品应凉后才可放入冰箱。冰箱内要有隔架，无血水的原料放在上面，有血水的原料放在下面。

绞肉机。绞肉机在用完后要及时清洗干净，否则留在绞肉机中的残留物就会腐败变质、发臭、繁殖大量细菌。另外，还要做好搅拌机、切片机、切碎机、去皮机等设备及操作台面、食品容器等器具的卫生工作。

三、餐饮加工场所清洗和消毒的安全管理

餐饮场所每天要接待大量进餐人员，其中难免会有传染病患者或带菌者，如果餐饮场所的器具清洁洗涤不彻底、消毒不严格，这些带病菌器具就成为传染病传染的媒介。因此，对餐饮加工场所环境、设备进行彻底、正确的清洗和消毒是防止"病从口入"、保障人们身体健康的一个重要措施。

（一）消毒制度

《中华人民共和国食品安全法》第三十三条规定："餐具、饮具和盛放直接入口食品的容器，使用前应当洗净、消毒，炊具、用具用后应当洗净，保持清洁。"《餐饮服务食品安全监督管理办法》第十六条规定："应当按照要求对餐具、饮具进行清洗、消毒，并在专用保洁设施内备用，不得使用未经清洗和消毒的餐具、饮具；购置、使用集中消毒企业供应的餐具、饮具，应当查验其经营资质，索取消毒合格凭证。"餐饮具消毒工作应有专人负责，采用定质、定量、定工艺的岗位责任制。餐饮具及其消毒设施的要求有以下几点。

（1）餐饮具消毒间或专用水池必须建在清洁卫生，远离厕所，无有害气体、烟雾、灰尘

和其他有毒、有害物品污染的地方。

（2）餐饮具的洗涤、消毒池及容器应采用无毒、光滑、便于清洗消毒、防腐蚀的材料。

（3）消毒后的餐饮具应有专用的密闭餐具保洁柜来存放，保洁柜应垫有干净清洁的保洁布。未消毒的餐饮具和消毒好的餐饮具保洁柜有明显的标记，餐具保洁柜内不得放入其他杂物，保洁柜或保洁布要定期进行清洗、消毒，保持其干燥、洁净。

（4）餐饮具除满足正常使用量外，还应有正常使用量两倍的贮存。

（5）禁止使用破损餐具，禁止重复使用一次性餐具。

（二）清洗、消毒方法

（1）清洗。洗涤剂应该具备以下特点：① 洗涤性能强，能充分乳化疏水性的油脂，又有一定亲水性，容易被水冲掉；② 在容器上的残留对人安全无毒；③ 排放后容易被分解，不造成对环境的污染。采用"一刮、二洗、三冲"的方法，首先将餐具上的残渣污物刮除干净，刮除残渣可提高化学洗涤剂的效果，降低洗涤剂浓度，缩短浸泡时间，增强洗涤效果。刮除残渣后，用热碱水或用洗涤剂洗刷，再用水冲洗干净。这三步清洗程序要分别进行，要"三池分开"。洗刷餐饮具必须有专用水池，不得与清洗蔬菜、肉类等的水池混用。洗涤剂必须符合食品用洗涤剂的安全标准和要求。

（2）消毒。餐饮具经过洗涤冲刷以后，仅仅除掉了上面的脏物和油污，还达不到杀灭致病菌和寄生虫卵的目的。所以，餐饮具还必须经过消毒处理，才能达到安全的要求。餐饮具的消毒方法很多，常用的方法有热力消毒和化学药物消毒。

① 热力消毒。热力消毒包括煮沸、蒸气、红外线消毒等。煮沸、蒸汽消毒加热至 100 ℃作用 10 min，红外线消毒一般控制温度为 120 ℃，作用 15～20 min；洗碗机消毒的水温一般控制在 85 ℃左右，冲洗消毒 40 s 以上。

② 化学药物消毒。当餐饮具不适用热力消毒或无条件进行热力消毒时，可采用化学药物消毒，但必须经卫生监督机构审批，所使用的消毒剂必须符合食品用消毒剂的安全标准和要求。消毒方法：使用含氯制剂，有效氯浓度为 250 mg/L，将餐饮具全部浸泡入液体中，作用 5 min，然后用清水冲洗干净。该方法应注意药物浓度的配比和消毒后消除餐饮具的药物残留。

③ 餐饮具的卫生要求。在烹调制作菜肴的过程中应注意烹饪用具的卫生，否则会引起生熟食品的交叉污染及寄生虫卵的污染。生熟食品的交叉污染，包括容器、用具、抹布、手等。具体必须做到六分开：a.开生和细加工分开。开生（鸡、鸭、鱼等的开膛）所用的刀、墩、案、抹布和细加工的刀、墩、案、抹布必须分开使用。因为禽类、鱼类的内脏和生肉有病原菌，特别是禽类的沙门菌，如不分开使用，则会污染到其他食品。b.加工洗涤与细加工分开。蔬菜的加工洗涤，也必须与细加工的刀、墩、案、池、筐分开，既防止蔬菜沾上油腻，不易洗净，又避免蔬菜上的寄生虫卵污染。c.生熟分开。切用生料和熟食的刀、墩、案、抹布更要分开。饭店、餐馆及大型食堂冷菜拼切、摆盘应专门设立冷食间，非本间人员禁止入内。即使不具备条件设专间的小型餐馆、食堂，也必须严格做到专人、专墩、专案、专刀、专抹布等，这样才能保证熟食品不被污染。d.解冻原料分开。肉食、水产、禽类等的冰冻原料，必须经过水浸解冻后方可加工。在解冻过程中各种冰冻原料必须要分池水浸，以免相互串味和污染。e.餐具分开。盛装熟食的碗、碟、盘等各种餐具应做到专用，不随便混用。f.用具分开。在菜肴、面点制作过程中，免不了要使用各种容器来盛装食品，最好是生熟分开专用，不互相混用。

四、餐饮加工场所虫害、鼠害及其他有害物的管理

为达到消灭害虫，维护餐厅环境卫生的目的，应定期对餐饮加工场所进行虫害、鼠害消杀，保证餐厅内无害虫、害鼠活动的迹象。在消杀过程中，应尽量使用速效药物，中长效药物的使用应有选择性，且所用药品均应符合国家的相关规定，以确保食品的安全问题。药物一定不能放在食品加工区的上方及需天天清扫的区域。工具应使用对人体无害作用的粘鼠板、挡鼠板等。

制订餐饮加工场所虫害、鼠害综合治理计划，定期检查餐饮经营场所虫、鼠能进入的途径并及时处理。

1. 封填裂痕和裂纹

（1）门、窗和通风口保证封闭严实、完好。

（2）封闭所有电线、排污管道、通风口和烟道口周围的开口处。

（3）用至少16目的金属筛网来封盖窗户和通风口，修补所有向外开的门和外墙上的裂缝。

（4）安装空气门帘或是能吹出稳定气流，将苍蝇阻隔在收货口之外的灭蝇扇。

2. 地板和墙面

（1）及时修补受损的地板，地板要使用防水材料，如瓷砖。

（2）保持地面排水管畅通，不被食品残渣和其他碎屑阻塞。

（3）照明灯的安装要离开向外开的门，因为灯光会吸引很多种飞虫，电灯开关、公告牌和通风孔旁的缝隙要仔细填塞。

（4）保持建筑物外墙及其周围的清洁和整洁，清除杂物，不给鼠类和其他害虫留有栖息之所。

（5）用金属丝网（铜丝网）封堵所有的管道和电线。

（6）所有的垃圾都装在封口塑料袋里，投入有盖的容器中。断绝餐馆中害虫所需的食品和栖息所。

3. 预　防

垃圾和废物是微生物和昆虫的滋养地，同时也能给它们提供食品。应该做到以下几点进行预防。

（1）用容易清洗，并且有紧实盖子的容器来装垃圾，这样的容器可以防止苍蝇进入。

（2）垃圾桶里使用塑料衬垫，以便易于清洁。

（3）每天都用热的肥皂水清洗垃圾桶的内外，保持垃圾桶周围的清洁。

（4）在垃圾和废物区附近使用喷雾杀虫剂和捕鼠夹。

（5）把可回收的废物存放在清洁的、防虫的容器内，该类容器置放于尽量远离餐馆而法规允许摆放的位置。

（6）部分食品如面粉、白糖、煎饼粉等从原包装里拿出后，放到经认可且封盖严密的容器中，容器外要有正确的标签。

4. 虫害、鼠害消杀与防控

（1）老鼠消杀与防治措施。堵：经常清除杂物，做好室内外卫生；在仓库等地加放防鼠板，沟渠处放防鼠网；把室内鼠洞堵死，墙根压实使老鼠无藏身之地，便于捕杀。查：查鼠

洞，摸清老鼠常走的鼠道和活动场所，为下毒饵、放灭鼠器提供线索。饿：保管好食品，断绝鼠粮，清除垃圾和粪便，迫使老鼠食诱饵。捕：用特制捕鼠用具如鼠笼、鼠夹、电猫、粘鼠胶等诱捕。

（2）蟑螂消杀与防治措施。蟑螂喜暗怕光，一般白天隐蔽，晚上活动，所以要抓住蟑螂的活动特点进行灭杀。① 要做好室内外环境卫生，堵塞可供蟑螂栖居的缝洞，应该经常清理检查厨房和仓库堆放的物品，随时清除卵夹。② 各种食品应装好、盖好，餐具、容器、灶台用后要清洗干净，剩饭菜及时处理，使蟑螂无食可觅。③ 灭蟑螂必须做到"三饱和"。"三饱和"是指空间饱和、药量饱和、时间饱和。

任务书

餐饮加工场所的安全管理：调查集体餐饮食堂（学生、厂区、企业）、餐馆、酒店等餐饮加工场所，并进行分析常见的由餐饮加工场所安全管理缺乏或不规范所导致的食品安全问题，并制定相应的预防措施和改善方案。

学习活动一　接受任务

对班级学生进行分组，每组控制在 6 人以内，各小组接收任务书，自选研究对象。

学习活动二　制订计划

各小组查找相应的餐饮加工场所的管理不规范或缺乏导致的食物中毒资料，学习讨论，制订工作任务计划。

（1）资料准备（餐饮加工场所的安全管理）。

（2）资料学习（自学、小组讨论）。

（3）明确概念和内容。

（4）查找餐饮加工场所安全管理的相关案例。

（5）找寻防控餐饮加工场所安全管理问题的措施、办法。

学习活动三　实施方案

学生小组内分工，明确职责及实施方案。针对各自承担的任务内容，查找资料，研究讨论，形成报告。教师组织发动全班同学讨论、评价各小组的学习情况，达到全班同学共享学习资源，巩固所学知识和内容。

学习活动四　学习验收

（1）自我评价：线上题库自评。

（2）小组互评：各小组互相评价。

（3）教师评价：对学习过程和学习效果的总体评价。

（4）学生评教：教学项目实施完后，让学生对整个教学过程进行评价。评价内容包括：项目内容是否适量，重点是否突出；是否掌握生物污染相关知识；是否运用多种教学方法和手段；是否渗透新知识。根据学生反馈上来的信息，对教学项目进行修改。

思考题

1. 餐饮加工场所环境卫生的安全管理包含哪些内容？

2. 餐饮加工场所设施、设备的安全管理有哪些？

任务三　餐饮配送管理安全控制

知识准备

一、食品配送的一般要求

（1）不得将食品与有毒有害物品混装配送。

（2）应使用专用的密闭容器和车辆配送食品，容器的内部结构应便于清洁。

（3）配送前，应清洁运输车辆的车厢和配送容器，盛放成品的容器还应经过消毒。

（4）配送过程中，食品与非食品、不同存在形式的食品应使用容器或独立包装等分隔，盛放容器和包装应严密，防止食品受到污染。

（5）食品的温度和配送时间应符合食品安全要求。

二、中央厨房的食品配送

（1）食品应有包装或使用密闭容器盛放。容器材料应符合食品安全国家标准或有关规定。

（2）包装或容器上应标注中央厨房的名称、地址、许可证号、联系方式，以及食品名称、加工制作时间、保存条件、保存期限、加工制作要求等。

（3）高危易腐食品应采用冷冻（藏）方式配送。

三、集体用餐配送单位的食品配送

（1）食品应使用密闭容器盛放。容器材料应符合食品安全国家标准或有关规定。

（2）容器上应标注食用时限和食用方法。

（3）从烧熟至食用的间隔时间（食用时限）应符合以下要求：① 烧熟后 2 h，食品的中心温度保持在 60 ℃以上（热藏）的，其食用时限为烧熟后 4 h。② 烧熟后按照本规范高危易腐食品冷却要求，将食品的中心温度降至 8 ℃并冷藏保存的，其食用时限为烧熟后 24 h。供餐前应按本规范要求对食品进行再加热。

四、餐饮外卖

（1）送餐人员应保持个人卫生。外卖箱（包）应保持清洁，并定期消毒。

（2）使用符合食品安全规定的容器、包装材料盛放食品，避免食品受到污染。

（3）配送高危易腐食品应冷藏配送，并与热食类食品分开存放。

（4）从烧熟至食用的间隔时间（食用时限）应符合以下要求：烧熟后 2 h，食品的中心温度保持在 60 ℃以上（热藏）的，其食用时限为烧熟后 4 h。

（5）宜在食品盛放容器或者包装上，标注食品加工制作时间和食用时限，并提醒消费者

收到后尽快食用。

（6）宜对食品盛放容器或者包装进行封签。

五、配送一次性餐具

使用一次性容器、餐饮具的，应选用符合食品安全要求的材料制成的容器、餐饮具，宜采用可降解材料制成的容器、餐饮具。

任 务 书

餐饮配送管理中的安全控制：调查外卖、中央厨房、预制菜企业等餐饮食物的配送过程，并进行分析常见的由餐饮配送安全管理不规范或缺乏所导致的食品安全问题，并制定相应的预防措施和改善方案。

学习活动一 接受任务

对班级学生进行分组，每组控制在 6 人以内，各小组接收任务书，自选研究对象。

学习活动二 制订计划

各小组查找相应的餐饮配送过程中的管理不规范或缺乏导致的食物中毒资料，学习讨论，制订工作任务计划。

（1）资料准备（餐饮配送管理中的安全控制）。

（2）资料学习（自学、小组讨论）。

（3）明确概念和内容。

（4）查找餐饮配送管理的相关案例。

（5）找寻防控餐饮配送安全管理问题的措施、办法。

学习活动三 实施方案

学生小组内分工，明确职责及实施方案。针对各自承担的任务内容，查找资料，研究讨论，形成报告。教师组织发动全班同学讨论、评价各小组的学习情况，达到全班同学共享学习资源，巩固所学知识和内容。

学习活动四 学习验收

（1）自我评价：线上题库自评。

（2）小组互评：各小组互相评价。

（3）教师评价：对学习过程和学习效果的总体评价。

（4）学生评教：教学项目实施完后，让学生对整个教学过程进行评价。评价内容包括：项目内容是否适量，重点是否突出；是否掌握生物污染相关知识；是否运用多种教学方法和手段；是否渗透新知识。根据学生反馈上来的信息，对教学项目进行修改。

思 考 题

餐饮配送食品安全管理中的问题和控制措施有哪些？

项目六
食品安全性评价

 知识目标

1. 掌握外源性化学物的种类及握外源性化学物的毒性作用机理及毒物的吸收、分析、转化和排泄途径。
2. 掌握食品安全性评价的试验原理，了解其试验目的。
3. 熟悉食品安全性评价的原则和评价内容。
4. 阐述食品安全风险分析的主要内容和意义以及在食品安全管理中的重要地位。
5. 理解并掌握风险评估的一般框架和具体步骤。
6. 理解并掌握风险管理、风险交流的相关概念和主要内容。
7. 概括风险评估、风险管理、风险交流三者的内在联系。

能力目标

1. 能够运用外源化学物存在的状态掌握实际生活中经常接触的可能存在这些致癌物的食品。
2. 能够读懂食品安全性评价试验的相关文献，并能制定目标外源物的 ADI 和 MRL。
3. 能够查阅相关资料，并依据资料进行风险评估的工作。
4. 能够依据风险评估的结果进行风险管理、风险交流的工作。
5. 能够依据风险评估的结果制定具体的风险控制措施。

素质目标

1. 深刻认识"万物皆有毒，关键在剂量"的内涵，量变才能引起质变。
2. "过犹不及，不可则止。"食品安全关系人民群众健康和生命安全，要科学、理性认知食品安全，既不要谈食色变，也不能随心所欲。
3. "慎终如始，则无败事。"食品从业人员要准确把握食品没有零风险的内涵，认同和践行将食品安全风险降到最低水平的职业使命。
4. "为之于未有，治之于未乱。"科学的风险评估、风险管理和有效的风险交流是管控食品安全风险的有效工具，防患于未然是管控食品安全风险的首选策略。

选择某实体研究对象，如薯条中的丙烯酰胺。在风险分析的理论框架下，查找、阅读国家食品安全风险评估中心的丙烯酰胺风险评估报告，将其改写成可供普通公众接受的新闻通讯稿，并明确提出食品加工中丙烯酰胺形成的预防和控制方案，从而降低我国人群丙烯酰胺的膳食暴露水平，促进食品安全发展，保障消费者健康。

思考题 1：丙烯酰胺污染哪些食品？

思考题 2：食品中丙烯酰胺产生的途径，如何预防？

知识准备

风险分析是保证食品安全的一种新模式，自 20 世纪 90 年代以来，一些危害人类生命健康的重大食品安全事件不断发生，食品安全已成为全球关注问题。有关国际组织和各国政府都在采取切实措施，保障食品安全。为了保证各种措施的科学性和有效性，最大限度地利用现有的食品安全管理资源，迫切需要建立一种新的国际食品安全宏观管理模式，以便在全球范围内科学地建立各种管理措施和制度，对其实施的有效性进行科学的评价。借鉴金融和经济管理领域的理念，食品安全风险分析概念应运而生。它是制定食品安全标准和解决国际食品贸易争端的依据，在食品安全管理中处于基础地位。风险分析的根本目的在于保护消费者的健康和促进食品贸易的公平。

食品中的风险主要来自于化学毒物、微生物、食品中营养/功能性成分或食品自身。从广义上讲，食品的营养缺乏和不均衡也属于食品风险范畴。

一、风险分析概要

（一）风险分析的概念

风险分析是一种制定食品安全标准的基本方法，根本目的在于保护消费者的健康和促进公平的食品贸易。风险分析是指对某一食品危害进行风险评估、风险管理和风险交流的过程，具体为通过对影响食品安全的各种生物、物理和化学危害进行鉴定，定性或定量地描述风险的特征，在参考有关因素的前提下，提出和实施风险管理措施，并与利益攸关者进行交流。风险分析在食品安全管理中的目标是分析食源性危害，确定食品安全性保护水平，采取风险管理措施，使消费者在食品安全性风险方面处于可接受的水平。

国际食品法典委员会对与食品安全有关的风险分析的相关术语定义如下（需要说明的是，风险分析是一个正在发展中的理论体系，因此相关术语及其定义也在不断地修改和完善中）

危害：是指当机体、系统或（亚）人群暴露时可能产生有害作用的某一种因子或场景的固有性质。在食品安全中指可能导致一种健康不良效果的生物、化学或者物理因素或状态。

风险：也称危险度或风险性，是指在具体的暴露条件下，某一种因素对机体、系统或（亚）人群产生有害作用的概率。在食品安全中指食品中的危害因素所引起的一种健康不良效果的可能性以及这种效果严重程度的函数。

可接受的危险度：是指公众和社会在精神、心理等各方面均能承受的危险度。

人类的各种活动都会伴随一定的危险度存在，化学物质在一定条件下可以成为毒物，只要接触就存在中毒的可能性。只有接触剂量低于特定物质的阈剂量才没有危险。但实际上，在多数情况下，某些化学毒物的阈值难以精确测定，或是虽然能确定，但因为经济原因无法限制到绝对无危险的程度。尤其是诱变剂和致癌物可能没有值，除了剂量为零外，其他剂量均有引起损害的可能性，对于这样的化学毒物要求绝对安全是不可能的，由此提出了可接受的危险度这个概念。如美国把 10^{-6} 的肿瘤发生率和 10^{-3} 的畸胎发生率分别作为致癌物和致畸物作用的可接受的危险度。

（二）食品风险分析产生的背景与发展过程

食品安全风险分析是应用已掌握的科学技术知识和信息，对风险进行评估，进而根据风险程度来采取相应的风险管理措施去控制或者降低风险，使消费的食品在食品安全风险方面处于可接受水平的系统方法。

随着经济全球化与世界食品贸易量的持续增长，越来越多的食品安全问题开始严重影响人类的健康。食品安全问题显现出影响范围广、出现频率高、食源性疾病高发等特点。为此，各国政府和有关国际组织积极采取措施，以保障食品的安全。为保证各种措施的科学性和有效性，最大限度地利用现有的食品安全管理资源，迫切需要建立一种新的国际食品安全宏观管理模式。

1986—1994 年举行的乌拉圭回合多边贸易谈判，最终形成了与食品密切相关的两个正式协定，即"实施卫生与动植物检疫措施协定"（SPS 协定）和"贸易技术壁垒协定"（TBT 协定）。SPS 协定确认了各国政府通过采取强制性卫生措施保护该国人民健康、免受进口食品带来危害的权利。SPS 协定同时要求各国政府采取的卫生措施必须建立在风险评估基础上。1991年联合国粮农组织（FAO）、世界卫生组织（WHO）和关贸总协定（GATT）联合召开的"食品标准、食品中的化学物质与食品贸易会议"，建议国际食品法典委员会（CAC）在制定相关标准时采用风险评估原理。随后在 1993 年，（CAC）第 20 次大会提出在 CAC 框架下，各分委员会及其专家咨询机构，如食品添加剂联合委员会（JECFA）和农药残留联席会议（JMPR），应在各自的化学品安全性评估中采纳风险分析的方法。1995 年 3 月 13 至 17 日在日内瓦 WHO 总部召开了 FAO/WHO 联合专家咨询会议，会议最终形成了一份题为"风险分析在食品标准问题上的应用"的报告。1997 年 1 月 FAO/WHO 联合专家咨询会议提交了"风险管理与食品安全"报告，该报告规定了风险管理的框架和基本原理。1998 年 2 月至 6 月 FAO/WHO 联合专家咨询会议提交了"风险情况交流在食品标准和安全问题上的应用"的报告。至此，有关食品风险分析原理的基本理论框架已经形成。风险分析已被公认是制定食品安全标准的基础。

（三）食品安全风险分析的构成

风险分析是一个结构化的决策过程，由风险评估、风险管理和风险交流三个组成部分的科学框架，三者相互独立又密相关的部分组成（见图 6-1）。风险评估是整个风险分析体系的核心和基础，也是有关国际组织和区域组织工作的重点。风险管理是在风险评估结果基础上的政策选择过程，包括选择实施适当的控制理念以及法规管理措施。风险交流是在风险评估者，风险管理者以及其他相关者之间进行风险信息及意见交换的过程。

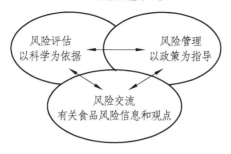

图 6-1　风险分析推导

值得一提的是，有时候专业研究人员和公众对食品风险的重视程度不尽相同甚至差别很大，见表 6-1。另外，专业研究人员和公众对风险评估的看法也存在本质上的分歧，见表 6-2。

表 6-1　专业研究人员和公众所认为的食物风险（按重要程度排列）

专业研究人员	公众
（1）微生物污染	（1）食品添加剂
（2）营养均衡	（2）农药残留
（3）环境因素	（3）环境因素
（4）天然毒素	（4）营养均衡
（5）农药残留	（5）微生物污染
（6）食品添加剂	（6）天然毒素

表 6-2　专业研究人员和公众对风险评估的不同看法

专业研究人员对风险的评估		公众对风险的评估
科学的	相	直觉上的
概率分析	互	是/不是
可接受的风险	理	安全
知识改变	解	是它或不是它
风险比较	障	离散事件
平均人口数量	碍	个人原因
只是一个死亡事件		怎么死的

风险分析是制定有关食品安全政策的重要科学手段，是制定食品标准和食品进出口决策的科学依据。

风险分析是一种用来评估人体健康和安全风险的方法，可以确定并实施合适的方法来控制风险，并与利益相关方就风险及所采取的措施进行交流。风险分析不但能解决食品突发事件导致的危害或因食品管理体系的缺陷导致的危害，还能支撑标准的完善和发展。风险分析能为食品安全监管者提供作出有效决策所需的信息和依据，有助于提高食品安全水平，改善公众健康状况。

二、食品安全风险分析的内容与方法

食品安全风险分析包括风险评估、风险管理和风险交流三部分，旨在通过风险评估选择合适的风险管理以降低风险，同时通过风险交流使社会各界认同或使得风险管理更加完善。具体来说，就是通过使用毒理数据、污染物残留数据分析、统计手段、摄入量及相关参数的评估等系统科学的步骤，确定某种食品危害物的风险，并建议其安全限量以供风险管理者综合社会、经济、政治及法规等各方面因素，在科学基础上决策并制订管理法规。

（一）风险评估

1. 风险评估的技术体系

根据一定的标准和程序对某项待评体系或指标的相关信息进行研究和评价的方法叫评估。食品风险评估是指对食品、食品添加剂中生物性、化学性和物理性危害对人体健康可能造成的不良影响所进行的科学评估。风险评估是评估食品或饲料中的添加剂、污染物、毒素或病原菌对人群或动物潜在副作用的一种科学方法。这实际上是对人体因接触食源性危害而产生的已知或未知的健康问题进行研究和评价。它以科学为依据，不考虑社会、经济和政治因素。有时，为了克服知识和资料的不足，在风险评估中可以使用合理的假设。

风险评估一般程序（见图6-2）可以分为危害识别、危害特征描述、暴露评估和风险特征描述四个步骤。风险评估中相关术语的定义如下：

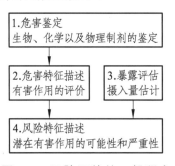

图 6-2　风险评估的一般程序

（1）危害识别。对某种食品中可能产生不良健康影响的生物、化学和物理因素的确定。

（2）危害特征描述。对食品中生物、化学和物理因素所产生的不良健康影响进行定性和（或）定量分析。

（3）暴露评估。对食用食品时可能摄入生物、化学和物理因素和其他来源的暴露所进行的定性和（或）定量评估。

（4）风险特征描述。根据危害识别、危害特征描述和暴露评估结果，对产生不良健康影响的可能性与特定人群中已发生或可能发生不良健康影响的严重性进行定性和（或）定量估计及估计不确定性的描述。

（5）风险评估的一般程序。首先，通过危害识别可能产生不良作用的生物性、化学性和物理性因子。其次，通过危害特征描述评价危害因子对人体健康的不良作用，并且同时对危害因子的膳食摄入量进行估测。最后，通过综合分析风险特征描述，评估危害因子对人体健康产生不良作用的可能性和严重性。危害识别采用的是定性方法，其余三步可以采用定性和定量相结合的方法，但最好采用定量方法。

风险评估是整个风险分析体系的核心，是科学评估程序的基础，也是风险管理和风险交流的基础。风险评估的目的是确定可接受的风险，并为相关管理部门正确地制定相应的管理法规与标准提供科学的依据。

值得强调的是，也要意识到风险认知具有社会性，同时个体对风险的反应源于自身的知识构成和认知程度，不是建立在科学研究人员对风险的分析和评估上，如表 6-3 所示，某些风险可能被公众放大，而另一些可能被忽视。

表 6-3　风险放大因素和风险缩小因素

风险放大因素	风险缩小因素
风险是不由自主的	风险是自主的
风险由第三方控制	风险由个人控制
不公平的	公平的
陌生的新奇的	熟悉的
人为制造的	自然界的
后果未知的	后果可知的
长期影响的	短期影响的
破坏是不可逆的	破坏是可逆的
对弱势群体或后代造成危险的	对普通人群构成影响的
科学家对风险知之甚少	科学家对风险有足够认识
对风险的权威言论态度前后矛盾	对风险的权威言论态度始终如一

2. 食品中化学性污染物的风险评估流程

下面以化学性危害物为例，介绍风险评分程序。食品中化学物质的风险评估主要是对食品中不同来源的化学污染物、有意加入的化学物质、天然存在的毒素（不包括微生物所生产的毒素）、食品添加剂、农药残留以及兽药残留等化学性因素造成的危害，通过危害识别、危害特征描述、暴露评估和风险特征描述，用科学的方法对其进行评估，确定该化学因素的毒性及风险。

（1）危害识别。对于食品中化学物质的危害识别，主要是要确定某种物质的毒性（产生的不良效果），因此应从其理化特性、吸收、分布、代谢、排泄、毒理学特性等方面进行定性描述。

危害识别的方法是证据加权法。需要对相关数据库、专业文献以及其他可能的来源中得到的科学信息进行充分的评议。对不同的资料的重视程度通常按照以下的顺序：流行病学研究、动物毒理学研究、体外试验和定量的结构-活性关系。

另外，危害识别是根据现有数据来定性描述。对于大多数有权威数据的化学物质危害因素可以直接在综合分析世界卫生组织（WHO）、联合国粮食及农业组织（FAO）、食品添加剂联合专家委员会（JECFA）、美国食品药品监督管理局（FDA）、美国国家环境保护局（EPA）、欧洲食品安全局（EFSA）等国际权威机构最新的技术报告或述评的基础上进行描述。

对于缺乏上述权威技术资料的危害因素，可根据在严格试验条件（如良好实验室操作规范等）下所获得的科学数据进行描述。但对于资料严重缺乏的少数危害因素，可以视需要根据国际组织推荐的指南或我国相应标准开展毒理学研究工作。

（2）危害特征描述。这一部分为定量风险评估的开始，是对可能存在于食品中不利于健康的化学性因素进行定性和定量的评价。其核心是剂量-反应关系的评估。

在危害特征描述过程中，一般使用毒理学或流行病学数据来进行主要效应的剂量-反应关系分析和数学模型的模拟。对大多数有毒化学物而言，通常认为在一定的剂量之下有害作用不会发生，即阈值。对于有阈值的化学毒性物质，危害特征描述通常可以得出化学物的健康指导值，如添加剂或农兽药残留物的每日允许摄入量（ADI值）或者污染物的耐受摄入量（PTWI值）。对于关键的效应而言，未观察到有害作用剂量水平（NOAEL）通常被作为风险描述的最初或参考作用点。对于无阈值的化学物质，如致突变、遗传毒性致癌物而言，一般不能采用"无作用量（NOEL）-安全系数"法来制定允许摄入量，因为即使是最低的摄入量，仍然有致癌的风险存在。在此情况下，动物实验得出的基准剂量可信下限（BMDL）被用作风险描述的起始点。

某些用作食品添加剂的化学物质，不需要规定具体的ADI，也就是说没必要考虑制定数值型的ADI。这种情况适用于：当一种物质根据生物学和毒理学数据评估后，被认为毒性很低，且为了达到预期的作用而增加这种物质在食品中的用量时，膳食摄入的总量不会对健康造成危害。

（3）暴露评估。暴露评估是风险评估的第三个步骤，目的是获得某危害因子的剂量、暴露频率、时间、途径及范围。暴露评估主要是根据膳食调查和各种食品中化学物质暴露水平调查的数据进行的。通过计算，可以得到人体对于该种化学物质的暴露量。进行暴露评估需要有关食品的消费量和相关化学物质浓度两方面的资料。因此，膳食调查和国家食品污染监测是准确进行暴露评估的基础。

根据食品中化学物质含量进行暴露评估时，必须有可靠的膳食摄入量资料。评估时，平均居民数和不同人群详细的食物消费数据很重要，特别是易感人群。另外，必须注重食摄入量资料的可比性，特别是世界上不同地方的主食消费情况。一般认为发达国家居民比发展中国家居民摄入较多的食品添加剂，因为他们的膳食中加工食品所占的比例较高。

（4）风险特征描述。风险特征描述是就暴露对人群健康产生不良后果的可能性进行估计。对于化学物质风险评估，如果是有阈值的化学物质，则对人群风险可以暴露与 ADI（每日允许摄入量）比较作为风险描述。如果所评价的物质的摄入量比 ADI 小，对人体健康产生不良作用的可能性就为零。即

安全限值（MOS）≤1：该危害物对食品安全影响的风险是可以接受的。

安全限值（MOS）>1：该危害物对食品安全影响的风险超过了可以接受的限度，应当采取适当的风险管理措施。

对于无阈值物质，人群的风险是暴露和效力的综合结果。同时，风险特征描述需要说明风险评估过程中每一步所涉及的不确定性。将动物试验的结果外推到人可能产生两种类型的不确定性：一是动物试验结果外推到人时的不确定性。例如，喂养丁基羟基茴香醚（BHA）的大鼠发生前胃肿瘤和喂养甜味素引发小鼠神经毒性作用可能并不适用于人。二是人体对某种化学物质的特异易感性未必能在试验动物身上发现。例如，人对谷氨酸盐的过敏反应。在实际工作中，这些不确定性可以通过专家判断和进行额外的试验（特别是人体试验）加以克

服。这些试验可以在产品上市前或上市后进行。

总之，风险评估过程中应从物质的毒理学特性、暴露数据的可靠性、假设情形的可信度等方面全面描述评估过程中的不确定性及其对评估结果的影响，必要时可提出降低不确定性的技术措施。风险评估工作结束，其结果以报告的形式展示。报告撰写格式和内容参见 2010 年 11 月由国家食品安全风险评估专家委员会颁布的《食品安全风险评估报告撰写指南》。

（二）风险管理

风险管理是指依据风险评估的结果，权衡接受或降低风险并选择和实施适当政策和措施的过程。其产生的结果就是制定食品安全标准、准则和其他建议性措施。风险管理的首要目标是通过选择和实施适当的措施，尽可能有效地控制食品风险，从而保障公众健康。措施包括制定最高限量、制定食品标签标准、实施公众教育计划，通过使用其他物质或者改善农业或生产规范以减少某些化学物质的使用等。

1. 风险管理的原则

风险管理的一般原则包括以下几部分内容。

（1）遵循结构性方法。风险管理结构性方法的要素包括风险评价、风险管理选择评估、风险管理决策执行以及监控和回顾。在某些情况下，并不是所有这些方面都必须包括在风险管理活动当中。如标准制定由食品法典委员会负责，而标准及控制措施执行则是由政府负责。

（2）以保护人类健康为主要目标。对风险的可接受水平应主要根据对人体健康的考虑决定，同时应避免风险水平上随意性的和不合理的差别。在某些风险管理情况下，尤其是决定将采取措施时，应适当考虑其他因素（如经济费用、效益、技术可行性和社会习俗）。这些考虑不应是随意性的，而应当清楚和明确。

（3）决策和执行应当透明。风险管理应当包含风险管理过程（包括决策）所有方面的鉴定和系统文件，从而保证决策和执行的理由对所有有关团体是透明的。

（4）风险评估政策的决定是一种特殊的组成部分。风险评估政策是为价值判断和政策选择制定准则，这些准则将在风险评估的特定决策点上应用，因此，最好在风险评估之前，与风险评估人员共同制定。从某种意义上讲，决定风险评估政策往往是进行风险分析实际工作的第一步。

（5）风险评估过程应具有独立性。风险管理应当通过保持风险管理和风险评估二者功能的分离，确保风险评估过程的科学完整性，减少风险评估和风险管理之间的利益冲突。但是应当认识到，风险分析是一个循环反复的过程，风险管理人员和风险评估人员之间的相互作用在实际应用中是至关重要的。

（6）评估结果的不确定性。如有可能，风险的估计应包括将不确定性量化，并且以易于理解的形式提交给风险管理人员，以便他们在决策时能充分考虑不确定性的范围。例如，如果风险的估计很不确定风险管理决策将更加保守。

（7）保持各方信息交流。在风险管理过程的所有方面，都应当包括与消费者和其他有关团体进行清楚的交流。风险交流不仅是信息的传播，更重要的功能是将有效进行风险管理至关重要的信息和意见并入决策的过程。

（8）风险管理应当持续循环进行。风险管理应当是一个考虑在风险管理决策的评价和审查过程中所有新生产资料的持续过程。在应用风险管理决策后，为确定其在实现食品安全目标方面的有效性，应对决策进行定期评价。这对进行有效的审查、监控和其他活动是必要的。

2. 风险管理内容

风险管理一般分为风险评价、风险管理选择评估、执行风险管理决定、监控和审查四个部分。

（1）风险评价。风险评价的基本内容包括确认食品安全问题，描述风险概况，风险评估和风险管理的优先性，对危害进行排序，为进行风险评估制定风险评估政策，决定进行风险评估以及风险评估结果的审议。

（2）风险管理选择评估。风险管理选项评估的内容包括确定可行的管理选项，选择最佳的管理选项（包括考虑一个合适的安全标准）以及最终的管理决定。

（3）执行管理。确保管理可被政府官方和食品企业执行，执行将根据已定的决议采取不同形式：保护人体健康应当是首先要考虑的因素，同时可适当考虑其他因素（如经济费用、效益、技术可行性、对风险的认知程度等），可以进行费用-效益分析；及时启动风险预警机制。

（4）监控和审查。对措施的有效性进行评估，即评估所用方法的效率，以及在必要时对风险管理和（或）评估进行审查，以确保食品安全目标的实现。提供信息和提供更多数据，以便评议风险管理决议及是否需要风险评估。

我国已经加入世界贸易组织，应该按国际规则来进行风险管理。在风险管理决策中，保护人类健康应该是首先要考虑的问题。食品法典是保证食品安全的最低要求，成员国可以采取高于食品法典的保护措施，但应该利用风险评估技术提供适当依据，并确保风险管理决策的透明度。总之，风险管理应是一个持续的过程，要考虑到评价时得到的所有最新资料和以往风险管理决策的经验。食品标准应与新的科学知识和其他有关风险分析的信息保持一致。

（三）风险交流

风险交流是在风险评估者、风险管理者、消费者、企业、学术团体和其他组织间就危害、风险、与风险相关的因素和理解等进行广泛的信息和意见沟通，包括信息传递机制、信息内容、交流的及时性、所使用的资料、信息的使用和获得、交流的目的、可靠性和意义。

风险交流应当包括下列组织和人员：国际组织（包括 CAC、FAO、WHO、WTO 等）、政府机构、企业、消费者和消费者组织、学术界和研究机构、公众以及传播媒介（媒体）和其他利益相关方。这些组织和人员就风险、风险相关因素和风险认知等方面的信息和看法进行互动式交流，内容包括风险评估结果的解释和风险管理决定的依据。

风险交流在风险评价和风险管理阶段发挥着重要的作用。它是联系风险评估和风险管理的纽带，可以将各部分的信息、知识和意见进行交换，是作出风险管理决定的基础。开展有效的风险交流，需要相当的知识、技巧和成熟的计划。因此，开展风险交流还要求风险管理者做出宽泛性的计划，采用战略性的思路，投入必要的人力和物力资源，组织和培训专家，并落实和媒体交流或发布报告要事先执行的方案。能否开展有效的风险交流什么时候开展有效的风险交流，取决于国家层面的管理结构、法律法规和传统习惯，以及风险管理者对风险分析原则的理解，特别是风险交流支撑计划的实施。可以概括为风险管理者的管理需求、管理授权以及技术支撑能力。通过风险交流所提供的一种综合考虑所有相关信息和数据的方法，为风险评估过程中应用某项决定及相应的政策措施提供指导，在风险管理者和风险评估者之间，以及他们与其他有关各方之间保持公开的交流，以增加决策的透明度，增强对各种结果的可能的接受能力。因此，风险交流是用清晰、易懂的术语向具体的交流对象提供有意义的、相关的和准确的信息，这也许不能解决各方存在的所有分歧，但有助于更好地理解各种分歧，也有助于更广泛地理解和接受风险管理的决定。

1. 风险交流的原则

风险交流面对的事件常常包含热点事件、群体事件和突发事件，根据原国家卫生和计划生育委员会办公厅 2014 年发布的《关于食品安全风险交流工作技术指南》总结，可知风险交流的事件的基本原则包括下面的内容。

（1）科学客观原则。在风险交流过程中，科学客观是最基本的原则。科学原则是指风险交流的所有过程都要以科学为准绳，以维护公众健康权益为根本出发点；客观性主要表现在风险交流的过程中，要尊重不同对象的不同特性，不能以主观意愿去完成风险交流工作；以科学客观原则贯穿风险交流工作才能使食品安全管理工作更好地服务于食品安全工作大局。

（2）公开透明原则。公开不仅对于风险沟通和交流过程是必不可少的，而且对于国家建立一个较高的公众信赖度也是至关重要的。如果食品安全管理过程或风险分析过程具有一定的开放性，便于产业链上的利益相关方参与或知情，这有利于公众信任政府官方部门。透明与开放是紧密相连的，在建立自信和信心方面与开放是同等重要的。透明的决策会使公众对政府产生亲近感，使公众对政府更加信任。

（3）及时有效原则。消费者对食品安全的担心有时是源于缺乏对食品质量安全科学知识的了解，但很多时候，食品安全管理的科学信息以及科学家掌握的对食品质量安全种种问题的看法等信息无法及时有效传递给消费者，从而导致信息严重不对称，及时有效原则就尤为重要了。及时性不仅是新闻的基本属性，而且更该是风险交流工作的基本原则。特别是在这个信息化时代，谣言很容易在网络这片沃土上疯长。风险交流在强调及时性的同时也应该强调有效性。只有科学传播，提高风险交流的技术含金量，才能更高效地保证风险交流工作的顺利进行。总的来说，在风险交流过程中，及时和准确地进行沟通有助于确保信息资源的有效性和可信赖性。

（4）多方参与原则。风险交流作为一个交互式信息共享环节，不只是给公众传递信息，而应该是结合食品安全各利益相关方的一个综合交流。显然，我国目前风险交流工作中多方参与的原则覆盖得不是很全面。我们做得更多的是信息发布，即由政府来发布信息，而没有做到一个双向、多方面的交流。而在信息发布过程中还应注意信息发布的渠道和统一性，不统一的信息的发布不仅不会对食品安全风险交流起到积极作用，反而可能会使公众感到混乱，有损政府及相关部门的权威性。相关部门应在第一时间采取行动，并通过官方网站、权威媒体等途径发布权威信息。

在风险交流过程中，只有结合以上原则，才能更有效地发挥风险交流的作用，即降低患病率和伤亡率，建立对反映计划的支持，帮助计划的实施，防止资源的误用和浪费，使决策者很好地了解信息，应对和纠正谣传，培育关于风险的知情决策。在风险交流过程中若没有遵循以上原则，风险交流效果将会大打折扣。

2. 风险交流的形式

风险交流的对象包括国际组织（CAC、FAO、WHO、WTO）、政府机构、企业、消费者和消费者组织、学术界和研究机构，以及大众传播媒介（媒体）。进行有效的风险交流的要素包括：风险的性质即危害的特征和重要性，风险的大小和严重程度，情况的紧迫性，风险的变化趋势，危害暴露的可能性，暴露的分布，能够构成显著风险的暴露量，风险人群的性质和规模，最高风险人群。此外，还包括利益的性质、风险评估的不确定性，以及风险管理的选择。其中一个特别重要的方面，就是将专家进行风险评估的结果及政府采取的有关管理措施告知公众或某些特定人群（如老人、儿童，以及免疫缺陷症、过敏症、营养缺乏症患者），建议消费者可以采取自愿性和保护性措施等。

3. 风险交流主要内容

风险交流的主要内容一般包括以下几部分。

（1）了解利益相关方需求。食品安全风险交流中应当根据不同的利益相关方的不同需求，采取不同的风险交流策略以提高针对性、有效性。

（2）制订计划和预案。制订风险交流年度计划，说明或解释与事件有关的危害物、风险等级、风险相关因素、消费者的风险认知及应采取的措施等，并为重点风险交流活动配备具体实施方案。应当针对食品安全事件制定相应的风险交流预案，并进行预案演练。主管行政部门统筹协调所属食品安全相关机构的风险交流活动。应当注意的是，风险交流过程应该始终贯穿风险分析过程，并且注意关键时刻的时间节点。

（3）加强内外部协作。联合风险评估人、风险管理者、消费者、食品和饲料经营者、学术界和利益相关方等，建立健全机构与上下级机构的信息通报与协作机制，与有关机构或部门建立信息交换和配合联动机制，通过有效的沟通协调达成共识，提高风险交流有效性。

（4）加强信息管理。建立通畅的信息发布和反馈渠道，完善信息管理制度。明确信息公开的范围与内容，明确信息发布的人员、权限以及发布形式，确保信息发布的准确性、一致性。风险交流是实施风险管理的先决条件，是正确理解风险和规避风险的重要手段。有效的风险交流能够对全部的有责任的风险管理程序的建成有很大的贡献。

综上所述，风险分析是一个由风险评估、风险管理、风险交流组成的连续的过程，有一个完整的框架结构，如图6-3所示。风险管理中决策部门、消费者及有关企业的相互交流和参与形成了反复循环的总体框架，充分发挥了食品安全性管理的预防性作用。风险评估、风险管理和风险交流三部分相互依赖，并各有侧重。在风险评估中强调所引入的数据、模型、假设及情景设置的科学性，风险管理则注重所做出的风险管理决策的实用性，风险交流强调在风险分析全过程中的信息互动。

风险分析利益相关方是指在某种风险分析过程中与该风险相关的实际或预期利益有关联的个人、组织或群体。风险分析相关利益方大致由生产者、消费者、管理者、利益相关第三方、无利益相关第三方五部分构成。

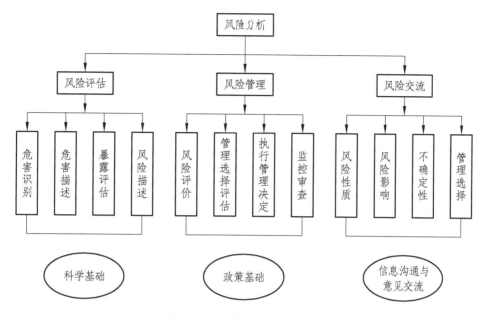

图 6-3　风险分析框架结构

目前风险评价已经运用到社会活动的各个领域，对食品安全性的风险分析是一个重要应用领域。食品风险分析代表现代科学技术最新成果在食品安全性管理方面实际应用的发展方向，是制定食品安全标准和解决国际食品贸易争端的依据，将成为制定食品安全政策、解决一切食品安全事件的总模式，请任选以下案例完成食品安全风险分析案例。

案例 1：2018 年国际知名咖啡品牌曝光丙烯酰胺事件

2018 年 3 月 30 日，英国路透社（相当于中国的新华社）报道，美国洛杉矶一家法院裁决，国际知名咖啡品牌和其他几家咖啡公司，在加州销售的咖啡必须贴上癌症警告标签。

案例 2："10·5"鸡东食物中毒事件

2020 年 10 月 5 日，黑龙江省××市××县××镇居民王某某及亲属 9 人在其家中聚餐，食用自制"酸汤子"引发食物中毒，制作"酸汤子"所用食材已在冰箱里冷冻一年。酸汤子是用玉米水磨发酵后做成的一种粗面条，当地称为"酸汤子"。截至 2020 年 10 月 19 日，该次食物中毒事件有 9 人经救治无效死亡。夏秋季节制作发酵米面制品容易被椰毒假单胞菌污染，该菌能产生致命的米酵菌酸，高温煮沸不能破坏毒性，中毒后没有特效救治药物，病死率达 50%以上。

案例 3："8·24"寿光毒大葱事件

2017 年 8 月 24 日，山东寿光的 100 多只羊在食用大葱叶后死亡，当地卫生检疫站在养殖户从冷库捡来的喂羊大葱叶中发现了禁用农药成分甲拌磷。这批问题大葱来自于辽宁省某市××区××街道办事处××村，公安部门已经成立专案组将犯罪嫌疑人孟某抓获。2017 年 8 月 31 日上午，寿光市组织有关部门对已被封存的 5.2 万斤大葱进行了无害化销毁。

任务实施阶段：

教师活动一 确定任务，发布任务

（1）确定任务。由教师提出设想，然后与学生一起讨论，最终确定项目目标和任务。

选择某实体研究对象，如对咖啡中丙烯酰胺的风险分析，熟悉风险分析的过程，并针对危害制定出相应的控制措施。

（2）对班级学生进行分组，每个小组控制在 6 人以内，各小组按照自己的兴趣确定研究对象。

学习活动一 接受任务

（1）根据各自的分组情况，确定负责人，实施小组内分工，明确每个人的职责，未来工作细节、团队协作的机制查找相应的资料，学习讨论，分别制订任务工作计划，小组成员分工、任务可参考表4。

（2）学生依据各自制订的工作计划竞聘负责人职位（1~2人）。在竞聘过程中需考查计划的可行性、前瞻性、系统性与完整性及报告人的领导能力、沟通能力和团队协作能力（见表6-4）。

表6-4 风险分析小组组成与分工

小组分工	人员配置	主要工作内容
负责人	1 人	计划，主持、协助、协调小组行动
小组成员	2~3 人	风险分析：查找已发表的相关论文资料，掌握外源化学物的毒理学、在食品中的含量及其人群暴露水平、食品中外源化学物形成机理等情况
	1~2 人	风险管理：依据风险评估的结果，采取适当的控制措施
	1~2 人	风险交流：组建风险交流的各方，并进行有效的信息交流

学习活动二 小组合作，制订计划

各小组按照组内成员分工，按照以下推荐网址和标准查找相应的资料，结合现场调查，拟定具体工作方案，在一个环节结束后，小组进行交流讨论，修订个人制订的方案，形成最终的方案，作为下个任务的基础，最后完善体系细节，并进行现场验证。

1. 信息检索途径

（1）推荐网址。文献参考：知网、万方网、NCBI-PubMed。其他资料参考：国家食品安全风险评估中心、国家市场监督管理总局食品安全抽检监测司、食品伙伴网。

（2）推荐相关标准。2010 年 1 月 21 日制定并发布了《食品安全风险评估管理规定（试行）》，GB/Z 23785-2009《微生物风险评估在食品安全风险管理中的应用指南》，《食品法典委员会--程序手册》（第 26 版 201805）第 Ⅳ 章 "风险分析"，GB/T 23811-2009《食品安全风险分析工作原则》。

2. 任务完成步骤

（1）查阅已发表的相关论文资料，了解丙烯酰胺的基本性质、用途，丙烯酰胺的毒性，人作接触途径，在食品中的形成、含量和人体可能暴露量。可填写表 6-5 风险评估项目建议书和表 6-6 风险评估任务书。

表 6-5　风险评估项目建议书

任务名称				
建议单位及地址			联系人及联系方式	
建议评估模式*	非应急评估（　　　）		应急评估（　　　）	
风险来源和性质	风险名称			
	进入食物链方式			
	污染的食品种类			
	在食品中的含量			
	风险涉及范围			
相关检测数据和结论				
已经发生的健康影响				
国内外已有的管理措施				
其他有关信息和资料	（包括信息来源、获取时间、核实情况）			

注：*如采用应急评估应当提供背景情况和理由

建议单位：　　　　　　　　　　　　　　　　　　　　　　日期：

　　　　　　　　　　　　　　　　　　　　　　　　　　　（签章）

表 6-6　风险评估任务书

任务名称	
项目建议来源	
评估目的	
启用评估模式	非应急评估（　　　）　　　　　应急评估（　　　）
需要解决的问题	1.
	2.
	3.
	4.
	5.
	6.
应当完成的时间	
结果产出的形式	

建议单位：　　　　　　　　　　　　　　　　　　　　　　日期：

　　　　　　　　　　　　　　　　　　　　　　　　　　　（签章）

（2）根据调查结果写出外源化学物的风险评估的评估报告。

（3）根据前一环节的风险评估结果，针对外源化学物的危害制定出相应的控制措施。

（4）由学生模拟组建风险交流各方，对风险评估结果和风险管理措施等各方面信息和看法进行互动式交流。

学习活动三　任务汇报

（1）学生课堂汇报，教师和其他小组学生点评任务完成质量，提出存在的问题，然后学生进一步讨论、整改。

（2）从实践到理论的总结，提升，到再次认知，学生应能陈述关键知识点。

（3）各成员汇总、整理分工成果，进行系统协调，形成最后成熟可行的整体方案，并且能够展示出来。

（4）成果展示。① 汇报交流的 PPT 演示稿。② 书面材料：外源化学物的风险评估报告的新闻通稿；能有效控制并减少油炸薯片中丙烯酰胺物质危害发生的具体可执行性文件。

学习活动四 项目评价

（1）针对项目完成过程中存在的问题，提出解决方案。

（2）总结个人在执行过程中能力的强项与弱项，提出提高自身能力的应对措施。

（3）经个人评价、学生互评、教师评价，计算最后得分。

（4）对学生个人形成的书面材料进行汇总，将最后形成的系统材料归档。

教学项目实施完后，让学生对整个教学过程进行评价。评价内容包括：项目内容是否适量，重点是否突出；是否掌握食品安全风险分析相关知识；是否运用多种教学方法和手段；是否渗透新知识。根据学生反馈上来的信息，对教学项目进行修改。

学习活动五 总结拓展

相关的标准或文件或学习网站推荐。

思 考 题

1. 什么是风险分析？它由哪几个主要部分构成？相互关系是什么？
2. 什么是风险评估？风险评估的主要内容是什么？
3. 简述风险评估、风险管理、风险交流三者的关系。
4. 可接受的危险度的概念及意义是什么？
5. 食品风险分析包括哪些步骤？

任务二　食品毒理学评价

食品的安全性评价是对食品中的物质及食品对人体健康的危害程度进行评估，以阐明某种食品是否可以安全食用，食品中有危害成分或物质的毒性及其风险大小，并通过科学的方法确定危害物质的安全剂量，在食品生产中进行风险控制。食品安全性评价在对食品安全质量进行有效控制和食品监管上具有重要意义。食品安全性评价是以毒理学评价为基础的，毒理学评价是通过一系列毒理学试验对受试物的毒性作用进行定性分析，并结合受试物的资料确定受试物在食品中的安全限量。

一、评价范围

食品生产、加工、保藏、运输和销售过程中所涉及的可能对健康造成危害的化学、生物和物理因素的安全性包括：

（1）用于食品生产、加工和保藏的化学和生物物质，如原料、食品添加剂、食品加工微生物等。

（2）食品在生产、加工、运输、销售和保藏过程中产生和污染的有害物质，如农药兽药残留、重金属、生物及其毒素及其他化学物质。

（3）食品相关产品（用于食品的包装材料、容器、洗涤剂、消毒剂和用于食品生产经营的工具、设备）。

（4）新技术、新工艺、新资源加工食品。

二、受试物的要求

（1）应提供受试物的名称、批号、含量、保存条件、原料来源、生产工艺、质量规格标准、性状、人体推荐（可能）摄入量等有关资料。

（2）对于单一成分的物质，应提供受试物必要时包括其杂质的物理、化学性质（包括化学结构、纯度、稳定性等）。对于混合物（包括配方产品），应提供受试物的组成，必要时应提供受试物各组成成分的物理、化学性质（包括化学名称、化学结构、纯度、稳定性、溶解度等）有关资料。

（3）若受试物是配方产品，则应是规格化产品，其组成成分、比例及纯度应与实际应用的相同。若受试物是酶制剂，则应该使用在加入其他复配成分以前的产品作为受试物。

三、食品安全性毒理学评价试验的内容

（1）急性经口毒性试验。

（2）遗传毒性试验。① 遗传毒性试验内容。细菌恢复突变试验、哺乳动物红细胞微核试验、哺乳动物骨髓细胞染色体畸变试验、小鼠精原细胞或精母细胞染色体畸变试验、体外哺乳类细胞 HGPRT 基因突变试验、体外哺乳类细胞 TK 基因突变试验、体外哺乳类细胞染色体畸变试验、啮齿类动物显性致死试验、体外哺乳类细胞 DNA 损伤修复（非程序性 DNA 合成）试验、果蝇伴性隐性致死试验。② 遗传毒性试验组合。一般应遵循原核细胞与真核细胞、体内试验与体外试验相结合的原则。根据受试物的特点和试验目的，推荐下列遗传毒性试验组合：

组合一：细菌恢复突变试验，哺乳动物红细胞微核试验或哺乳动物骨髓细胞染色体畸变试验，小鼠精原细胞或精母细胞染色体畸变试验或啮齿类动物显性致死试验。

组合二：细菌恢复突变试验，哺乳动物红细胞微核试验或哺乳动物骨髓细胞染色体畸变试验，体外哺乳类细胞染色体畸变试验或体外哺乳类细胞 TK 基因突变试验。

其他备选遗传毒性试验：果蝇伴性隐性致死试验、体外哺乳类细胞 DNA 损伤修复（非程序性 DNA 合成）试验、体外哺乳类细胞 HGPRT 基因突变试验。

（3）28 天经口毒性试验。

（4）90 天经口毒性试验。

（5）致畸试验。

（6）生殖毒性试验和生殖发育毒性试验。

（7）毒物动力学试验。

（8）慢性毒性试验。

（9）致癌试验。

（10）慢性毒性和致癌合并试验。

四、对不同受试物选择毒性试验的原则

凡属我国首创的物质，特别是化学结构提示有潜在慢性毒性、遗传毒性或致癌性或该受试物产量大、使用范围广、人体摄入量大，都应进行系统的毒性试验，包括急性经口毒性试验、遗传毒性试验、90天经口毒性试验、致畸试验、生殖发育毒性试验、毒物动力学试验、慢性毒性试验和致癌试验（或慢性毒性和致癌合并试验）。

凡与已知物质（指经过安全性评价并允许使用者）的化学结构基本相同的衍生物或类似物，或在部分国家和地区有安全食用历史的物质，都可先进行急性经口毒性试验、遗传毒性试验、90天经口毒性试验和致畸试验，根据试验结果判定是否需进行毒物动力学试验、生殖毒性试验、慢性毒性试验和致癌试验等。

凡属已知的或在多个国家有食用历史的物质，同时申请单位又有资料证明申报受试物的质量规格与国外产品一致，都可先进行急性经口毒性试验、遗传毒性试验和28天经口毒性试验，根据试验结果判断是否进行进一步的毒性试验。

食品添加剂、新食品原料、食品相关产品、农药残留和兽药残留的安全性应选择毒理学评价试验。

（一）食品添加剂

1. 香　料

（1）凡属世界卫生组织（WHO）已建议批准使用或已制定日容许摄入量者，以及香料生产者协会（FEMA）、欧洲理事会（COE）和国际香料工业组织（IOFI）四个国际组织中的两个或两个以上允许使用的，一般都不需要进行试验。

（2）资料不全或只有一个国际组织批准的先进行急性毒性试验和遗传毒性试验组合中的一项，经初步评价后，再决定是否需进行进一步试验。

（3）凡属尚无资料可查、国际组织未允许使用的，都应先进行急性毒性试验、遗传毒性试验和28天经口毒性试验，经初步评价后，决定是否需进行进一步试验。

（4）凡属用动、植物可食部分提取的单一高纯度天然香料，如其化学结构及有关资料并未提示具有不安全性的，一般都不要求进行毒性试验。

2. 酶制剂

（1）由具有长期安全食用历史的传统动物和植物可食部分生产的酶制剂，世界卫生组织已公布日容许摄入量或不需规定日容许摄入量者或多个国家批准使用的，在提供相关证明材料的基础上，一般不要求进行毒理学试验。

（2）对于其他来源的酶制剂，凡属毒理学资料比较完整、世界卫生组织已公布日容许摄入量或不需规定日容许摄入量者或多个国家批准使用，如果质量规格与国际质量规格标准一致，都要求进行急性经口毒性试验和遗传毒性试验。如果质量规格标准不一致，则需增加28天经口毒性试验，根据试验结果考虑是否进行其他相关毒理学试验。

（3）对其他来源的酶制剂，凡属新品种的，都需要先进行急性经口毒性试验、遗传毒性试验、90 天经口毒性试验和致畸试验，经初步评价后，决定是否需进行进一步试验。凡属一个国家批准使用、世界卫生组织未公布日容许摄入量或资料不完整的，都要进行急性经口毒性试验、遗传毒性试验和 28 天经口毒性试验，根据试验结果判定是否需要进一步试验。

（4）通过转基因方法生产的酶制剂按照国家对转基因管理的有关规定执行。

3. 其他食品添加剂

（1）凡属毒理学资料比较完整、世界卫生组织已公布日容许摄入量或不需规定日容许摄入量者或多个国家批准使用，如果质量规格与国际质量规格标准一致，都要求进行急性经口毒性试验和遗传毒性试验。如果质量规格标准不一致，则需增加 28 天经口毒性试验，根据试验结果考虑是否进行其他相关毒理学试验。

（2）凡属一个国家批准使用、世界卫生组织未公布日容许摄入量或资料不完整的，都可先进行急性经口毒性试验、遗传毒性试验、28 天经口毒性试验和致畸试验，根据试验结果判定是否需要进一步的试验。

（3）对于由动、植物或微生物制取的单一组分、高纯度的食品添加剂，凡属新品种的，都需要先进行急性经口毒性试验、遗传毒性试验、90 天经口毒性试验和致畸试验，经初步评价后，决定是否需进行进一步试验。凡属国外有一个国际组织或国家已批准使用的，都要进行急性经口毒性试验、遗传毒性试验和 28 天经口毒性试验，经初步评价后，决定是否需进行进一步试验。

（二）新食品原料

按照《新食品原料申报与受理规定》（国卫食品发〔2013〕23 号）进行评价。

（三）食品相关产品

按照《食品相关产品新品种申报与受理规定》（卫监督发〔2011〕49 号）进行评价。

（四）农药残留

按照 GB/T 15670 进行评价。

（五）兽药残留

按照《兽药临床前毒理学评价试验指导原则》（中华人民共和国农业部公告第 1247 号）进行评价。

五、食品安全性毒理学评价试验的目的和结果判定

（一）毒理学试验的目的

1. 急性毒性试验

了解受试物的急性毒性强度、性质和可能的靶器官，测定 LD_{50}，为进一步进行毒性试验的剂量和毒性观察指标的选择提供依据，并根据 LD_{50} 进行急性毒性剂量分级。

2. 遗传毒性试验

了解受试物的遗传毒性以及筛查受试物的潜在致癌作用和细胞致突变性。

3. 28 天经口毒性试验

在急性毒性试验的基础上，进一步了解受试物毒作用性质、剂量—反应关系和可能的靶器官，得到 28 天经口未观察到有害作用剂量，初步评价受试物的安全性，并为下一步较长期毒性和慢性毒性试验剂量、观察指标、毒性终点的选择提供依据。

4. 90 天经口毒性试验

观察受试物以不同剂量水平经较长期喂养后对实验动物的毒作用性质、剂量—反应关系和靶器官，得到 90 天经口未观察到有害作用剂量，为慢性毒性试验剂量选择和初步制定人群安全接触限量标准提供科学依据。

5. 致畸试验

了解受试物是否具有致畸作用和发育毒性，并可得到致畸作用和发育毒性的未观察到的有害作用剂量。

6. 生殖毒性试验和生殖发育毒性试验

了解受试物对实验动物繁殖及对子代的发育毒性，如性腺功能、发情周期、交配行为、妊娠、分娩、哺乳和断乳以及子代的生长发育等。得到受试物的未观察到的有害作用剂量水平，为初步制定人群安全接触限量标准提供科学依据。

7. 毒物动力学试验

了解受试物在体内的吸收、分布和排泄速度等相关信息，为选择慢性毒性试验的合适实验动物种（species）、系（strain）提供依据，了解代谢产物的形成情况。

8. 慢性毒性试验和致癌试验

了解经长期接触受试物后出现的毒性作用以及致癌作用，确定未观察到的有害作用剂量，为受试物能否应用于食品的最终评价和制定健康指导值提供依据。

（二）各项毒理学试验结果的判定

1. 急性毒性试验

如 LD_{50} 小于人的推荐（可能）摄入量的 100 倍，则一般应放弃该受试物用于食品，不再继续进行其他毒理学试验。

2. 遗传毒性试验

（1）如遗传毒性试验组合中两项或以上试验阳性，则表示该受试物很可能具有遗传毒性和致癌作用，一般应放弃该受试物应用于食品。

（2）如遗传毒性试验组合中一项试验为阳性，则再选两项备选试验（至少一项为体内试验）。如再选的试验均为阴性，则可继续进行下一步的毒性试验；如其中有一项试验阳性，则应放弃该受试物应用于食品。

（3）如三项试验均为阳性，则可继续进行下一步的毒性试验。

3. 28 天经口毒性试验

对只需要进行急性毒性、遗传毒性和 28 天经口毒性试验的受试物，若试验未发现有明显毒性作用，则综合其他各项试验结果可做出初步评价；若试验中发现有明显毒性作用，尤其是有剂量—反应关系时，则考虑进行进一步的毒性试验。

4. 90 天经口毒性试验

根据试验所得的未观察到有害作用剂量进行评价的原则是：

（1）未观察到有害作用剂量小于或等于人的推荐（可能）摄入量的 100 倍表示毒性较强，应放弃该受试物用于食品。

（2）未观察到有害作用剂量大于 100 倍而小于 300 倍者，应进行慢性毒性试验。

（3）未观察到有害作用剂量大于或等于 300 倍者则不必进行慢性毒性试验。可进行安全性评价。

5. 致畸试验

根据试验结果评价受试物是不是实验动物的致畸物。若致畸试验结果阳性，则不再继续进行生殖毒性试验和生殖发育毒性试验。在致畸试验中观察到的其他发育毒性，应结合 28 天和（或）90 天经口毒性试验结果进行评价。

6. 生殖毒性试验和生殖发育毒性试验

根据试验所得的未观察到有害作用剂量进行评价的原则是：

（1）未观察到有害作用剂量小于或等于人的推荐（可能）摄入量的 100 倍表示毒性较强，应放弃该受试物用于食品。

（2）未观察到有害作用剂量大于 100 倍而小于 300 倍者，应进行慢性毒性试验。

（3）未观察到有害作用剂量大于或等于 300 倍者，则不必进行慢性毒性试验，可进行安全性评价。

7. 慢性毒性和致癌试验

（1）根据慢性毒性试验所得的未观察到有害作用剂量进行评价的原则是：① 未观察到有害作用剂量小于或等于人的推荐（可能）摄入量的 50 倍者，表示毒性较强，应放弃该受试物用于食品。② 未观察到有害作用剂量大于 50 倍而小于 100 倍者，经安全性评价后，决定该受试物可否用于食品。③ 未观察到有害作用剂量大于或等于 100 倍者，则可考虑允许使用于食品。

（2）根据致癌试验所得的肿瘤发生率、潜伏期和多发性等进行致癌试验结果判定的原则是（凡符合下列情况之一，可认为致癌试验结果阳性。若存在剂量-反应关系，则判断阳性更可靠）：① 肿瘤只发生在试验组动物，对照组中无肿瘤发生。② 试验组与对照组动物均发生肿瘤，但试验组发生率高。③ 试验组动物中多发性肿瘤明显，对照组中无多发性肿瘤，或只是少数动物有多发性肿瘤。④ 试验组与对照组动物肿瘤发生率虽无明显差异，但试验组中发生时间较早。

8．其　　他

若受试物掺入饲料的最大加入量（原则上最高不超过饲料的 10%）或液体受试物经浓缩后仍达不到未观察到有害作用剂量为人的推荐（可能）摄入量的规定倍数时，综合其他的毒性试验结果和实际食用或饮用量进行安全性评价。

六、进行食品安全性评价时需要考虑的因素

（一）试验指标的统计学意义、生物学意义和毒理学意义

对实验中某些指标的异常改变，应根据试验组与对照组指标是否有统计学差异、有无剂量反应关系、同类指标横向比较、两种性别的一致性及与本实验室的历史性对照值范围等，综合考虑指标差异有无生物学意义，并进一步判断是否具毒理学意义。此外，如在受试物组发现某种在对照组没有发生的肿瘤，即使与对照组比较无统计学意义，仍要给予关注。

（二）人的推荐（可能）摄入量较大的受试物

应考虑给予受试物量过大时，可能影响营养素摄入量及其生物利用率，从而导致某些毒理学表现，而非受试物的毒性作用所致。

（三）时间—毒性效应关系

对由受试物引起实验动物的毒性效应进行分析评价时，要考虑在同一剂量水平下毒性效应随时间的变化情况。

（四）特殊人群和易感人群

对孕妇、乳母或儿童食用的食品，应特别注意其胚胎毒性或生殖发育毒性、神经毒性和免疫毒性等。

（五）人群资料

由于存在动物与人之间的物种差异，在评价食品的安全性时，应尽可能收集人群接触受试物后的反应资料，如职业性接触和意外事故接触等。在确保安全的条件下，可以考虑遵照有关规定进行人体试食试验，并且志愿受试者的毒物动力学或代谢资料对于将动物试验结果推论到人具有很重要的意义。

（六）动物毒性试验和体外试验资料

本标准所列的各项动物毒性试验和体外试验系统是目前管理（法规）毒理学评价水平下所得到的最重要的资料，也是进行安全性评价的主要依据，在试验得到阳性结果，而且结果的判定涉及受试物能否应用于食品时，需要考虑结果的重复性和剂量—反应关系。

（七）不确定系数

不确定系数即安全系数。将动物毒性试验结果外推到人时，鉴于动物与人的物种和个体之间的生物学差异，不确定系数通常为 100，但可根据受试物的原料来源、理化性质、毒性大

小、代谢特点、蓄积性、接触的人群范围、食品中的使用量和人的可能摄入量、适用范围及功能等因素来综合考虑其安全系数的大小。

（八）毒物动力学试验的资料

毒物动力学试验是对化学物质进行毒理学评价的一个重要方面，因为不同化学物质、剂量大小，在毒物动力学或代谢方面的差别往往对毒性作用影响很大。在毒性试验中，原则上应尽量使用与人具有相同毒物动力学或代谢模式的动物种系来进行试验。研究受试物在实验动物和人体内吸收、分布、排泄和生物转化方面的差别，对于将动物试验结果外推到人和降低不确定性具有重要意义。

（九）综合评价

在进行综合评价时，应全面考虑受试物的理化性质、结构、毒性大小、代谢特点、蓄积性、接触的人群范围、食品中的使用量与使用范围、人的推荐（可能）摄入量等因素，对于已在食品中应用了相当长时间的物质，对接触人群进行流行病学调查具有重大意义，但往往难以获得剂量-反应关系方面的可靠资料。对于新的受试物质，则只能依靠动物试验和其他试验研究资料。然而，即使有了完整和详尽的动物试验资料和一部分人类接触的流行病学研究资料，由于人类的种族和个体差异，也很难做出能保证每个人都安全的评价。所谓绝对的食品安全实际上是不存在的。在受试物可能对人体健康造成的危害以及其可能的有益作用之间进行权衡，以食用安全为前提，安全性评价的依据不仅是安全性毒理学试验的结果，而且与当时的科学水平、技术条件以及社会经济、文化因素有关。因此，随着时间的推移，社会经济的发展、科学技术的进步，有必要对已通过评价的受试物进行重新评价。

项目七
食品质量安全监管与法律法规

 知识目标

1. 掌握食品安全信息化管理技术的基本概念与属性。
2. 掌握食品安全信息可追溯系统及其标准化技术种类。
3. 了解我国主要食品安全法律和食品安全法规的立法背景和主要内容。
4. 了解我国食品安全标准的发展与现状。
5. 熟悉各种食品标准的具体内容。
6. 了解我国食品安全标准体系的建设。

能力目标

1. 能够解读、理解和应用相关法规。
2. 能够对已有的食品标准和法规进行合理运用和调整。

素质目标

1. 增强国家安全观，培养爱国主义思想。
2. 树立质量意识，培养食品安全意识。
3. 培养诚实守信的职业道德。

案例导入

2017 年 7 月 20 日，A 国通知欧盟委员会，该国的食品安全监管部门发现鸡蛋中含杀虫剂成分。之后，B 国和 C 国也表示发现"毒鸡蛋"。一直到 8 月 1 日，"毒鸡蛋"事件才被曝光，并在几国之间引发争论。A 国指责 B 国早在 2016 年 11 月就知道有鸡蛋受污染，却没有及时通知其他国家。对此，B 国加以否认。8 月 7 日，欧盟委员会对几国的食品安全部门发布预警称，含有杀虫剂氟虫腈成分的"毒鸡蛋"已经扩散到 4 个国家，同时提醒这 4 个国家的相关部门对其境内可能有问题的鸡蛋进行检查，因为这些"毒鸡蛋"都是可追踪的。

思考题 1：食品安全信息可追溯系统的定义是什么？

思考题 2：实施可追溯系统主要涉及哪些技术？

根据《中国食品安全发展报告（2019）》等研究成果，现阶段最主要的五类食品安全风险分别为微生物污染、超范围/超限量使用食品添加剂、质量指标不符合标准、农兽药残留不符合标准、重金属污染。加强食品安全的监管日益成为人们关注的热点与焦点。一种食品从农田到餐桌，要经过生产、加工、贮藏、运输和销售等诸多环节，食品的供给体系渐趋于复杂化和国际化。在如此长的产业链条中，每一个环节都有污染食品的可能，不采用先进的信息化管理手段，全程的食品安全控制是不可能实现的。如今，各级政府也越来越认识到食品安全信息的收集、使用、发布及监测等工作的重要性。《国务院办公厅关于印发 2013 年食品安全重点工作安排的通知》（国办发〔2013〕25 号）强调，要推进食品安全监管信息化建设，根据国家重大信息化工程建设规划，充分利用现有信息化资源，按照统一的设计要求和技术标准，建设国家食品安全信息平台，统筹规划建设食品安全电子追溯体系，统一追溯编码，确保追溯链条的完整性和兼容性，重点加快婴幼儿配方乳粉和原料乳粉、肉类、蔬菜、酒类、保健食品电子追溯系统建设。

任务一　食品质量安全追溯管理

一、食品安全信息化管理技术

（一）基本概念

食品安全信息化管理主要指在食品安全法律、法规以及管理体制基础上，利用先进的管理体系和信息技术、设备，建立相关厂商、政府机构、大众媒体以及相关中介机构发布的与食品质量安全相关的信息管理系统。

（二）食品安全信息化管理属性

降低食品质量安全问题的处理成本、明确企业责任划分和在事前传递质量信息是食品安全信息化管理的三大基本属性。除了三大基本属性外，实行农产品可追溯制度也促使企业加强食品质量管理，生产质量高的产品，建立优胜劣汰机制。安全隐患多的企业，因达不到追溯的要求被迫退出市场，而生产质量好的企业也可以建立品牌和信誉。对于政府管理部门来说，建立产品可追溯体系可以实时监控食品质量安全状况，及时识别食品安全责任主体，有效防范食品安全事故发生。消费者可以根据农产品质量安全可追溯系统提供的全面有效的食品生产及加工信息，根据自己的偏好进行购买，节约了不必要的产品信息搜寻成本。

（三）全面实施食品安全信息可追溯体系建设的必要性

实施食品安全信息化管理手段，可以起到对食品信息跟踪和预警等作用，切实有效地将食品安全风险降到最低。在信息化建设迅速发展的今天，互联网已成为人们获取信息的重要途径。通过网络为广大消费者提供快捷、方便、及时的食品安全信息，将有助于促进食品安全监管体系的完善。可以说，食品安全信息化是构成食品安全监管体系中不可或缺的组成部分，它的建立和完善可以有效地保障食品安全长效监管机制的健全。

二、食品安全信息可追溯系统及其标准化技术

（一）可追溯性

可追溯性是指利用已记录的标签（或标识，这种标识对每一批产品都是唯一的，即标识和被追溯对象有一一对应关系）追溯产品的历史（包括用于该产品的原材料、零部件的来历）、应用情况、所处场所的能力。不同的国际组织、地区经济组织和国家对食品可追溯体系的定义存在一定的差异，主要表现在：欧盟和日本强调信息的实用性，ISO 强调信息的即时性，CAC 强调追溯信息的能力，美国和我国则强调信息的完备性。尽管各国或不同学者对食品可追溯体系的定义存在差异性，但这些定义的共同点依然比较明显：首先，对于可追溯性，各国的定义强调其通过标识信息追溯产品历史或追踪产品生产与流向的能力。其次，对于食品可追溯体系，各国或不同学者的定义强调它是通过在供应链上形成可靠的连续的信息流使食品具备可追溯性，以监控食品的生产过程与流向，必要时通过追溯或追踪来识别问题和实施召回。可追溯食品即在该食品生产的全过程中，供应链中所有的企业实施食品可追溯体系，按照安全生产的方式生产食品，记录相关信息，并通过标识技术将食品来源、生产过程、检验检测等可追溯信息标注于可追溯标签中，使该食品具备可追溯性。与普通食品相比，可追溯食品的主要特点是：消费者通过可追溯食品上的可追溯标签可以查看该食品的各种信息，了解食品的质量与安全性。由于遵照安全生产的方式，因而可追溯食品的质量安全高于普通食品。该食品发生食品安全问题时，相关企业或监管者可以通过可追溯体系中的信息追溯和识别问题来源，必要时实施召回。

（二）食品可追溯系统的构成

食品可追溯体系是指在食品供应的整个过程中，记录和存储食品构成、流向、鉴定、证明等各种信息的质量保证体系。这就意味着，要建立食品供应链各个环节上信息的标识、采集、传递和关联管理，实现信息的整合、共享，才能在整个供应链中实现可追溯性。因此，从本质上说，可追溯系统就是一套信息管理系统。综合当前国内外的实践经验，实施可追溯系统主要涉及信息标识技术、信息采集技术、信息交换技术、物流跟踪技术四个方面。

1. 信息标识技术

信息管理的前提是能够对广泛接受的标准进行信息的标识，然后才能进行信息的采集和传递。随着全球化的发展，在实施可追溯的时候必须考虑到信息流动的全球性，必须采用全球通用的标准体系来进行可追溯信息的管理。当前国际上普遍采用的是由国际物品编码组织 GS1（Global Standard 1，由欧洲物品编码协会 EAN 和美国统一代码委员会 UCC 联合而成）开发的全球统一标识系统来实施商品信息的标识、采集和传递。

2. 信息采集技术

在对有关信息用全球通用的标准进行标识以后，还需要用全球通用的标准载体来承载这

些信息，以便于信息的采集，实现供应链全程无缝对接。目前，最常用的信息采集技术是条形码技术（Barcode）、射频识别（Radio Frequency Identi Fication，RFID）技术和产品电子代码（Electronic Product Code，EPC）技术。

条形码技术是将宽度不等、反射率相差很大的多个黑条和白条，按照一定的编码规则排列，用以表达一组信息的图形标识符。条形码可以标出物品的生产国、制造厂家、商品名称、生产日期、图书分类号、邮件起止地点、类别、日期等许多信息，因而在商品流通、图书管理、邮政管理、银行系统等许多领域都得到广泛的应用。条形码包括一维条形码和二维条形码。条形码是可视传播技术，即扫描仪必须"看见"条形码才能读取它。因此，印有条形码的标签通常贴于外包装上，如果标签被划破、污染或脱落，扫描仪就无法辨认目标。条形码只能识别生产者和产品，并不能辨认具体的商品，贴在所有同一种产品包装上的条形码都一样，无法辨认哪些产品先过期。

RFID 技术是一种非接触式的自动识别技术，通过射频信号识别目标对象并获取相关数据，识别工作无须人工干预。RFID 技术具有条形码所不具备的防水、防磁、耐高温、使用寿命长、读取距离大、标签上数据可以加密、存储数据容量更大、存储信息更改自如等优点。

EPC 编码的载体是 RFID 电子标签，并借助互联网来实现信息的传递。EPC 技术旨在为每一件单品建立全球的、开放的标识标准，实现全球范围内对单件产品的跟踪与追溯，从而有效提高供应链管理水平、降低物流成本。EPC 是一个完整的、复杂的、综合的系统，是 GS1 推出的新一代产品编码体系。原来的产品条形码仅是对产品分类的编码，EPC 码是对每件单品都赋予一个全球唯一编码，EPC 编码 96 位（二进制）方式的编码体系。96 位的 EPC 码可以为 2.68 亿公司赋码，每个公司可以有 1600 万产品分类，每类产品有 680 亿的独立产品编码。形象地说，其可以为地球上的每一粒大米赋一个唯一的编码。

电子标签是由一个比大米粒 1/5 还小的电子芯片和一个软天线组成，像纸一样薄，可以做成邮票大小，或者更小，可以在 1 ~ 6 m 的距离让读写器探测到。EPC 电子标签具有统一标准、大幅降低价格、与互联网信息互通等特点，因此电子标签应用广泛，至 2006 年全球电子标签已达到每年 600 ~ 800 亿片的应用量。

3. 信息交换技术

在食品供应链的每个环节建立了可追溯标签之后，还需要在各个环节之间建立无缝对接，实现标签信息传递和交换的关联管理，这样才能实现供应链全程的跟踪和追溯。否则，任何一个环节断了，整个链条就脱节了，也就无法实现可追溯的目的，而这需要全球通用的数据交换技术标准来保证。

为了实现贸易伙伴间电子数据信息快速、准确、低成本、高效率的交换，GS1 制定了电子数据交换（Electronic Data Interchange，EDI）的全球标准，包括电子数据交换标准实施指南（EANCOM）和可扩展的商业标识语言标准（ebXML）两个部分。此外，ISO 还为 ebXML 电子商务的实施提出了整合全球产品数据的全新理念——全球数据同步（Global Data Synchronization，GDS）/全球数据字典（Global Data Dictionary，GDD）。

4. 物流跟踪技术

前面提到，只有食品供应链的各个环节之间有效连接起来，才能实现可追溯，这种连接是通过食品的物流运输来实现的。食品，尤其是生鲜食品，对温度等环境变化比较敏感，对物流运输的要求比较高。因此，物流运输过程的管理对食品的安全来说非常重要，必须采取有效手段来监控、管理食品物流运输过程，使之能够高效运行。同时，在发生食品安全事件时，也能够对运输环节进行追溯。地理信息系统（Geographic Information System，GIS）和全球卫星定位系统（Geographical Position System，GPS）为物流运输过程提供了准确跟踪记录的技术。

以 RFID 食品追溯管理系统为例，食品追溯系统包括三个层次结构、二级节点和一个中心与基础架构平台。

（1）三个层次结构。网络资源系统、公用服务系统和应用服务系统。

（2）二级节点。由食品供应链及安全生产监管数据中心和食品产业链中各关键监测节点组成。数据中心为海量的食品追溯与安全监测数据提供充足的存储空间，保证信息共享的开放性、资源共享与安全性，实现食品追踪与安全监测管理功能。各关键监测节点包括种植养殖场节点、生产与加工线节点、仓储与配送节点、消费节点，各节点的数据采集与信息链相连接，并使各环节可视。

（3）一个中心与基础架构平台。一个中心为食品供应链及安全生产监管数据管理中心，中心是构建于基础架构平台 ezRFID 之上的管理平台。ezRFID 为 RFID 中间件，是 RFID 运作的中枢，为硬件和应用程序间的中介角色，将实现不同节点不同追溯环节上各种不同的 RFID 设备和软件顺畅地协同运行。它的功能不仅包括传递信息，还包括解译数据、安全性、数据广播、错误恢复、定位网络资源，以及找出符合成本的路径、消息与要求的优先次序等服务。它的作用主要体现在两个方面：一是操纵控制 RFID 读写设备按照预定的方式工作，保证不同读写设备之间的配合协调；二是按照一定规则过滤数据，筛除绝大部分冗余数据，将真正有效的数据传送给后台信息系统。该框架包括 RFID 边缘件和 RFID 集成中间件两大部分。例如，在生猪或牛出生后将被打上 RFID 电子耳标，电子耳标里有此头生猪或牛的唯一标识号，此号码将贯穿所有节点，并和各环节的相关管理和监测信息关联，以达到追溯目的。

RFID 食品追溯管理系统可以保障食品安全及可全程追溯，规范食品生产、加工、流通和消费四个环节，将大米、面粉、油、肉、奶制品等食品都颁发一个"电子身份证"，全部加贴 RFID 电子标签，并建立食品安全数据库，从食品种植养殖与生产加工环节开始加贴，实现"从农田到餐桌"全过程跟踪和追溯，包括运输、包装、分装、销售等流转过程中的全部信息，如生产基地、加工企业、配送企业等，都能通过电子标签在数据库中查到。

（三）我国实施食品安全可追溯存在的障碍

目前我国的食品安全信息化管理体系整体还存在很大的不足和缺陷，如食品安全信息成本太高、食品安全信息交流平台还不完善、消费者获取食品安全信息的渠道有限、政府负责食品安全监管的相关部门与公众之间缺少及时的信息交流等。在发达国家和地区，食品安全可追溯系统早已通过强制性手段普及。建设和完善食品安全可追溯体系既是中国食品参与国际贸易的要求，也是当前国内食品安全形势的需要。虽然我国在这方面已处于较先进水平，但相对于发达国家还是存在差距。鉴于目前我国食品生产主体多为中小企业或分散客户，生产集约化的程度不高，监控条件较为薄弱，我国应逐步探索出一些适合我国实际情况的食品信息可追溯管理模式。如日本的"替代营销"，通过生产者、销售商和消费者之间建立合作伙伴关系，通过直销、集体购买（消费者合作社）和家庭配送的形式进行产品销售，可以精简食品供应链的环节，缩短信息流的长度，减少交易主体，降低交易频率，从而降低食品安全信息搜集、发现和传递成本。同时，还要加强追溯技术的开发应用，目前国际上应用较广的RFID 技术、计算机视觉技术等在我国处于研究示范阶段，还没有大范围推广应用。要实现食品的可追溯，必须进行技术攻关，开发出适合我国生产实践的追溯产品。通过追溯系统强化食品生产、流通与服务企业的责任意识、信用意识和质量意识，预防食品安全事故的发生。

（四）现有食品安全信息可追溯系统

到目前为止，全国各地均建立了各种类别的食品安全可追溯系统。其中，具有典型性的食品可追溯系统有以下几个。

1. 国家食品（产品）安全追溯平台

国家食品（产品）安全追溯平台是中国物品编码中心针对具有生产许可证的食品生产企业，基于GS1 国际通用编码系统，采用条形码及 RFID 技术构建，进行基于商品条形码的追溯码查询、追溯信息监管、追溯系统构建的网络平台，平台立足于公众监督，协助政府对食品质量安全进行辅助管理，帮助消费者看到透明的生产制造过程。到目前为止，追溯平台管理包括种植养殖、农副产品加工、烘焙食品加工、预制食品、乳品加工等 13 类 4 万多家企业，实施追溯的食品涵盖肉和家禽产品，水果、蔬菜，海产品，乳制品和蛋，食用油等 13 大类 15 万多种。

2. 中国农产品质量安全网

中国农产品质量安全网由农业农村部农产品质量安全中心主办。农业农村部农产品质量安全中心是农业农村部直属正局级单位，主要负责开展农产品质量安全政策法规、规划标准研究，参与农产品质量安全标准体系、检验检测体系和追溯体系建设等农产品质量安全监管支撑保障，组织实施农产品质量安全风险评估，开展名特优新农产品发展规划研究和地方优质农产品发展指导等工作。

3. 上海市食品安全信息追溯平台

上海市食品安全信息追溯平台是依据《上海市食品安全信息追溯管理办法》（沪府令 33号）要求，在整合有关食品和食用农产品信息追溯系统的基础上，由市场监管部门负责建设和运行维护的全市统一的食品安全信息追溯平台。该平台以《食品和食用农产品信息追溯》上海市地方标准为技术标准建设运行，为政府、企业、消费者及第三方机构提供食品安全信息追溯相关服务。

4. 中国食品安全信息追溯平台

中国食品安全信息追溯平台为中国副食流通协会食品安全与信息追溯分会所建立的国内官方行业组织第三方信息追溯服务平台。该平台是在行业协会和企业的共同监督下，为食品企业提供第三方信息追溯服务和数据交换平台服务，具有行业权威力度。中国副食流通协会食品安全与信息追溯分会是响应国家食品安全、信息追溯等方面政策号召，在政府和中国副食流通协会的支持下由食品生产企业、食品物流企业、食品商贸企业、信息技术科技企业等知名企业共同发起成立的非营利性行业组织。

任务二　食品质量安全法律法规

大连某食品有限公司生产的单晶冰糖经抽样检验，还原糖分项目不符合 GB/T 35883—2018《冰糖》要求，检验结论为不合格。经查，当事人生产标签与内容物不符的单晶冰糖，未按规定对采购的单晶冰糖原料进行检验。

思考题：当事人生产标签与内容物不符的食品单晶冰糖的行为，违反了哪些法律法规？

一、法的概念、作用与体系

（一）法的概念与特征

法是体现统治阶级意志、由国家制定或认可、以国家强制力保证实施的，以规定当事人权利和义务为内容，具有普遍约束力的行为规范（规则）的总和，也称为法律。所谓国家制定，就是指由国家立法机关按照特定的程序创制具有不同法律效力的规范性文件。所谓国家认可，就是指国家赋予某些早已存在的有利于统治阶级的社会规范（诸如某些风俗、习惯或宗教信条等）以法律效力。可见，法的本质是统治阶级意志的表现，而且是被提升为国家意志的统治阶级的意志，其内容由统治阶级的物质生活条件所决定。法作为一种具有国家强制力的调整社会关系的手段，是与道德、习惯、风俗和纪律等有一种近似于相互配合并且以法律为最终底线和标准的社会规范。但是，又要明确法律并不是万能的，它有自己的调整领域，并不能取代道德、习惯、风俗和纪律等社会规范。

概括来讲，法具有如下特征：① 法律是调整人们行为的社会规范；② 法律是由国家制定或认可的社会规范；③ 法律是以权利和义务的双向规定为调整机制的行为规范；④ 法律是由国家强制力（即军队、警察、法庭、监狱等）保证实施的社会规范；⑤ 法律是具有普遍约束力的社会规范，即平常所说的"法律面前人人平等"。"法律"一词，有广义和狭义两种理解。广义的法律包括法律、有法律效力的解释及行政机关为执行法律而制定的规范性文件的总称（以下统称为法）。狭义上的法律则是指由国家最高权力机关（在我国是全国人民代表大会及其常委会）制定、颁布的规范性文件的总称（以下统称为法律）。其法律效力和地位仅次于宪法。我国颁布的《食品安全法》《农产品质量法》等就属于后一种意义上的法律。

（二）法的作用

法的作用是指法对社会发生的影响，包括规范作用与社会作用两个方面。

第一，规范作用。法作为一种行为规范对人的行为的作用，包括指引、评价、预测、强制、教育等方面。法作为一种行为规范，为人们提供某种行为模式，指引人们可以这样行为、必须这样行为或不得这样行为，从而对行为者本人的行为产生影响。法对人的行为的指引通常采用两种方式：一种是确定的指引，即通过设置法律义务，要求人们做出或抑制一定行为，使社会成员明确自己必须从事或不得从事的行为界限。另一种是不确定的指引，又称选择的指引，是指通过宣告法律权利，给人们一定的选择范围。依此可将法律规范区分为禁止性规范、义务性规范和授权性规范。法的评价作用是指法作为一种行为标准，具有判断、衡量人们的行为合法与否的评判作用。在现代社会，法已经成为评价人的行为的基本标准。法的预测作用，也是法的可预测性，即人们可以根据法律规范的规定事先估计到当事人双方将如何行为及行为的法律后果。法的强制作用，亦即法的强制性，即法具有制裁和惩罚违法犯罪行为的作用，并通过作用来强制人们守法。制定法的目的是让人们遵守，是希望法的规定能够转化为社会现实。法的教育作用是指通过法的实施，使法律规范对人们的行为发生直接或间接的诱导影响。这种作用又具体表现为示警作用和示范作用。法的教育作为对于提高公民法律意识，促使公民自觉遵守法律具有重要作用。

第二，社会作用。社会作用是从法的本质和目的这一角度出发确定法的作用，如果说法的规范作用取决于法的特征，那么法的社会作用就是由法的内容、目的决定的。法的社会作用主要涉及三个领域和两个方向。三个领域即社会经济生活、政治生活、思想文化生活领域；两个方面即政治职能（通常说的阶级统治的职能）和社会职能（执行社会公共事务的职能）。① 法在政治方面的作用：确认和维护统治阶级在政治上、经济上的统治地位，镇压被统治阶级的反抗，使其活动控制在统治秩序所允许的范围内；调整和解决统治阶级内部的矛盾和纠纷以及与同盟者的关系；保护主体的合法行为和合法权益；制裁一切违法犯罪行为；根据统治阶级的需要，开展与世界各国的交往。② 法在经济方面的作用：确立和维护有利于统治阶级的基本经济制度，为巩固和发展这种经济基础服务；保护合法的财产所有权和财产流转关系，调整和解决各种财产纠纷，维护社会经济秩序；促进社会生产力的发展。③ 法在执行社会公共事务方面的作用：对一切有关全社会的公共事务进行管理，从而保证人类的生存和发展。主要作用有：发展生产，管理和发展文化、教育、科学、技术、人口、公共卫生等事业，保护环境，利用和保护自然资源等。法律执行社会公共事务方面的作用不仅是统治阶级的需要，而且是社会存在和发展的需要。

（三）法律体系

我国法学界对法律体系的定义、界定总体上比较一致，即法律体系是指一国的全部现行法律规范按一定的标准和原则，划分为不同法律部门而形成的内部和谐一致、有机联系的整体。"具有中国特色社会主义法律体系在范围上应包括一切立法机关、授权立法机关或行政立法机关所制定的阶位不同、效力不同的具有法律形式渊源的一切规范性文件。"对我国的法律体系可从三个方面来认识。① 立法体制。立法体制是指国家关于立法主体的组织系统、立法权限的划分和行使制度。我国的立法体制是"一元两级多层次"。"一元"是指中华人民共和国全国人民代表大会是最高国家权力机关，行使国家立法权的主体是全国人民代表大会及其常务委员会。"两级"包括中央一级立法和地方一级立法。在国家行政结构上，分中央与地方，中央领导地方，地方服从中央，这是整体与部分的关系。这一关系在立法体制上的表现是：全国人大及其常委会、国务院作为中央国家机关比地方人大及其常委和政府的政治地位高，处于领导地位。中央国家机关制定（立、改、废）的规范性法律文件的效力高于地方国家机关制定的地方性法规和规章，地方性法规和规章不得同中央国家机关制定的宪法、法律（基本法和基本法以外的法律）和行政法规相抵触。立法体制的"多层次"表现为制定规范性法律文件的主体从中央到地方呈宝塔式设置，层次清楚，权限明确，它们制定的规范性法律文件的效力、地位也是成梯级的。② 规范性法律文件体系。这里讲的规范性法律文件体系，是指国家立法机关制定的各类规范性法律文件依其地位和效力不同而构成的体系。我国规范性法律文件的形式体系是以宪法（含修正案）为根本大法，相配有法律、行政法规和军事法规、地方性法规、自治条例和单行条例、规章（包括部门规章、地方政府规章、军事规章）、国际条约等。有人将其概括为法律、行政法规、地方性法规三个层次。③ 部门法体系，又称法律部门体系。现行法律规范由于调整的社会关系及其调整方法不同，分为不同的、相对独立的法律部门。法律部门是指调整同一种类社会关系的法律规范，是构成法律体系的基本单位。我国法律体系分为七个法律部门，包括宪法及相关法、民商法、行政法、经济法、社会法、刑法、诉讼与非诉讼程序法。分属于各法律部门的法律规范，因其制定主体不同，又有不同的位阶。这些包括不同位阶法律规范的法律部门，共同构成层次分明、结构严谨的法律体系。此外，我国宪法把法律分为基本法律和基本法律以外的法律。基本法律是指由全国人大制定和修改的，规定或调整国家和社会生活中在某一方面具有根本性和全面性关系的法律，包括关于刑事、民事、国家机构的和其他的基本法律。基本法律以外的法律，也叫"一般法律"，是指由全国人民代表大会常务委员会制定和修改的，规定和调整除基本法律调整以外的，关于国家和社会生活某一方面具体问题的关系的法律。此外，全国人大常委会所作出的决议和决定，如果其内容属于规范性规定，而不是一般宣言或委任令之类的文件，也视为狭义上的法律。

（四）法律的效力

法律的效力即其强制力所能达到的范围，包括空间、时间和对人的生效范围。空间上的效力是指法律在哪些地域生效；时间上的效力是指法律生效与终止日期以及溯及力问题；溯及力是指法律对它生效以前的行为是否适用的问题，如果适用就有溯及力，否则无溯及力；对人的效力是指法律对谁有效力，适用于哪些人。

二、国外法律法规体系

为了保证食品的安全供给，很多国家都建立了涉及所有食品及其从生产到消费方方面面的食品安全法律体系，为有关食品安全方面的标准制定、产品的质量检测检验、质量认证、信息服务等纷纭复杂的工作提供了统一的法律规范。虽然各国有各自不同的食品安全法律体系，法律法规内容和具体的标准也有很大的差异，但各国的食品安全法律体系的目的都是保证食品链的安全，保护国民的健康。因此，各国的法律法规都包含如下一些共同的原则。① 危险性分析。食品安全法律应该是以科学性的危险分析为基础的。② 从农田到餐桌。食品安全法律应该覆盖食品"从农田到餐桌"的食品链的所有方面，包括化肥、农药、饲料的生产与使用，农产品的生产、加工、包装、贮藏和运输，与食品接触工具或容器的卫生性，操作人员的健康与卫生要求，食品标签提供信息的充分性和真实性以及消费者的正确使用等。③ 预防原则。由于不确定性，对于一些新产品和技术的安全性不能确定，因此食品安全法律应该采取预防原则。④ 食品安全责任。食品安全法律应规定饲料生产者、食品生产者和加工者应该对食品安全承担最主要的责任。⑤ 透明性。⑥ 信息可追溯性和食品召回。⑦ 灵活性。食品安全法律是随着社会经济条件的发展而发展的，因此食品安全法律应该有充分的灵活性，为未来的技术进步、过程创新和消费者需求变化留下空间，可以通过调节满足新的需要。

美国关于食品安全的法律法规非常繁多，既有综合性的，也有非常具体的。美国食品安全的主要法令包括联邦食品、药物和化妆品法令（FFDCA），联邦肉类检验法令（FMIA），禽类产品检验法令（PPIA），蛋产品检验法令（EPIA），食品质量保障法令（FQPA）和公共健康事务法令（PHAA）以及 2011 年新颁布的食品安全加强法案等。

1. 美国食品安全管理机构

美国涉及食品监督管理的机构比较多，其中最主要的有：美国联邦卫生与人类服务部（DHHS）下属的食品和药物管理局（FDA）、美国农业部（USDA）下属的食品安全检验局（FSIS）、动植物卫生检验局（APHIS）以及联邦环境保护署（EPA）。FDA 最重要的职责是执行《联邦食品、药品及化妆品法》以及食品安全加强法案，预防走私食品进入，加强对膳食补充剂的管理等。美国 FDA 管辖的食品范围是除食品安全检验局（FSIS）管辖范围之外的所有食品，具体包括：所有国产和进口的州际贸易销售的食品（不包括肉类、禽肉类及蛋制品，但管辖带壳的蛋类）。美国农业部（USDA）下属的食品安全检验局（FSIS）主要负责保证美国国内生产和进口消费的肉类、禽肉及蛋类产品供给的安全、有益、标签、标示真实性，包装适当。FSIS 管辖的食品包括国产和进口的肉、禽和不带壳蛋制品。联邦环境保护署（EPA）负责监管食物中的农药及其他有毒物质的残留限量及饮用水的安全。负责制订饮用水标准、协助各州饮用水的品质监测；制定食品中农残限量标准，发布农药安全使用指南等。FDA 和 USDA 负责这些规定在食品供应环节中的实施。

2. 美国食品质量安全法律法规体系

美国联邦政府行政部门制定的完整的永久性法规收录在美国联邦法规（Codeof Federal Regulation，CFR）中，分 50 卷，与食品有关的主要是第 7 卷（农业）、第 9 卷（动物和动物产品）、第 21 卷（食品和药品）和第 40 卷（环境保护）。这些法律法规涵盖了所有食品，为食品安全制定了非常具体的标准以及监管程序。

（1）食品中污染物。根据联邦食品、药物和化妆品法（FFDCA）第 402 条（a）（1）中规定，含任何有毒或对身体健康有害的物质（如化学污染物）的食品被认为是掺假的。根据 FFDCA 的这一规定，美国 FDA 可对其国内以及进口的食品供应进行监管，一方面通过对食品中污染物（如天然毒素、农药及人为污染物）的监测以及对这些污染物潜在的暴露和风险进行评估。FDA 为食品中不可避免的污染物规定限量标准，对于没有规定标准的情况，则按照污染物的最低检测水平进行监管，禁止将超过限量标准的食品混入其他食品中。FDA 为食品中添加的非食品添加剂的有毒有害物质的使用，按照不同的条件制定了容忍量、监管限制和行动水平三个不同风险等级的限量。

（2）食品中微生物危害。美国对食品中微生物危害的管理通常和良好生产规范（GMP）、危害分析和关键控制点（HACCP）等结合起来管理，也就是说，在 GMP、HACCP 符合规定的情况下，认为生产出来的产品应该是安全的，因此，美国并未针对所有终产品均设定微生物限量标准。FSIS 制定的加工肉禽制品执行标准对所有即食（RTE）肉制品和部分热加工肉禽制品规定了执行标准。FSIS 在标准中对肉制品分成以下几类：干制品（如肉干）、盐腌制品（如乡村火腿）、发酵制品（如 Salami 和 Lebanonbologna）、熟制和其他加工制品（如墨西哥牛肉卷、鸡肉卷，Cornedbeef，Pastrami，Poultryrolls，以及 Turkeyfranks），以及热加工商业无菌产品（如罐头产品）。标准中涉及的微生物包括沙门氏菌、大肠杆菌 O157、肉毒梭菌以及单增李斯特氏菌等。FDA 目前对瓶装水中的大肠杆菌，乳制品中的沙门氏菌、大肠杆菌 O157：H7、出血性大肠杆菌、空肠弯曲菌、小肠结肠炎耶尔森菌、肉毒梭状芽孢杆菌、肉毒梭状芽孢杆菌毒素金黄色葡萄球菌肠毒素、蜡样芽孢杆菌，鱼和贝类产品中的大肠埃希氏菌、粪大肠菌群、需氧菌平板计数、沙门氏菌、肉毒梭状芽孢杆菌、创伤弧菌、单核细胞增生李斯特氏菌、霍乱弧菌、副溶血弧菌有具体规定。

（3）农兽药残留的管理。美国建立了一整套较为完善的农药残留标准、管理、检验、监测和信息发布机制。EPA 负责农药登记与最大残留限量（Maximum Residue Limits，MRLs）制定，所有 MRLs 和豁免物质均列入 40CFR 第 180 部分中。EPA 已经设定了 9000 多种农药的允许残留量。而 FDA、USDA 则负责农残限量标准的具体执行，美国 USDA 还为落实、收集食品中农药残留数据规划，委托农业市场管理部门组建和实施农药数据规划并每年出版。FDA 的兽药中心（CVM）负责制定兽药最高残留限量标准。美国批准使用的兽药及残留允许量在美国联邦法规上发布，未列入 CFR 但已批准的兽药在 CVM 的"新兽药应用"上发布。FSIS 的黄皮书《化学残留物分析方法》是检测、定量分析和确证动物性产品是否存在残留的方法依据。

（二）欧盟食品安全法律制度

欧盟具有一个较完善的食品安全法规体系，涵盖"从农田到餐桌"的整个食物链（包括农业生产和工业加工的各个环节）。由于在立法和执法方面欧盟和欧盟诸国政府之间的特殊关系，使得欧盟的食品安全法规标准体系错综复杂。欧盟食品安全法规体系以欧盟委员会 1997 年发布的《食品法律绿皮书》为基本框架。2000 年 1 月 12 日，欧盟又发表了《食品安全白皮书》，将食品安全作为欧盟食品法的主要目标，形成了一个新的食品安全体系框架。2002 年 1 月 28 日，建立欧盟食品安全管理局（European Food Safety Authority，EFSA），颁布了第 178/2002 号法令，这也是欧盟食品安全方面的主要举措。到目前为止，欧盟已经制定了 13 类 173 个有关食品安全的法规标准，其中包括 31 个法令、128 个指令和 14 个决定，其法律法规的数量和内容在不断增加和完善中。在欧盟食品安全的法律框架下，各成员国如英国、德国、荷兰、丹麦等也形成了一套各自的法规框架，这些法规并不一定与欧盟的法规完全吻合，主要是针对成员国的实际情况制定的。

1.《食品安全白皮书》

欧盟《食品安全白皮书》包括执行摘要和 9 章的内容，用 116 项条款对食品安全问题进行了详细阐述，制定了一套连贯和透明的法规，提高了欧盟食品安全科学咨询体系的能力。白皮书提出了一项根本改革，就是食品法以控制"从农田到餐桌"全过程为基础，包括普通动物饲养、动物健康与保健、污染物和农药残留、新型食品、添加剂、香精、包装、辐射、饲料生产、农场主和食品生产者的责任，以及各种农田控制措施等。在此体系框架中，法规制度清晰明了，易于理解，便于所有执行者实施。同时，它要求各成员国权威机构加强工作，以保证措施能可靠、合适地执行。

白皮书中的一个重要内容是建立欧洲食品管理局，主要负责食品风险评估和食品安全议题交流，设立食品安全程序，规定一个综合的涵盖整个食品链的安全保护措施，并建立一个对所有饲料和食品在紧急情况下综合快速预警机制。欧洲食品管理局由管理委员会、行政主任、咨询论坛、科学委员会和8个专门科学小组组成。另外，白皮书还介绍了食品安全法规、食品安全控制、消费者信息、国际范围等几个方面。白皮书中各项建议所提的标准较高，在各个层次上具有较高的透明性，便于所有执行者实施，并向消费者提供对欧盟食品安全政策的最基本保证，是欧盟食品安全法律的核心。

2. 178/2002 号法令

178/2002 号法令是 2002 年 1 月 28 日颁布的，主要拟订了食品法律的一般原则和要求，建立 EFSA 和拟订食品安全事务的程序，是欧盟的又一个重要法规。178/2002 号法令包含 5 章 65 项条款。范围和定义部分主要阐述法令的目标和范围，界定食品、食品法律、食品商业、饲料、风险、风险分析等 20 多个概念。一般食品法律部分主要规定食品法律的一般原则、透明原则、食品贸易的一般原则、食品法律的一般要求等。EFSA 部分详述 EFSA 的任务和使命、组织机构、操作规程，EFSA 的独立性、透明性、保密性和交流性，EFSA 财政条款，EFSA 其他条款等方面。快速预警系统、危机管理和紧急事件部分主要阐述了快速预警系统的建立和实施、紧急事件处理方式和危机管理程序。程序和最终条款主要规定委员会的职责、调解程序及一些补充条款。

3. 食品卫生条例（EC）852/2004 号条例

该法规规定了食品企业经营者确保食品卫生的通用规则，主要包括：① 企业经营者承担食品安全的主要责任；② 从食品的初级生产开始确保食品生产、加工和分销的整体安全；③ 全面推行危害分析和关键控制点（HACCP）；④ 建立微生物准则和温度控制要求；⑤ 确保进口食品符合欧洲标准或与之等效的标准。

（三）日本的食品安全法律制度

日本保障食品安全的法律法规体系由基本法律和一系列专业、专门法律法规组成。《食品卫生法》和《食品安全基本法》是两大基本法律。《食品卫生法》是在 1948 年颁布且已经过多次修改，2003 年又进行了修订。在《食品卫生法》不断完善的同时，2003 年日本又制定出台了《食品安全基本法》，并在内阁府设立食品安全委员会，以便对涉及食品安全的事务进行管理。根据新的食品卫生法修正案，日本于 2006 年 5 月起正式实施《食品残留农业化学品肯定列表制度》，即禁止含有未设定最大残留限量标准的农业化学品且其含量超过统一标准的食品流通。

此外，在日本还有很多涉及食品安全的专业、专门法律法规，如《农药取缔法》《肥料取缔法》《家禽传染病预防法》《牧场法》《农林产品品质规格和正确标识法》《家畜传染病防治法》《饲料添加剂安全管理法》等。这些法律文件分别对食品质量卫生、农产品质量、投入品（农药、兽药、饲料添加剂等）质量、动物防疫、植物保护等 5 个方面进行了详细而明确的规定。

在日本，只有两个监管食品方面的机构——厚生劳动省和农林水产省。

《食品安全基本法》赋予厚生劳动省的职责是风险监管，全面负责食品安全和分配，制定食品法律和标准，包括食品标签标识、转基因食品和辐照食品的标准以及广告宣传的规定，每年制订进口食品监控指导计划，对进口食品进行监管和实施卫生检疫，要求企业注册以及对从业者进行业务指导检查，也可根据《食品卫生法》对从业者进行处罚。《食品卫生法》《家畜传染病与方法》《屠畜场法》《食用禽类处理法》等法律的执行机构是厚生劳动省。

《食品安全基本法》赋予农林水产省的职责是风险监管，全面负责农产品的生产和控制质量，制定农林水产品的规格、管理政策和振兴农林水产品的生产，促进农产品质量的提高，管理农产品的消费和流通，保证粮食供应，促进国际合作和农产品出口，通过振兴农业促进国民经济的发展。进口加热禽肉食品以及进口动物和活鱼等需要通过农水省的许可、注册和检查指导。其内部设有综合食料局、生产局、经营局、农村振兴局。建立了农林水产技术会议，下属有各种实验室、研修教育机构 25 个，食料、农业、农林水产政策审议会、物资规格调查会等 8 个。设有地方分支局等机构，食粮厅、林业厅和水产厅也属于农水省管理。其执法法律依据是《JAS 法》《农药取缔法》《肥料取缔法》《饲料安全法》《植物防疫法》《农畜产业振兴机构法案》《渔业法》《水产资源保护法》《食品循环资源再生利用促进法》等相关法律。

三、国内法律法规体系

（一）食品安全法律法规制定的依据

1. 宪法是食品安全法律法规制定的法律依据

宪法是国家的根本大法，具有最高法律效力，是其他法律法规的制定依据。宪法有关保护人民健康的规定是食品法律法规制定的来源和法律依据。

2. 保护人体健康是食品法律法规制定的思想依据

健康是人类发展的基本条件，人民健康状况是衡量一个国家或地区发展水平和文明程度的重要标志。增进人民健康，提高全民族的健康素质，是社会经济发展和精神文明建设的重要目标，是人民生活达到小康水平的重要标志，也是促进经济发展和社会可持续发展的重要保障。食品是指各种供人食用或者饮用的成品和原料以及按照传统概念既是食品又是药品的物品，但是不包括以治疗为目的的物品。食品是人类生存和发展最重要的物质基础，食品的安全、卫生和必要的营养是食品的基本要求。防止食品污染和有害因素对人体的危害、搞好食品安全，是预防疾病、保障人民生命安全与健康的重要措施。以食品生产经营和食品安全监督管理活动中产生的各种社会关系为调整对象的食品法律法规，必然要把保护和增进人体健康作为其制定法律法规的思想依据、制定法律法规的出发点和落脚点。法律赋予公民的权利是极其广泛的。其中生命健康权是公民最根本权益，是行使其他权利的前提和基础。失去了生命和健康，一切权利都成空谈。以保障人体健康为中心内容的食品法律法规，无论其以什么形式表现出来，也无论其调整的是哪一特定方面的社会关系，都必须坚持保护和增进人体健康这一原则。

3. 食品科学是食品法律法规制定的理论依据

食品行业是以医学、生物学、化学、工程学、农学、畜牧学等为核心的科技密集型行业，现代食品行业是在现代自然科学及其应用工程技术高度发展的基础上发展的。因此，食品安全法律法规的制定工作在遵循法律科学的基础上，还必须遵循食品工作的客观规律，也就是必须把医学、化学、生物学、食品工程和食品技术知识等自然科学的基本规律作为食品法律法规制定的科学依据，使法学和食品科学紧密联系在一起，科学地制定各项法律法规，促进食品科技进步。只有这样，才能达到有效保护人体健康的立法目的。

4. 社会经济条件是食品法律法规制定的物质依据

法律法规反映统治阶级的意志并最终由统治阶级的物质生活条件决定。社会经济条件是食品法律法规制定的重要物质基础。改革开放以来，我国社会主义建设取得了巨大成就，生产力有了很大发展，综合国力不断增强，社会经济水平有了很大提高，为新时代的食品法律法规的制定工作提供了牢固的物质依据。不过我们也要看到，我国是发展中国家，与世界发达国家相比，我国的综合国力、生产力和人民生活水平都不高，地区间发展又严重不平衡。这些都是食品法律法规制定工作中的制约因素。因此，食品法律法规的制定必须着眼我国的实际，正确处理好食品安全的各项法律法规与现实条件、经济发展之间的关系，以适应社会主义市场经济的需要，达到满足人民群众不断增长的多层次的需求、保护人体健康、保障经济和社会可持续发展的目的。

5. 食品政策是食品法律法规制定的政策依据

食品政策是党领导国家食品工作的基本方法和手段。它以科学的世界观、方法论为理论基础，正确反映了食品科学的客观规律和社会经济与食品发展的客观要求，是对人民共同意志的高度概括和集中体现。食品立法以食品政策为指导，有助于使食品法律法规反映客观规律和社会发展要求，充分体现人民意志，使食品法律法规能够在现实生活中得到普遍遵守和贯彻，最终形成良好的食品法律秩序。因此，党的食品政策是食品法律法规的灵魂和依据，食品法律法规的制定要体现党的政策精神和内容。

（二）现行食品安全法律法规

早在新中国成立初期，我国政府就制定并实施了一系列旨在保证食品安全的卫生管理要求。其后陆续制定并实施了《中华人民共和国食品卫生法》《中华人民共和国产品质量法》等一系列与食品安全有关的法律法规，为我国食品质量安全的监督工作奠定了法律基础。2009年2月28日，中华人民共和国第十一届全国人民代表大会常务委员会第七次会议表决通过了《中华人民共和国食品安全法》。经过长期的建设完善，我国食品安全法规体系日益完善，取得很大成绩。目前形成了以《中华人民共和国食品安全法》《中华人民共和国产品质量法》《中华人民共和国进出口商品检验法》等法律为基础，以《食品生产加工企业质量安全监督管理实施细则（试行）》《食品添加剂卫生管理办法》以及涉及食品安全要求的大量技术标准等法规为主体，以各省及地方政府关于食品安全的规章为补充的食品安全法律法规。

1. 食品安全法

2009年《食品安全法》出台，取代了《食品卫生法》；2015年修订有了很大的完善（主管主体是食品药品监管部门），2018年又进行了修订（主管部门为市场监管局，食品和药品分开管理，药品单设药品监管局）。

1）立法背景和修订历史

在我国，国家高度重视食品安全，早在1995年就颁布了《食品卫生法》。2009年2月28

日，十一届全国人大常委会第七次会议通过了《食品安全法》。

《食品安全法》是适应新形势发展的需要，为了从制度上解决现实生活中存在的食品安全问题，更好地保证食品安全而制定的。其中确立了以食品安全风险监测和评估为基础的科学管理制度，明确食品安全风险评估结果作为制定、修订食品安全标准和对食品安全实施监管的科学依据。

2013年《食品安全法》启动修订。2015年4月24日，新修订的《食品安全法》经第十二届全国人大常委会第十四次会议审议通过。新版《食品安全法》共十章、154条，于2015年10月1日起正式施行。2018年12月29日，第十三届全国人民代表大会常务委员会第七次会议决定对《食品安全法》作出修改，修正版正式施行。

2）内容解读

（1）适用范围。《食品安全法》第二条明确规定，在中华人民共和国境内从事下列活动，应当遵守本法：食品生产和加工（简称食品生产），食品销售和餐饮服务（简称食品经营），食品添加剂的生产经营，用于食品的包装材料、容器、洗涤剂、消毒剂和用于食品生产经营的工具、设备（以下称食品相关产品）的生产经营，食品生产经营者使用食品添加剂、食品相关产品，食品的贮存和运输，对食品、食品添加剂和食品相关产品的安全管理，有关供食用的源于农业的初级产品（简称食用农产品）的质量安全标准的制定和食用农产品安全有关信息的公布。关于《食品安全法》适用范围的规定，与原来的《食品卫生法》的规定相比，适用范围明显扩大，而且增加了与《农产品质量安全法》相衔接的规定，需要注意以下几个方面。

A.《食品安全法》扩大适用于食品添加剂的生产、经营。食品添加剂是指为改善食品品质和色、香、味，以及为防腐、保鲜和加工工艺的需要而加入食品中的人工合成或天然物质。原来的《食品卫生法》仅在第十一条对于食品添加剂提出了卫生要求，现实中由于食品添加剂引发的食源性疾病多发，使得人们对于食品添加剂更加警惕，从而在立法上对于食品添加剂提出了更加严格的要求。不仅食品生产经营者使用食品添加剂要遵守《食品安全法》，食品添加剂的生产经营者的生产经营行为也要严格遵守《食品安全法》，如遵守关于食品安全风险监测和评估、食品安全标准的规定等。

B.《食品安全法》扩大适用于食品相关产品的生产、经营。《食品安全法》中与食品相关产品的概念，是指用于食品的包装材料、容器、洗涤剂、消毒剂和用于食品生产经营的工具、设备。依据附则里进一步说明，用于食品的包装材料和容器，是指包装、盛放食品或者食品添加剂用的纸、竹、木、金属、搪瓷、陶瓷、塑料、橡胶、天然纤维、化学纤维、玻璃等制品和直接接触食品或者食品添加剂的涂料。用于食品的洗涤剂、消毒剂，是指直接用于洗涤或者消毒食品、餐饮具以及直接接触生产经营的工具、设备，或者食品包装材料和容器的物质。用于食品生产经营的工具、设备，是指在食品或者食品添加剂生产、流通、使用过程中直接接触食品或者食品添加剂的机械、管道、传送带、容器、用具、餐具等。不仅食品生产经营者使用食品相关产品的安全卫生要遵守《食品安全法》，食品相关产品的生产经营者的生产经营活动也要严格遵守《食品安全法》的有关规定。

C.《食品安全法》增加了与《农产品质量安全法》相衔接的规定。此规定避免了法律之间由于适用范围的交叉重复可能出现的打架现象，明确了食用农产品在《食品安全法》中具体适用问题，即供食用的源于农业的初级产品的质量安全管理，遵守《农产品质量安全法》

的规定；制定有关食用农产品的质量安全标准，公布食用农产品安全有关信息，遵守《食品安全法》的有关规定。

（2）地位。我们国家现在已经形成了80多部与食品安全相关、同时又相对独立的法律、规章，然而制定这些法律、规章的时候并不完全是按照食品安全的理念和原则形成的，所以导致整个食品安全链条的风险治理、监督管理、风险监测、风险评估、追溯、召回、无害化处理等全程管理制度衔接不顺畅，甚至条款之间还存在很多冲突。比如，《动物防疫法》第七十六条规定，对屠宰、经营、加工、储藏、运输病死或者死因不明的动物产品，由动物卫生监督机构责令改正。《食品安全法》第一百二十三条规定，由县级以上人民政府食品安全监管部门来处理。这就导致不同的部门对同一件事往往按照不同的法律进行执法。《食品安全法》是整个食品安全法律体系的基础，它确立的基本原则应该贯穿到整个食品安全法律体系当中，其他食品相关法规的修订都要按照《食品安全法》进行修订，避免今后出现相互冲突、相互打架的情况。

（3）意义。《食品安全法》第一条规定立法的目的是保证食品安全，保障公众身体健康和生命安全。21世纪初期，苏丹红、孔雀石绿、"毛发酱油""皮革奶"、三聚氰胺、瘦肉精等食品安全问题频出，充分说明食品安全已经成为严重影响公众身体健康和生命安全的重要问题。食品安全事件屡屡引发社会公众对食品安全的心理恐慌，对国家和社会的稳定以及经济的良性发展造成巨大冲击，对中国产品信誉产生连锁性的恶劣影响。因此，在制定《食品安全法》的过程中，如何从各环节、各方面保证食品安全，保障公众身体健康和生命安全，成为立法的中心主旨。《食品安全法》的颁布实施，对规范食品生产经营活动，防范食品安全事故发生，强化食品安全监管，落实食品安全责任，保障公众身体健康和生命安全，具有重要意义。

A.《食品安全法》的实施是保障食品安全、保证公众身体健康和生命安全的需要。通过实施《食品安全法》，建立以食品安全标准为基础的科学管理制度，理顺食品安全监管体制，明确各监管部门的职责，确立食品生产经营者是保证食品安全第一责任人的法定义务，可以从法律制度上更好地解决我国当前食品安全工作中存在的主要问题，防止、控制和消除食品污染以及食品中有害因素对人体健康的危害，预防和控制食源性疾病的发生，从而切实保障食品安全，保证公众身体健康和生命安全。

B.《食品安全法》的实施是促进我国食品工业和食品贸易发展的需要。通过实施《食品安全法》，可以更加严格地规范食品生产经营行为，促使食品生产者依据法律、法规和食品安全标准从事生产经营活动，在食品生产经营活动中重质量、重服务、重信誉、重自律，对社会和公众负责，以良好的质量、可靠的信誉推动食品产业规模不断扩大，市场不断发展，从而极大地促进我国食品行业的发展。同时通过制定《食品安全法》，树立我国重视和保障食品安全的良好国际形象，有利于推动我国对外食品贸易的发展。

C.《食品安全法》的实施是加强社会领域立法、完善我国食品安全法律制度的需要。实施《食品安全法》在法律框架内解决食品安全问题，着眼于以人为本、关注民生，保障权利、切实解决人民群众最关心、最直接、最现实的利益问题，促进社会的和谐稳定，是贯彻科学发展观的要求，维护广大人民群众根本利益的需要。同时，制定内容更加全面的《食品安全法》，与《农产品质量安全法》《农业法》《动物防疫法》《产品质量法》《进出口商品检验法》《农药管理条例》《兽药管理条例》等法律、法规相配套，有利于进一步完善我国的食品安全法律制度，为我国社会主义市场经济的健康发展提供法律保障。

2. 农产品质量安全法

1）立法背景和修订

国以民为本，民以食为天，食以安为先。农产品质量安全直接关系人民群众的日常生活、身体健康和生命安全，关系社会的和谐稳定和民族发展，关系农业对外开放和农产品在国内外市场的竞争。全国人大常委会虽已制定了《食品卫生法》和《产品质量法》，但《食品卫生法》不调整种植业养殖业等农业生产活动；《产品质量法》只适用于经过加工、制作的产品，不适用于未经加工、制作的农业初级产品。为了从源头上保障农产品质量安全，维护公众的身体健康，促进农业和农村经济的发展，有必要制定专门的农产品质量安全法。在中央的高度重视和各有关方面的共同努力下，《中华人民共和国农产品质量安全法》于 2022 年 9 月 2 日第十三届全国人民代表大会常务委员会第三十六次会议第一次修订，2023 年 1 月 1 日正式实施，共八章八十一条。《农产品质量安全法》的正式出台，是关系"三农"乃至整个经济社会长远发展的一件大事，具有十分重大而深远的影响和划时代的意义。

2）内容解读

（1）涉及的农产品调整范围。《农产品质量安全法》涉及农产品调整的范围包括三个方面的内涵。①产品范围本法所指农产品是指来源于农业的初级产品，即在农业活动中获得的植物、动物、微生物及其产品。②行为主体既包括农产品的生产者和销售者，也包括农产品质量安全管理者和相应的检测技术机构、人员等。③关于调整的管理环节问题既包括产地环境、农业投入品的科学合理使用、农产品生产和产后处理的标准化管理，也包括农产品的包装、标识和市场准入管理。

（2）主要内容。《农产品质量安全法》内涵相当丰富。为了更好地贯彻实施本法，农业农村部还制定实施了一系列的配套规章。与《农产品质量安全法》同期实施的相关配套规章制度有：《农产品产地安全管理办法》《农产品包装与标识管理办法》《农产品质量安全检测机构管理办法》和《农产品质量安全监测管理办法》。《农产品质量安全法》共分八章五十六条。第一章是总则，对农产品的定义，农产品质量安全的内涵，法律的实施主体，经费投入，农产品质量安全风险评估、风险管理和风险交流，农产品质量安全信息发布，安全优质农产品生产，公众质量安全教育等方面作出了规定。第二章是农产品质量安全标准，对农产品质量安全标准体系的建立，农产品质量安全标准的性质，农产品质量安全标准的制定、发布、实施的程序和要求等进行了规定。第三章是农产品产地，对农产品禁止生产区域的确定、农产品标准化生产基地的建设、农业投入品的合理使用等方面作出了规定。第四章是农产品生产，对农产品生产技术规范的制定、农业投入品的生产许可与监督抽查、农产品质量安全技术培训与推广、农产品生产档案记录、农产品生产者自检、农产品行业协会自律等方面进行了规定。第五章是农产品包装和标识，对农产品分类包装、包装标识、包装材质、转基因标识、动植物检疫标识和优质农产品质量标志作出了规定。第六章是监督检查，对农产品质量安全市场准入条件、监测和监督检查制度、检验机构资质、社会监督、现场检查、事故报告、责任追溯、进口农产品质量安全要求等进行了明确规定。第七章是法律责任，对各种违法行为的处理、处罚作出了规定。第八章是附则。

3. 产品质量法

1）立法背景及意义

在我国，对于产品质量责任的立法始于 20 世纪 80 年代。20 世纪 80 年代以来，我国所制定的《工业企业全面质量管理暂行办法》（已废止）、《工业产品生产许可证试行条例》（已废止）、《进口商品质量监督管理办法》《工业产品质量责任条例》等一系列单行法规，都涉及包括食品在内的各领域产品的质量管理及应用。而真正为产品质量责任立法则是 1993 年 2 月 22 日，第七届全国人民代表大会常务委员会第三十次会议上，《中华人民共和国产品质量法》（简称《产品质量法》）经过审议并通过，于 1993 年 9 月 1 日起施行。2000 年 7 月 8 日第九届全国人民代表大会常务委员会第十六次会议公布了《关于修改〈中华人民共和国产品质量法〉的决定》，并于 2000 年 9 月 1 日起施行。2018 年 12 月 29 日，第十三届全国人民代表大会常务委员会第七次会议对《中华人民共和国产品质量法》做了进一步修正。

《产品质量法》的宗旨是提高产品质量，明确产品责任，强化产品监督管理，保护消费者合法权益。而经过加工并用于销售的食品作为一种产品，其质量的监管和检测等方面的管理需要遵守该法的规定。制定和实施这部法律的意义在于：① 明确了产品责任，维护了社会经济秩序。该法明确了生产者、经营者和销售者在产品质量方面的责任和国家对产品质量的监管职能，有利于维护产品生产、经营和销售的正常秩序，从而保障市场经济的健康发展。② 强化了产品监督管理，提高了产品质量水平。《产品质量法》的制定和实施有利于促进生产者、经营者和销售者提高经营管理水平，增强竞争能力。③《产品质量法》是保护消费者合法权益的法律武器。产品质量问题关乎广大人民群众的切身利益，《产品质量法》的实施使得消费者所购商品有了质量保证，同时也督促了企业提高产品质量，打击假冒伪劣产品的生产与销售，维护了产品生产经营的正常秩序，规范了市场，有利于保护消费者的合法权益。

2）基本内容

《产品质量法》共六章七十四条，篇幅为 8100 余字，包括总则，产品质量的监督，生产者、销售者的产品质量责任和义务，损害赔偿，罚则和附则。产品的含义《产品质量法》中所指的产品，是指经过加工、制作，用于销售的产品。在这里，"产品"一词从广义上来说是指经过人类劳动获得的具有一定使用价值的物品，既包括直接从自然界获取的各种农产品、矿产品，也包括手工业、加工业的各种产品。而法律中要求生产者、销售者对产品质量承担责任的产品，应当是生产者、销售者能够对其质量加以控制的产品，即经过"加工、制作"的产品，而不包括内在质量主要取决于自然因素的产品。而适用《产品质量法》各项规定的产品，必须是用于销售的产品，即不作为商品的产品，如自产自用或者作为礼物的产品则不在国家进行质量监督管理的范围内，因此也不能对其生产者适用《产品质量法》中的相关规定。

产品质量监督管理是指国家产品质量管理机关依法对产品质量进行的监督、抽查、管理活动，社会各界对产品质量的监督活动，以及产品生产者、销售者按照该法要求进行产品的生产和经营活动的总和。

对于企业而言，产品质量监督管理则是外部和内部监督管理的结合。产品质量监督管理的主体包括国家产品质量监督管理机关、对产品质量进行监督的社会各界、生产者和销售者自身。其中产品质量管理的主体是企业。产品质量是企业活动的结果，因此规定生产者、销售者应当建立健全内部产品质量管理制度，依法承担产品质量责任。政府则应当对产品质量实施宏观管理，将提高产品质量纳入国民经济和社会发展规划，加强统筹规划和组织领导，引导、督促生产者、销售者加强产品质量管理，提高产品质量。而政府产品质量监督部门主管产品质量监督工作，国家对产品质量实行监督检查制度。

在《产品质量法》中，产品质量责任制度得以确立。随着科技的进步和生产力的发展，产品的制造、产品的质量特性、产品的流通等越来越复杂，产品质量责任越来越受到重视。并且，在运用现代先进的科学技术成果生产并提供给消费者的产品中的风险有所增加，而人们对产品引致的风险担心也相应增加，在这种情况下，对消费者的保护应当增强。又由于在现代化生产的大条件下，尽管是买方市场，但消费者相对于生产者和销售者拥有的条件和掌握的知识处于弱势，因此产品的制造者以及销售者（卖方）应当比消费者（买方）更多地承担产品质量引致的风险，对产品质量就应由生产者、销售者对消费者、对社会负责，建立这一制度是符合时代趋势的，也是合理的。

这一制度具体的要点如下：① 生产者、销售者是产品质量责任的承担者，是产品质量的责任主体。② 生产者应当对其生产的产品的质量负责，产品存在缺陷造成损害的，生产者应当承担赔偿责任。③ 由于销售者的过错使产品存在缺陷，造成损害的，销售者应当承担赔偿责任。④ 因产品缺陷造成损害的，受害人可以向生产者要求赔偿，也可以向销售者要求赔偿。⑤ 产品质量有瑕疵的，生产者、销售者负瑕疵担保责任，采取修理、更换、退货等救济措施；给购买者造成损失的，承担赔偿责任。⑥ 产品质量应当是：不存在危及人身、财产安全的不合理的危险，具备产品应当具备的使用性能，符合在产品或者其包装上注明采用的产品标准，符合以产品说明、实物样品等方式表明的质量状况。⑦ 禁止生产、销售不符合保障人体健康和人身、财产安全的标准和要求的工业产品。⑧ 产品质量应当检验合格，不得以不合格产品冒充合格产品。产品质量检验机构《产品质量法》第十九条规定，产品质量检验机构必须具备相应的检验条件和检验能力，主要包括以下内容：① 机构和人员应当具备的条件和能力，如机构和人员相对独立，负责人熟悉本专业产品检验技术和管理知识，检测人员胜任该工作，熟悉操作技能并经专业培训、考试合格。② 机构应当具备完善的内部管理制度。③ 机构的仪器设备符合相应的要求。④ 机构的工作环境应当符合要求，如周围环境、检测场所、温度湿度等。⑤ 检测报告应当符合要求。检验机构、认证机构必须依法设立，不得与行政机关或其他国家机关存在隶属关系或其他利益关系，出具检验结果或认证证明必须客观公正。

任务书

查阅资料，寻找食品安全典型案例，并进行分析解读。

学习活动一　接受任务

对班级学生进行分组，每组控制在 6 人以内，各小组接收任务书，自选研究对象。

学习活动二　制订计划

各小组查找相应的食品质量安全方面资料，学习讨论，制订工作任务计划。

（1）准备好笔、电脑或手机、记录本、相关书籍等。

（2）资料学习（自学、小组讨论）。

（3）查找食品安全相关案例。

（4）深度分析解读案例。

学生小组内分工，明确职责及实施方案。针对各自承担的任务内容，查找资料，研究讨论，形成报告。教师组织发动全班同学讨论、评价各小组的学习情况，达到全班同学共享学习资源，巩固所学知识和内容。

学习活动四　学习验收

（1）自我评价：线上题库自评。

（2）小组互评：各小组互相评价。

（3）教师评价：对学习过程和学习效果的总体评价。

（4）学生评教：教学项目实施完后，让学生对整个教学过程进行评价。评价内容包括：案例内容是否适量，重点是否突出；是否掌握食品质量安全法律法规的相关知识；是否运用多种教学方法和手段；是否渗透新知识。根据学生反馈上来的信息，对教学项目进行修改。

学习活动五　总结拓展

相关的标准或文件或学习网站推荐。

参考文献

[1] 贾玉娟. 农产品质量安全[M]. 重庆：重庆大学出版社，2022.

[2] 霍红. 农产品质量安全控制模式与保障机制研究[M]. 北京：科学出版社，2014.

[3] 赵晨霞. 农产品质量安全概论[M]. 北京：中国农业大学出版社，2015.

[4] 陈卫平，王伯华，江勇. 食品安全学[M]. 北京：华中科技大学出版社，2020.

[5] 郭元新. 食品安全与质量管理[M]. 北京：中国纺织出版社，2020.

[6] 王际辉，叶淑红. 食品安全学[M]. 北京：中国轻工业出版社，2020.

[7] 张嫚. 食品安全与控制：第五版[M]. 大连：大连理工大学出版社，2022.

[8] 吴秀敏，唐丹. 农产品质量安全管理理论与实践[M]. 北京：科学出版社，2019.

[9] 白新鹏. 食品安全危害及控制措施[M]. 北京：中国质检出版社，2010.

[10] 庞洁. 铝对人体的毒性及相关食品安全问题研究进展[J]. 内科，2011（5）.

[11] 刘淑华. 农产品质量安全读本 养殖篇[M]. 伊犁：伊犁人民出版社，2013.

[12] 彭珊珊. 食品添加剂：第4版[M]. 北京：中国轻工业出版社，2017.

[13] 钟耀广. 食品安全学：第三版[M]. 北京：化学工业出版社，2020.

[14] 许妍. 厌氧微生物修复多氯联苯污染 从美国到中国[M]. 南京：东南大学出版社，2016.

[15] 李洪枚. 酶催化氧化类固醇激素研究[M]. 北京：知识产权出版社，2016.

[16] 王际辉. 食品安全学：第2版[M]. 北京：中国轻工业出版社，2020.

[17] 苏来金. 食品安全与质量控制[M]. 北京：中国轻工业出版社，2020.

[18] 尤玉如. 食品安全与质量控制[M]. 北京：中国轻工业出版社，2015.

[19] 郭元新. 食品安全与质量控制[M]. 北京：中国纺织出版社，2020.

[20] 靳烨. 食品原料生产安全控制技术[M]. 北京：科学出版社，2014.

[21] 王宝维. 动物源食品原料生产学[M]. 北京：化学工业出版社，2015.

[22] 关歆. 水产品中药物残留的控制对策[J]. 中国水产，2018（9）.

[23] 刁恩杰，王新风. 食品质量管理学[M]. 北京：化学工业出版社，2020.

[24] 边红彪，王菁，杨洋. 食品安全监管源头控制的主要措施及操作规范可行性分析[J]. 食品安全质量检测学报，2021，12（5）.

[25] 史经. 食品经营安全监管的发展历程[J]. 中国质量技术监督，2019（9）.

[26] 王雷. 新形势下食品经营许可工作浅析[J]. 现代食品，2021（17）.

[27] 王京法. 餐饮食品安全与管理[M]. 北京：中国轻工业出版社，2024.

[28] 郭利芳. 餐饮食品安全[M]. 武汉：华中科技大学出版社，2021.

[29] 赵冬. 餐饮食品安全[M]. 北京：中国轻工业出版社，2024.

[30] 赵晨霞. 农产品质量安全概论[M]. 北京：中国农业大学出版社，2015.

[31] 谢明勇，陈绍军. 食品安全导论：第 3 版[M]. 北京：中国农业大学出版社，2021.

[32] 陈士恩，侯昌明，蒲万霞. 食品安全与质量控制技术：上、下[M]. 兰州：甘肃人民出版社，2012.

[33] 张娟，郝杰明，李莉，袁玉荣. 食品安全质量控制理论与实践[M]. 石家庄：河北科学技术出版社，2014.

[34] 张双庆. 食品毒理学[M]. 北京：中国轻工业出版社，2019.

[35] 裴世春. 食品毒理学[M]. 北京：中国纺织出版社，2021.

[36] 于瑞莲. 食品安全监督管理学[M]. 北京：化学工业出版社，2021.

[37] 纵伟. 食品安全学[M]. 北京：化学工业出版社，2016.

[38] 钱和. 食品安全法律法规与标准[M]. 北京：化学工业出版社，2019.

[39] 张志健. 食品安全导论：第二版[M]. 北京：化学工业出版社，2015.

[40] 钟耀广. 食品安全学：第三版[M]. 北京：化学工业出版社，2020.